先进纳米电介质：基础和应用

Advanced Nanodielectrics: Fundamentals and Applications

日本电气学会
先进聚合物纳米复合电介质应用技术专门委员会　编
The Institute of Electrical Engineers of Japan
Investigation Committee on Advanced
Polymer Nanocomposite Dielectrics

成永红　陈　玉　孟国栋　译

科学出版社
北　京

图字：01-2018-4300 号
NANOTEKUZAIRYOU
-POLYMER NANOCOMPOSITE ZETUENZAIRYOU NO SEKAI-
by Denki-gakkai

First published in Japan by The Institute of Electrical Engineers of Japan

内 容 简 介

本书全面介绍纳米电介质的制备、特性和应用等前沿技术知识，包括：纳米复合材料优异的介电与绝缘性能，纳米复合材料的光明前景；纳米材料在电气和电子领域潜在的应用，以及介电性能和其他工程性能的兼容性；聚合物纳米复合材料制备的均匀分散制备技术；纳米电介质的介电性能、热学性能和力学性能；聚合物纳米填料界面结构、界面模型和界面分析方法，以及聚合物中纳米填料可视化的计算机模拟方法。

本书可作为电气工程相关学科的本科生、研究生及专业工程技术人员的教科书和参考书。

图书在版编目（CIP）数据

先进纳米电介质：基础和应用/日本电气学会先进聚合物纳米复合电介质应用技术专门委员会编；成永红，陈玉，孟国栋译. —北京：科学出版社，2021.11
书名原文: Advanced Nanodielectrics: Fundamentals and Applications
ISBN 978-7-03-070395-8

Ⅰ. ①先… Ⅱ. ①日… ②成… ③陈… ④孟… Ⅲ. ①纳米材料-复合材料-电介质-研究 Ⅳ. ①TB383 ②O48

中国版本图书馆CIP数据核字（2021）第219561号

责任编辑：韩 东 / 责任校对：赵丽杰
责任印制：吕春珉 / 封面设计：东方人华平面设计部

科学出版社出版
北京东黄城根北街16号
邮政编码：100717
http://www.sciencep.com

北京中科印刷有限公司印刷
科学出版社发行 各地新华书店经销
*
2021年11月第 一 版 开本：B5（720×1000）
2021年11月第一次印刷 印张：15 1/2
字数：312 480

定价：148.00元

（如有印装质量问题，我社负责调换〈中科〉）
销售部电话 010-62136230 编辑部电话 010-62135120-8018

先进聚合物纳米复合电介质应用技术专门委员会构成委员

（所属时间为2013年3月31日）

委 员 长 田中祀捷（早稻田大学）

委　　员（按日文拼音顺序）

井上喜之（住友电气工业有限公司）
大木义路（早稻田大学）
太田高志（松下）
冈下稔（昭和电线电缆系统）
冈本健次（富士电机）
近藤高德（日本碍子有限公司）
清水教之（名城大学）
田中康宽（东京都市大学）
远山和之（沼津工业高等专门学校）
永田正义（兵库县立大学）
早川直树（名古屋大学）
本田祐树（日立电线）
吉满哲夫（东芝三菱电机产业系统）
岩田干正（日本电力中央研究所）
大狱敦（日立）
太田司（日东电工）
冈田重纪（东光高岳）
黑川德雄（日本电气功能材料工业协会）
后藤一敏（技术顾问）
清水敏夫（东芝）
津久井勤（NGK绝缘子有限公司）
长尾雅行（丰桥技术科学大学）
西川宏之（芝浦工业大学）
菱川悟（日本亨斯迈）

干　　事 水谷嘉伸（日本电力中央研究所）　今井隆浩（东芝）

助理干事 小迫雅裕（九州工业大学）　栗本宗明（丰桥技术科学大学）

著者一览表

编著者：田中祀捷（早稻田大学），今井隆浩（东芝）

著者（乱序）	所著章节
田中祀捷（早稻田大学）	第 1 章，3.1 节，5.5 节，5.6 节，7.1 节
今井隆浩（东芝）	2.1 节，4.3 节，6.2 节，第 9 章
井上喜之（住友电气工业有限公司）	2.1 节
永田正义（兵库县立大学）	2.2 节
吉满哲夫（东芝三菱电机产业系统）	2.2 节
后藤一敏（技术顾问）	2.3 节
近藤高德（日本碍子有限公司）	2.3 节，5.8 节
津久井勤（NGK 绝缘子有限公司）	2.4 节
太田高志（松下）	2.4 节
清水敏夫（东芝）	3.2 节，6.3 节
栗本宗明（丰桥技术科学大学）	3.2 节，5.1 节，5.7 节，7.2 节
大木义路（早稻田大学）	3.3 节
黑川德雄（日本电气功能材料工业协会）	3.4 节
冈本健次（富士电机）	3.5 节
岩田干正（日本电力中央研究所）	4.1 节
本田祐树（日立电线）	4.2 节
冈下稔（昭和电线电缆系统）	4.4 节
远山和之（沼津工业高等专门学校）	5.2 节
田中康宽（东京都市大学）	5.3 节
水谷嘉伸（日本电力中央研究所）	5.4 节
长尾雅行（丰桥技术科学大学）	5.7 节
早川直树（名古屋大学）	5.7 节
太田司（日东电工）	5.9 节
菱川悟（日本亨斯迈）	6.1 节
冈田重纪（东光高岳）	6.2 节
小迫雅裕（九州工业大学）	8.1 节
大狱敦（日立）	8.2 节

译 者 序

《先进纳米电介质：基础和应用》是日本电气学会（IEEJ）先进聚合物纳米复合电介质应用技术专门委员会，过去十几年中在对电介质的基本特性及其工业应用进行调查的基础上形成的技术进展报告，其荣获2016年IEEJ杰出技术报告奖，2017年出版了英文版，本书是在购买了日文原文版权的基础上翻译而成的。

凡在外电场作用下产生宏观上不等于零的电偶极矩，因而形成宏观束缚电荷的现象称为电极化，能产生电极化现象的物质统称为电介质。电工材料中一般认为电阻率超过10Ω·cm的物质便归于电介质，电介质包括气态、液态和固态等范围广泛的物质，也包括真空。

聚合物与其他材料相结合的复合技术是改善介质和绝缘材料的有效方法，利用纳米无机材料进行改性是其中的重要途径。聚合物无机纳米复合材料（以下简称纳米电介质）是指以聚合物为有机相（基体）、以纳米颗粒为无机相（添加相）而制备的一种新型复合材料体系。由于利用了无机纳米粒子的表面效应、体积效应、量子尺寸效应以及量子隧道效应，加之聚合物本身具有密度小、强度高、易加工等优点，聚合物无机纳米复合材料呈现出很多不同于常规的优异特性，在电力设备、电子器件的绝缘中得到广泛应用。

本书从介绍纳米复合聚合物材料的魅力入手，说明了纳米复合材料所具有优异的介电与绝缘性能，描述了纳米复合材料的光明前景；从材料应用的角度，介绍了纳米复合材料在电气（开关设备、电缆、漆包线、电机绕组、户外聚合物绝缘子等）和电子（电子器件用高密度组件）领域潜在的应用，以及介电性能和其他工程性能（高热导率、低热膨胀系数、高磁导率、高耐热）的兼容性；从材料制备的角度，介绍了聚合物纳米复合材料制备的均匀分散制备技术（溶胶凝胶法、类球形填料的分散技术、层状结构填料的反应共混方法、纳米填料表面改性等）；从材料特性的角度，分析了纳米电介质的介电性能（介电常数、介质损耗、低电场电导、高电场和空间电荷积聚下的传导电流、短时击穿特性、长时介质击穿、局部放电导致材料的劣化、水树枝导致材料的劣化、漏电起痕而导致的材料劣化、电化学迁移导致材料的劣化等）、热学性能（热学行为、热学性质和耐热性）和力学性能（拉伸强度、弯曲特性、抑制裂痕扩散、耐疲劳性等）；从理论分析的角度，介绍了聚合物纳米填料界面结构、界面模型和界面分析方法，并简略介绍了聚合物中纳米填料可视化的计算机模拟方法。

全书给出了很多最新成果和实际应用案例，提供了有关用于电气和电子工程的聚合物纳米复合材料的前沿技术知识，有助于对纳米复合材料的制备、特性和应用进行了解，堪称是为初学者和专家提供的一本权威实用手册。此外，本书在日文版原著和英文译著的基础上翻译而成，为便于读者阅读及查询相关资料，沿用了英文版的参考文献。

本书由西安交通大学成永红、陈玉、孟国栋负责组织翻译，成永红负责核对、统稿。参与翻译的人员如下：

第 1 章：1.1、1.2、1.3、1.4、1.5、1.6、1.7 节（谢茜）；

第 2 章：2.1、2.2 节（毛佳乐），2.3、2.4 节（董承业）；

第 3 章：3.1、3.2、3.4 节（王争东），3.3、3.5 节（杨萌萌）；

第 4 章：4.1、4.2、4.4 节（陈思宇），4.3 节（刘菁雅）；

第 5 章：5.1、5.4、5.5 节（孟国栋），5.2、5.3、5.9 节（苏芮），5.6、5.7、5.8 节（邵颖煜）；

第 6 章：6.1 节（王文栋），6.2、6.3 节（张笃佼）；

第 7 章：7.1、7.2 节（陈玉）；

第 8 章：8.1、8.2 节（任远洋）；

第 9 章：9.1、9.2 节（李贝津妮）；

前言、目录翻译和所有章节的参考文献的整理、排版等工作（高新宇）。

本书能够得以出版需要感谢日本电气学会许可我们将《先进纳米电介质：基础和应用》翻译成中文，让更多的中文读者能够方便地读到本书；感谢科学出版社的编辑为本书出版付出的努力；感谢所有为本书出版付出辛劳的人们。

最后，要特别感谢本书的主编——电气与电子工程师学会终身会士（IEEE Life Fellow）、日本电气学会终身会士（IEEJ Life Fellow）、国际大电网组织杰出会员（CIGRE Distinguished Member）、早稻田大学教授、西安交通大学名誉教授田中祀捷，他全力支持我们翻译出版此书、时时关心出版进度、及时解答翻译中的疑问。田中祀捷教授不仅是一位国际著名的学者，更是中日友好和文化交流、传播的使者，他酷爱中国历史、中国文化，喜欢中国太极、热爱中文书法，时常用中文练习听说读写。他不仅自己学习中国文化，而且还广泛传播中国文化，2018 年他因在西安交通大学突出的科研教学工作和文化交流活动获得“西安友谊奖”。2020 年恰逢田中祀捷教授八十大寿，愿以此书作为献给他的生日礼物，祝他健康长寿！

因译者水平和经验有限，翻译中的疏漏和错误在所难免，敬请读者批评指正。

成永红

2020 年 6 月

目　录

第1章　绪论：聚合物纳米复合材料的魅力

聚合物纳米复合材料的出现已有50多年历史。过去主要注重于包含纳米尺度粒子的胶体的理论研究，而现在已进入制备纳米物质的纳米技术应用阶段。聚合物纳米复合材料源于纳米技术，在胶体科学中得到广泛研究。20世纪90年代，聚合物纳米复合材料发源于工程塑料，21世纪初开始用作电介质绝缘材料。研究发现，将少量的无机纳米填料添加到纯的聚合物树脂中可以提高材料的多种性能。在电介质领域，聚合物纳米复合材料的研究始于20世纪90年代中期，基础研究和应用开发在21世纪初取得显著进展，人们将各种聚合物纳米复合材料用于开关电气设备、电力电缆以及微电子器件的绝缘。未来为了适应社会发展需求，人们还将探索具有多功能、高性能的超级复合材料。

1.1　添加少量填料的纳米复合材料

纳米复合材料一般由主体材料和客体材料组成。本书中复合材料的主体材料为聚合物，客体材料为无机填料。复合材料中纳米填料的尺寸至少在一个维度上小于100nm，填料的质量分数一般小于10%。

纳米复合材料的制备是为了使主体材料在保有原来优良特性的基础上具有客体材料优越的性能。有了这种纳米复合技术，就有可能创造出一种超级材料，其甚至可以同时具有通常认为矛盾的强度和弹性。一般来说，无机材料具有优异的光学、电学、力学和热学性能，有机材料具有轻质、柔韧和可塑等优良性能，而复合材料有望具有这两者的优点，实现无论是主体材料还是客体材料都不能单独拥有的新性能。

主体材料和客体材料有三种可能的组合：无机/无机、无机/有机、有机/有机。目前，最有吸引力的组合是有机材料（聚合物）为主体材料，无机材料为客体材料。有机/黏土复合材料的研制成功打开了一个纳米材料的新世界。起初人们主要关注复合材料的力学、光学性能，随着技术进步，人们的关注点转移到其他重要特性上，如气体阻隔性、润滑性、耐热性、散热性、导电性和绝缘性等。

纳米复合材料需要纳米填料。纳米填料有三种制备方法：固相法、液相法和气相法。纳米填料的传统制备方法是固相法，就是将块状材料破碎，这种方法不适合含有多种化学元素的多组分填料的制备，同时颗粒尺寸最小只能到0.1μm（100nm）。

液相法和气相法适合用于合成纳米填料。研制纳米填料的主要厂商有Aerosil、爱化成（C.I.Kasei）等，它们提供纳米尺度的二氧化硅（SiO_2）、氧化铝（Al_2O_3）、二氧化钛（TiO_2）等，但未公布制备方法。

下面涉及一个重要话题：如何将纳米填料混合到聚合物中。纳米填料有两种结构：球形体和层状结构。混合球形纳米填料和聚合物的制备方法主要有直接混合法和溶胶－凝胶法，混合层状纳米填料伴随着化学反应的发生而出现。

1.1.1 球形纳米填料复合材料的制备方法

1. 直接混合法

（1）环氧纳米复合材料。首先，将环氧树脂（主剂）、纳米填料、硅烷偶联剂这三种材料用高压高速搅拌机进行混合，高压高速搅拌机可以提供高的剪切力；其次，在混合物中加入固化剂；最后，将混合物注模，抽真空，热固化。

（2）聚乙烯纳米复合材料。一种可用的制备方法是将纳米填料放入氯仿（溶剂），用超声波进行分散，然后将分散的混合物添加到低密度聚乙烯（LDPE）的二甲苯溶液中，将溶液在100Pa、393K下搅拌2h，溶剂挥发后得到试样材料。

2. 溶胶－凝胶法

溶胶－凝胶法是将细小颗粒通过溶胶－凝胶过程的化学反应合成并分散在聚合物中的一种方法，即水解、脱水缩合反应。具体来说，金属醇盐（如烷氧基硅烷）在碱催化剂下发生水解或缩合反应。通常正硅酸乙酯（TEOS）和正硅酸甲酯（TMOS）可用于在聚合物中析出二氧化硅纳米颗粒。

1.1.2 层状纳米填料复合材料的制备方法

层状纳米填料（层状硅酸盐或黏土）是由多层单元组成的，每个单元层的结构中含有三片层，两侧分别为一个Si–O四面体片，中间为一个Al–O或Mg–O八面体片。每个硅酸盐层长约为100nm，宽度约为10nm，厚度约为1nm。负电荷是由于Si–O四面体片中的铝被硅代替，或者中间八面体片中三价阳离子被二价阳离子代替产生的，为了补偿这个负电荷，片层之间通过阳离子进行结合（如Na^+）。这种结构使层状纳米材料具有离子交换能力，因此可以在有机物中形成插层混合物。

1. 插层共混法

层状纳米填料（层状硅酸盐）通过插层法混合到聚合物中。这主要分为两个过程：层间插入过程和层剥离过程。

2. 直接共混法

层状纳米填料在水浆料中和聚酰胺混合，通过双轴搅拌挤压机来分散层状纳米填料，以制备复合材料。

1.2　纳米复合材料的广泛应用

通过纳米复合材料制备技术制备的电介质材料的性能被广泛关注，如直流电导率、介电常数、介质损耗、高电场导电、空间电荷形成、短时介电击穿强度（直流、交流和脉冲）、长时击穿特性（树枝化老化，耐局部放电性，耐电痕性）等。因此，在研究人员共同努力下已经取得了许多成果。从工程的角度来看，许多研究成果已开始用于研发旋转电动机绕组绝缘、开关柜绝缘、微电子用印刷电路板（PWB）、电机绕组绝缘（电磁线）、电力电缆、聚合物绝缘子等。表 1.1 给出了各种不同特性的聚合物纳米复合绝缘材料潜在的广泛应用。

表 1.1　聚合物纳米复合绝缘材料潜在的广泛应用

应用	主体材料	纳米填料	改进	目的
旋转电动机绕组绝缘	环氧树脂	纳米氧化铝	耐局部放电性	小型化
开关柜绝缘	环氧树脂	层状硅酸盐	介电强度	小型化
印刷电路板	环氧树脂	纳米二氧化硅	介电强度 导热性 耐热性	低价格化
电磁线	聚酯酰亚胺 聚酰胺酰亚胺	纳米二氧化硅	耐局部放电性	抵抗冲击电压
高压交流电力电缆	交联聚乙烯	纳米二氧化硅	介电强度	小型化
高压直流电力电缆	交联聚乙烯	纳米氧化镁	空间电荷	直流性能
电容器	聚丙烯	纳米二氧化硅	介电强度	小型化
聚合物绝缘子	硅橡胶	纳米二氧化硅	耐电痕性	低价格化

1.3　纳米复合材料优异的介电与绝缘性能

聚合物纳米复合材料的基体有机材料通常是绝缘材料环氧树脂，也包括电缆绝缘用聚乙烯及交联聚乙烯（XLPE）、电容器介质用聚丙烯、复合绝缘子用硅树脂，对于纳米复合材料的无机纳米填料通常有二氧化硅（SiO_2）、层状硅酸盐、二氧化钛（TiO_2）、氧化铝（Al_2O_3）、水合氧化铝（$Al_2O_3 \cdot 3H_2O$）、碳化硅（SiC）、氧化镁（MgO）等。纳米复合材料是为了特定目的选择有机材料和无机材料按某种方法制备的，如直接混合法、溶胶－凝胶法、插层法。硅烷偶联剂用于将有机聚合物基体与无机填料进行化学连接。表 1.2 总结了迄今为止已实现的聚合物纳米复合材料的优异特性。由于取得了良好的定性结果，基础研究不断深化，工程应用研究也已展开。

表 1.2　聚合物纳米复合材料的优异性能

性能	改进程度	备注
耐局部放电性	极大地增强	树脂链段分割
耐树枝化寿命	极大地延长	特别是在中等电应力下
空间电荷	极大地减少	电应力阈值增加
耐电痕性	大幅增强	类似于耐局部放电性
介电击穿	小幅增大	残留交联剂和杂质
介电常数	增高 / 降低	在一定的条件下减小
介质损耗	与温度及频率有关	与界面结构与杂质等有关
直流导电性	增强 / 减弱	与载流子陷阱和杂质等有关

表 1.2 表明，如果聚合物树脂中含有少量的纳米填料，其耐局部放电性能大幅改善。由于局部放电不仅发生在高压电源设备中，也发生在微电子器件中，这些改进特性对于电力和微电子部门都是非常重要和有益的。

树枝化是电气绝缘材料受到高电场时出现树枝状通道的一种现象，它被认为是绝缘材料耐电强度的一个指标。耐树枝化性能通常使用针 – 板电极系统进行评价，针尖在固体电介质中，垂直于平板电极的平面上，两者之间保持一定的距离，如 1 ～ 3mm。树枝起始于针尖尖端，半径为 3 ～ 5μm，常用 V–t 特性表征树枝起始或击穿发生。当纳米填料加入聚合物树脂基体后，树枝的形状发生变化，并使树枝的产生和扩展延缓，同时长期失效时间延长、介电击穿强度提高，这就解释了为什么在适当的电场下耐树枝化材料寿命能增加 100 倍以上，如环氧树脂 / 二氧化钛、环氧树脂 / 氧化铝、环氧树脂 / 层状硅酸盐、环氧树脂 / 水合氧化铝、聚乙烯 / 氧化镁等均具有此类特性。

当高直流电场施加到固体绝缘上时，空间电荷很容易在绝缘材料内部形成，从而导致击穿强度降低，工程上为开发直流交联聚乙烯绝缘电缆，需要大幅降低空间电荷。固体中空间电荷的非破坏性测量方法大约是在 20 年前发展起来的，包括电声脉冲法（PEA）、激光感应压力波法（LIPP）和热脉冲法。其中，电声脉冲法最常用，这是因为它容易操作且可靠。

空间电荷是固体绝缘受到高电场作用时在其体内积聚起来的。空间电荷会导致材料内部电场畸变，并在局部产生比平均电场更高的电场，可能使绝缘材料在比通常电压低的时候失效。对低密度聚乙烯（LDPE）和低密度聚乙烯 / 氧化镁（LDPE/MgO）纳米复合材料空间电荷形成过程的研究表明，在高直流电场下纳米复合材料具有比低密度聚乙烯更高的击穿强度。在高电场下，电荷包出现在低密度聚乙烯中，但在其纳米复合材料中消失。当出现电荷包时，很可能发生介电击穿。对这种空间电荷行为提出了一些解释机理，电荷注入要么被所添加的纳米填料抑制，要么被纳米填料诱导的陷阱和偶极子抑制。

击穿强度是绝缘设计中最重要的特性之一，高压设备的性能是由绝缘设计决定的。从理论上说，室温下固体绝缘材料的固有击穿强度一般为 1 ～ 10MV/cm，实际上的击穿强度远低于这个值，其取决于试样厚度、材料性能（如缺陷、空洞、无定形区、分子长度和杂质）、电压类型（如交流、直流和脉冲）和周围环境。由于击穿强度数据的分散性比较大，通常采用韦布尔统计方法处理。据报道，添加纳米填料可以提高击穿强度，有几份报告给出了一些成果：添加纳米填料时，低密度聚乙烯的交流击穿强度提高了 25%；三种纳米填料，海泡石黏土（SEP）、蒙脱土（MMT）以及它们的组合，可以提高 V–t 特性，其中蒙脱土纳米填料填充的复合材料在三者中击穿强度最高，因为蒙脱土具有高纵横比，因此被认为最有助于提高短时击穿强度，而海泡石黏土被认为有助于纳米填料的均匀分散；将经乙烯基硅烷处理的二氧化硅加入交联聚乙烯，可以得到相似的结果。

不同类型的纳米填料常用来提高直流及脉冲电压下低密度聚乙烯的击穿强度。例如，氧化镁，这种填料可使直流击穿强度和脉冲击穿强度分别提高 32% 和 19%。然而二氧化钛会产生相反的作用，在这种情况下，如果二氧化钛被干燥或被硅烷处理，可以减少击穿强度的降低。此外，与低密度聚乙烯相比，二氧化钛可以提高环氧树脂的击穿强度，添加纳米二氧化钛可以将环氧树脂的直流、交流、脉冲击穿强度分别提高 18%、9%、2%，但添加微米二氧化钛则使击穿强度分别下降 10%、16%、2%。据报道，环氧纳米复合材料（纳米二氧化硅、纳米氧化铝和纳米氧化锌）也表现出交流击穿强度降低。因为击穿强度可能受各种条件影响，如填料尺寸、干燥条件、界面改性、分散方法、分散条件和固化条件等，所以应优化纳米复合材料的制备工艺。

1.4　微纳米复合材料耐电强度与其他工程性能的平衡

1.4.1　热膨胀系数和耐电强度

将金属导体与聚合物树脂浇注成高压开关的部件时，树脂的热膨胀系数应尽可能接近金属的热膨胀系数。因为聚合物（环氧树脂）比金属（铝）具有更大的热膨胀系数，所以通过填充无机微米尺度填料（二氧化硅等），使树脂的热膨胀系数向金属的热膨胀系数方向降低。聚合物纳米复合材料具有优异的耐电强度，而其热膨胀系数与环氧树脂基体近似，为了保持原有优异的耐电强度，同时又降低热膨胀系数，可以使用微米二氧化硅作为填料加入纳米复合材料，制备出含纳米二氧化硅或层状硅酸盐的微米二氧化硅复合材料。使用这种微纳米复合技术制备绝缘支撑件，可以使整个开关系统更加紧凑。此外，环氧树脂的本质是硬而脆，纳米填料的添加不仅可以有效地提高性能，而且能改善其韧性。在环氧树脂中填充有机改性的纳米黏土（层状硅酸盐）可以增加其机械强度，其有效性取决于黏土处理的方法，当它们在极性溶剂中溶胀并受到剪切力处理时，复合材料的机械强度是最高的。

1.4.2　热导率和耐电强度

电子封装和印刷电路板由具有高热导率的聚合物树脂制成。为了使环氧树脂具有更高的热导率，一般填充具有高热导系数的微米填料，如氧化铝。为了保证热导率需要大量填充微米填料，这可能导致耐电强度降低。一旦耐电强度降低，添加少量的纳米填料可以使其恢复。例如，环氧树脂中加入微米氮化硼可以获得高达 10W/（m·K）的热导率，当进一步填充纳米二氧化硅时可以保留原有的耐电强度。

1.5　纳米复合材料中界面的主导作用

聚合物纳米复合材料由有机高分子材料与无机纳米填料混合制备。两种互不混溶物质之间有巨大的界面，聚合物纳米复合材料的性能取决于这两种物质的界面。例如，当纳米填料的直径为 40nm、质量分数为 5% 时，界面的比表面积为 $3.5km^2/m^3$。界面具有一定的厚度，这个区域称为相互作用区。如果这个区域的厚度为填料直径的 10%，它将达到总体积的 50%，这意味着这样体积的界面将主导纳米复合材料的性能。

图 1.1 给出了两种可能的界面结构和一种核模型的示意图。这些界面在形态上不同于原来的聚合物，它对纳米复合材料的宏观性能做出了巨大贡献。三种结构说明如下：图 1.1（a）中聚合物链随机分布在纳米填料的表面；图 1.1（b）中聚合物链大致垂直于纳米填料颗粒的表面，这类似球晶结构，还有一种可能的结构是其界面由平行于填料颗粒的聚合物链组成；图 1.1（c）中所示为一个由多层组成的三核模型，每层的键结构形态是不同的。

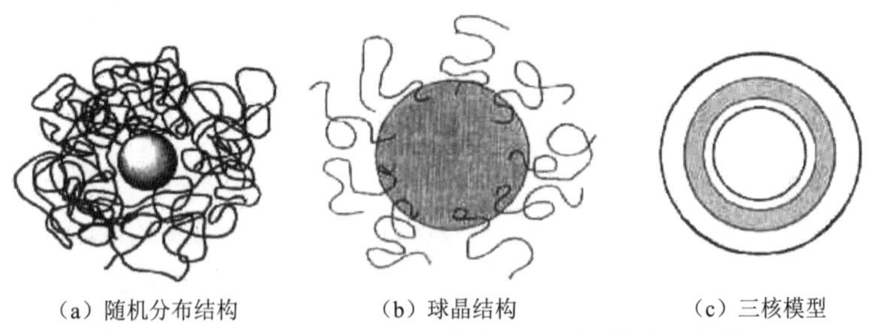

（a）随机分布结构　　（b）球晶结构　　（c）三核模型

图 1.1　纳米填料和聚合物基体之间的界面结构和核模型

这些界面结构在径向上展开，从而形成具有一定厚度的交互区。这种界面被认为是由不同性质的多层结构组成的，常用两层模型来解释，也可以用如图 1.1（c）所示（此时为三核模型）的多核模型来解释，这些界面将表现出各自的介观特性。因此，须采用多种理化分析方法，以表征形态等介观特性。

相互作用通常是由聚合物和填料之间的作用力引起的，如普通化学键、氢键、范德华力等，甚至有机械力，如锚固力。复合材料性能及强度的相互作用由物理和化学因素控制，如化学结构中的化学键和极性基，填料特性中的比表面积或表面积/体积比、表面粗糙度、化学成分、官能团（自由基，如═O、—COOH 和—OH）。无机填料与有机聚合物基体之间如何有效彻底地“浸润”是非常重要的研究方向，其可通过“湿润”的总面积来表示。加强相互作用的方法是必须尽可能强化填料的分散性，并提高填料表面的润湿性，这是复合技术的诀窍。对填料进行表面处理是有效的方法，为此提出了一种束缚聚合物的概念来解释填充粒子与周围聚合物基质之间的机械相互作用，这表明，基体聚合物链在其自由运动中受到填料表面的约束，形成非移动层，即在填料表面周围形成束缚聚合物层。随着相互作用增强，这个束缚层变得更厚，当其厚到可以测量时，厚度就可用来表征这个相互作用，对聚氯乙烯－无机填料组成的复合材料，这个厚度为 10 ～ 200nm。

1.6　纳米复合材料源于纳米技术和胶体科学

1.6.1　纳米技术的概念

纳米复合材料被认为是“自底向上”纳米技术的重要延续。1965 年诺贝尔物理学奖得主 Richard P. Feynman，曾于 1959 年在加州理工学院举行的美国物理学会年会上说“底部有足够的空间”，并提出了一个关于微小空间的新科学技术的概念，人们普遍认为这是纳米技术的开端。在 K. Eric Drexler 的积极推动下，Norio Taniguchi 先生于 1974 年在日本举办的“制备工程国际会议（ICPE）”上首次使用“纳米技术”这个词，随后 K. Eric Drexler 在 1986 年出版的《创造的引擎：纳米技术时代来临》一书中提出了分子纳米技术，这被认为是从纳米尺度到宏观尺度构造新材料的“自底向上”的技术。2000 年美国提出的“国家纳米技术计划（NNI）”，不仅影响了美国还影响了许多其他国家，使其加快了对纳米技术的研发。在日本，纳米技术被日本内阁办公室科学、技术与创新委员会列为国家高优先级研发项目，并且在教育、文化、体育、科技和技术部门以及经济、贸易、工业部门的倡议及指导下，促进了工业界－政府－学术界在纳米技术方面的合作。

1.6.2　胶体科学阐述的界面概念

20 世纪 60 年代后期，胶体科学界对界面进行了研究，据此提出了一个界面模型。众所周知，胶体粒子（表面活性剂中的微胶粒聚集体）是纳米尺寸的，胶体科学研究的是分散相尺寸为 1 ～ 1000nm 的分散体系。胶体科学中界面现象的研究对聚合物纳米复合材料的理论阐释有很大的影响。

1.6.3　复合材料技术沿革

复合材料是由两种以上不同的材料组合而成的，以获得比单独材料更好的性能。“复合材料”的概念是从古代发展而来的。古代就有许多复合材料应用，如泥巴墙和复合弓都是复合材料：泥巴墙由土和稻草构成；复合弓由木材和竹子组成，并用动物骨筋和胶水增强性能。自从 1907 年 L. H. Baekeland 发明胶木（polyoxybenzylmethylenglycolanhydride）这种酚醛树脂，现代复合材料技术的发展越来越被人们重视，这种物质可以与木粉、纸张、棉花、纺织品等材料复合增强基体的性能。1935 年，人们发明了玻璃纤维增强塑料（FRP），并将其应用从特种军用市场扩展到普通的消费市场。1946 年，环氧树脂作为胶体材料实现工业化生产，添加了无机填料的环氧复合材料被用于制造结构构件，填料的分散相起到增强聚合物的作用，补偿了仅使用聚合物时的性能不足。随着复合材料技术的发展，分散相的尺寸逐渐变小。在 20 世纪 90 年代发展起来的填充微米级二氧化硅或氧化铝填料的复合材料和聚合物合金在许多领域得到广泛应用。如图 1.2 所示，从填充相尺寸大小来看，近年来新兴的纳米复合材料与传统微米复合材料有一定的技术延续性，换句话说，纳米复合材料的概念是从微米复合材料发展而来，只是其分散相尺寸越来越细小。

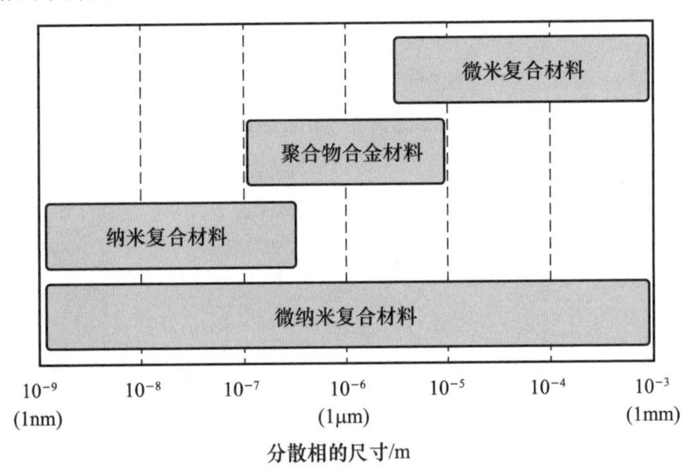

图 1.2　复合材料中分散相的尺寸

1.6.4　聚合物纳米复合材料的诞生

1987 年丰田研发小组开发了聚酰胺 / 黏土纳米复合材料，这是聚合物纳米复合材料用作工程塑料的开始。丰田的研发小组成功地使用熔融复合方法制备了有机改性黏土的纳米复合材料，其中单体（ε- 己内酰胺）插入相邻层的间隙，并通过开环聚合工艺进行聚合。这种黏土 / 聚酰胺纳米复合材料比基体树脂具有更高的力学性能和耐热性能，自 20 世纪 90 年代以来它一直在实际应用。

1.7　纳米复合材料的光明前景

聚合物纳米复合材料的研发，已经实现了诸如建立制备方法、优化聚合物填充条件、纳米复合电介质性能表征、计算机模拟研究以及实际应用等目标。研发取得了很大的进展，但还未完成。为了进一步推进并进入下一个发展阶段，应进一步研究优化纳米复合材料制备方法、阐明聚合物 / 纳米填料界面结构、阐明介电绝缘现象、深化计算机模拟、探索和拓展应用。在不久的将来，纳米复合材料将不仅具有优良的介电性能，也会拥有其他的优良性能，如低热膨胀系数、高热导率、高耐热性、高机械强度、高阻燃性、高渗透性、高或低的介电常数。因此，纳米复合材料有望成为具有这些特性的多功能超级复合材料。

由于世界人口爆炸引起能源使用量增加，预期会出现石油需求增加、金属资源短缺和全球温室效应增强的问题。为了解决这些问题，需要构建一个可持续发展型社会，如果没有科学和技术的广泛发展，这将是相当困难的。材料科学与技术领域也需要技术创新。如图 1.3 所示，如果高性能纳米复合材料成为具有可回收、碳中和、低环境负担、金属替代、仿生等多功能的超级复合材料，它们将有助于解决这些有争议的问题。

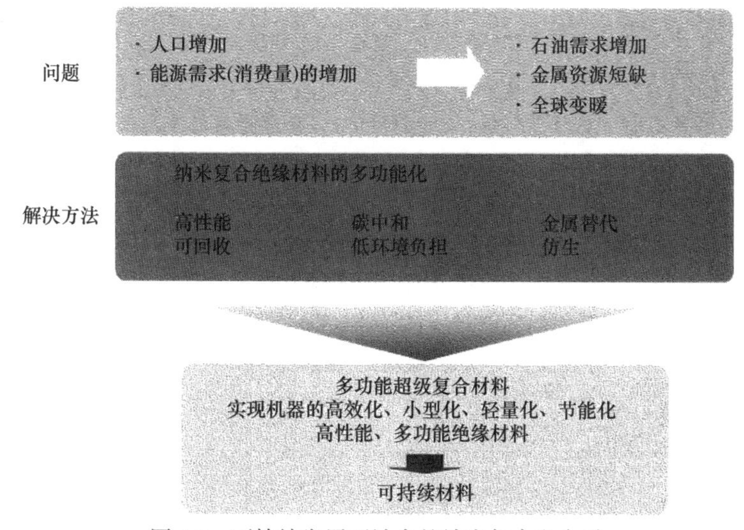

图 1.3　可持续发展型社会的纳米复合电介质

纳米复合材料的进一步发展需要基于电气工程、化学、材料科学、物理学和计算机模拟的跨学科深入研究，并加强工业界与学术界之间的合作。这里借用费曼的一句名言，“纳米复合绝缘材料有很大的空间！”，让我们携手共创未来辉煌发展。

可供读者参考的书籍、文献

Nelson, J. K.（2010）, Burke, J. E.（1964）. *Dielectric Polymer Nanocomposites*, 1st ed.（Springer）, pp. 1-368.

Nakajo, M. （2003）. *Polymer Nanocomposites* （Kogyo Chosakai Publishing）, pp. 1-299 （in Japanese）.

Tanaka, T. and Imai, T. （2013）. Advances in nanodielectric materials over the past 50 years, *IEEE EI Magazine*, 29（1）, pp. 10-23.

第 2 章　电气和电子领域潜在的应用

2.1　电力设备和电缆

针对电力设备领域实际应用需求，已经开发出一些聚合物纳米复合材料。例如，环氧基微纳米复合材料应用于固体绝缘开关系统（SIS），这种开关装置是环境友好型的，它采用了固体绝缘系统取代六氟化硫（SF_6）气体系统；具有防止空间电荷积聚的交联聚乙烯纳米复合材料，应用于直流电力电缆绝缘。

2.1.1　SF_6 气体既有优异的性能又会造成温室效应

电力能源对于我们的日常生活至关重要，它广泛应用于照明、电机、采暖和电子信息系统。日本等先进国家的电力消费在过去 10 年中只有微量的增长。然而，中国的电力消费增长迅速，已是 10 年前的 3 倍 [1]。2009 年的全年人均用电量：日本为 7833kW · h，美国为 12 884kW · h，中国为 2631kW · h，全球平均为 2730kW · h。像中国这样的发展中国家的电力需求还有大幅增加的空间。

用于电压转换的变压器和电力开断的开关装置在提供稳定的电力供应方面发挥着重要作用。从发电厂到用户的配电网中，用到的绝缘系统如下：

（1）气体绝缘系统（压缩空气、SF_6 气体等）。

（2）油绝缘系统（石蜡油、硅油等）。

（3）固体绝缘系统（陶瓷、环氧树脂等）。

SF_6 气体具有比空气更好的绝缘性能。压缩的 SF_6 气体有助于变压器和开关设备的小型化，基于 SF_6 气体的绝缘设备用于 22kV 以上的配电系统，如图 2.1 所示 [2]。

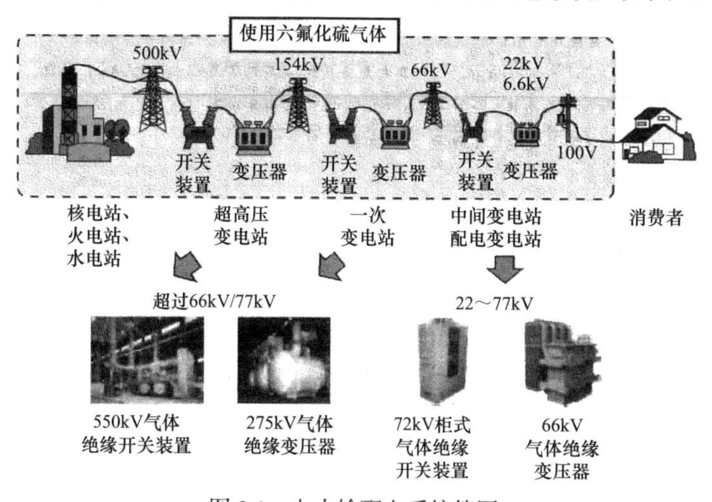

图 2.1　电力输配电系统简图

然而，表 2.1[3] 显示，SF_6 气体的全球变暖潜能值（GWP）是二氧化碳（CO_2）气体的 22 200 倍。因此，在 1997 年签订的《京都议定书》将 SF_6 气体类列为温室气体，该议定书在俄罗斯 2004 年核准后，于 2005 年正式生效。

表 2.1　温室气体的全球变暖潜能值

温室气体		全球变暖潜能值	应用 / 排放源
二氧化碳（CO_2）		1	化石燃料的燃烧
甲烷（CH_4）		23	水稻种植 农场动物的肠道发酵 垃圾填埋场
一氧化二氮（N_2O）		296	化石燃料的燃烧 工业过程
臭氧 – 环境不友好的碳氟化合物	– 氯氟烃（CFC） – 氢氟碳化合物 （HCFC）	从几千到 10 000	喷雾 空调和冰箱的制冷剂 半导体的清洗过程
臭氧 – 兼容的碳氟化合物	– 氢氟碳（HFC）	从几百到 10 000	喷雾 空调和冰箱的制冷剂 化学品制造过程
	– 全氟碳（PFC）	从几千到 10 000	半导体的清洗过程
	– 六氟化硫（SF_6）	22 200	电绝缘介质

注：1．全球变暖潜能值取决于温室气体的寿命。
2．以上全球变暖潜能值源于政府间气候变化专门委员会 2001 年第三次评估报告。

目前，SF_6 气体绝缘电力设备对大气的气体排放受到严格的管控。尽管这些设备在电力输配电中起着重要的作用，但电力行业正在努力减少 SF_6 气体的使用。日本在经济高增长期间更换了一些老旧的电力设备，近年来随着中国等国家经济的快速增长，电力需求也快速增加，环保技术在新型电力设备的研发中引起了重视，在不久的将来环境友好型电力设备将在电力输配电中发挥重要作用。

2.1.2　使用无温室效应气体开发环境友好型电力设备

目前，正在研发使用压缩干燥空气绝缘系统和固体绝缘系统代替 SF_6 气体绝缘系统的电力设备。

干燥空气的绝缘强度约为 SF_6 气体的三分之一。由于使用干燥空气的电力设备的绝缘间距较大，导致其体积较大，而使用压缩干燥空气可以使装置的尺寸减小。一个使用压缩干燥空气绝缘系统的 72kV/84kV 开关柜，其尺寸与使用 SF_6 气体绝缘系统的开关柜相同，如图 2.2 所示[4]。常规 SF_6 气体绝缘开关柜的气体压力为 0.25MPa（绝对压力），但压缩干燥空气绝缘开关柜的气体压力为 0.55MPa（绝对压力）。而使用压缩干燥空气绝缘与固体绝缘屏障的“混合绝缘”结构，其可降低 72kV 开关柜中的干燥气体压力，如图 2.3 所示[5]，气体压力降至约 0.3MPa（绝对压力）。

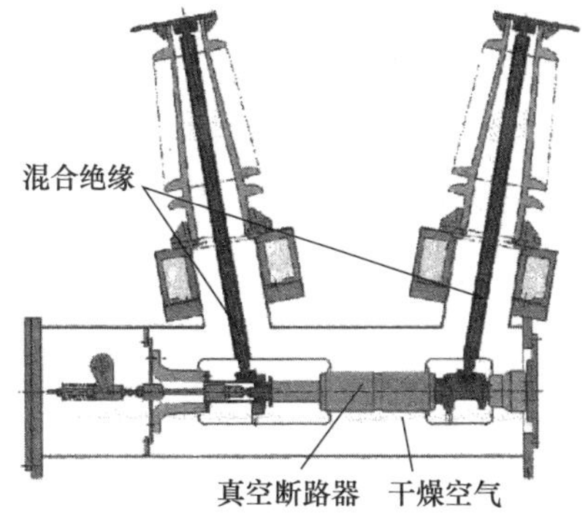

图 2.2　72kV/84kV 压缩空气绝缘开关柜

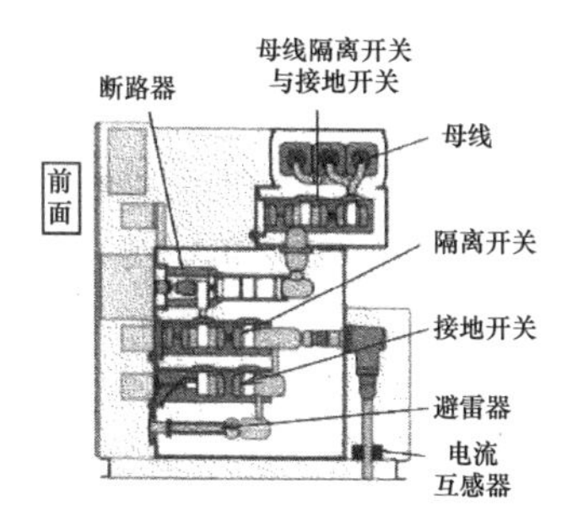

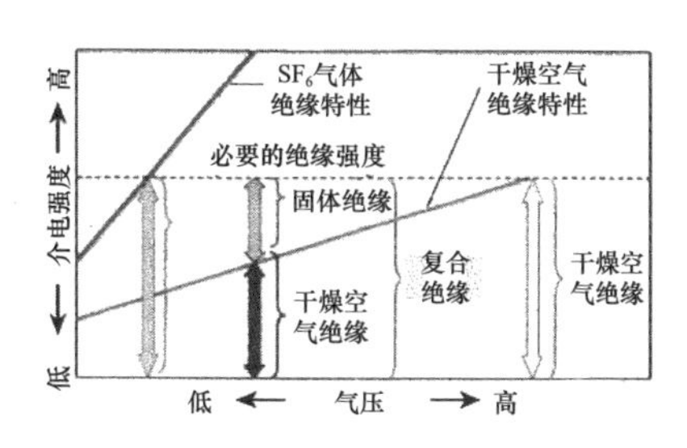

图 2.3　采用绝缘屏障技术的 72kV 压缩干燥空气绝缘开关柜

目前已开发出使用固体绝缘系统的 24kV/36kV 开关柜，如图 2.4 所示[6]，该系统由真空断路器和金属导体组成，金属导体是用含有微米 SiO_2 填料的环氧树脂浇注绝缘。一般来说，浇注环氧树脂的绝缘强度约为 SF_6 气体的 3 倍。因此，使用浇注环氧树脂的固体绝缘系统能够使开关柜小型化。固体绝缘系统也用于除开关装置之外的其他电力设备中，已开发出用浇注环氧树脂代替油和 SF_6 气体绝缘的变压器。

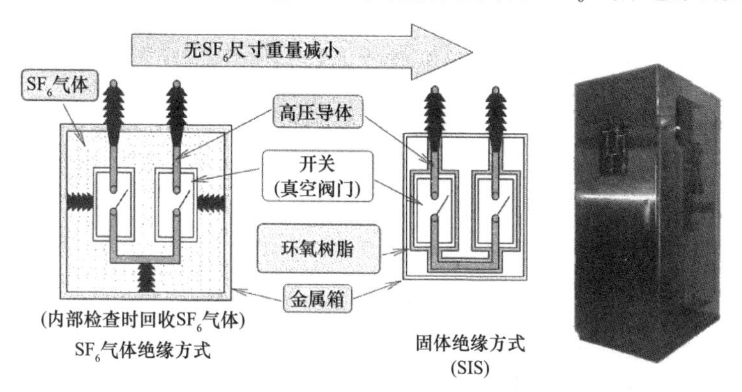

图 2.4　24kV/36kV 固体绝缘开关柜

2.1.3　电力设备用纳米复合绝缘材料研发

环氧树脂具有优良的绝缘性能，它在 20 世纪 40 年代首次用于电力设备，现在仍然普遍应用。

然而，如果环氧树脂中含有诸如空隙的缺陷，则它们的绝缘性能会由环氧树脂中的气隙产生电树枝和局部放电而严重下降。因此，当需要在高电压下具有优异绝缘性能的环氧树脂来替代 SF_6 气体绝缘，以扩大其在固体绝缘系统的使用时，添加纳米填料是提高环氧树脂绝缘性能的有效途径，下面给出了一些含有纳米填料的环氧树脂的实际应用。

1. 固体绝缘开关用微纳米复合材料的研发

在固体绝缘开关柜中，环氧树脂用来浇注真空灭弧室和金属导体等高电压部件。运行发热会导致高电压部件与环氧树脂间产生脱离，因此，采用高填充量的无机微米填料可将环氧树脂的热膨胀率降低到金属导体的水平。SiO_2 和 Al_2O_3 等作为环氧树脂的常规无机填料，其填料的质量分数超过 60%。

纳米填料比常规填料更能提高环氧树脂的绝缘性能。图 2.5（a）显示了含有质量分数 64% 的 SiO_2 微米填料和少量黏土纳米填料的环氧树脂的电子显微照片，这被称为微纳米复合材料。在微纳米复合材料中填料之间的距离是等量填充 SiO_2 的环氧树脂的五分之一，图 2.5 显示微纳米复合材料具有密堆积结构。

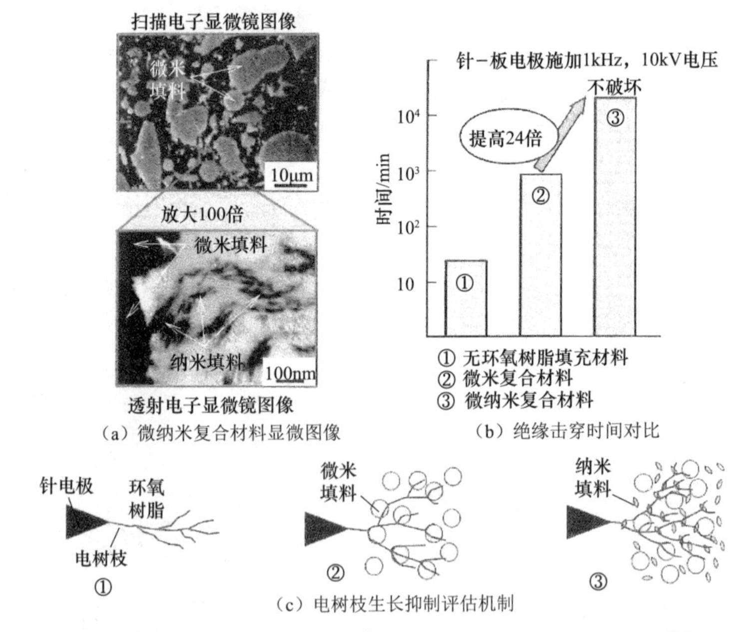

（a）微纳米复合材料显微图像　　（b）绝缘击穿时间对比

（c）电树枝生长抑制评估机制

图 2.5　微纳米材料的结构及其增强阻止电树枝能力的机制[2]

恒定交流电压下、在针－板电极系统中这种微纳米复合材料比常规填充 65% 质

量分数 SiO_2 的环氧树脂绝缘击穿耐受时间高出 24 倍，如图 2.5（b）所示。图 2.5（c）给出了分散的纳米填料和微米填料有效地阻止电树枝增长的物理机制。目前已制造出由连接导体、真空断路器和微纳米复合绝缘件组成的 SIS 系统组件模块并得到实际应用，如图 2.6[7] 所示。

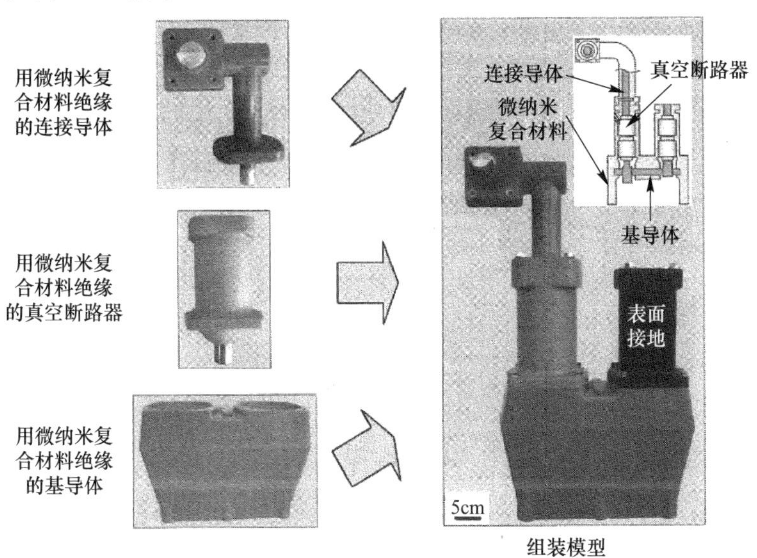

图 2.6　采用微纳米材料绝缘的固体绝缘开关柜的组合模型

2．干式互感器用混合绝缘系统研发

开关柜内的互感器将高电压转换为适合于测试的低电压。它由铁芯、线圈和环氧树脂浇注材料组成。在浇注式互感器中，采用纳米复合材料包覆的电磁线和微纳米复合材料组成的组合绝缘系统，以增长运行寿命，防止浇注式线圈中层间的绝缘击穿[8]。用纳米复合材料电磁线和微纳米材料组成的样品来测试平均绝缘击穿时间，如图 2.7 所示。这种样品的绝缘击穿时间比常规的不包含纳米填料的绝缘系统长 5 倍[9]，证明了制备的这种微纳米材料适合于互感器系统。

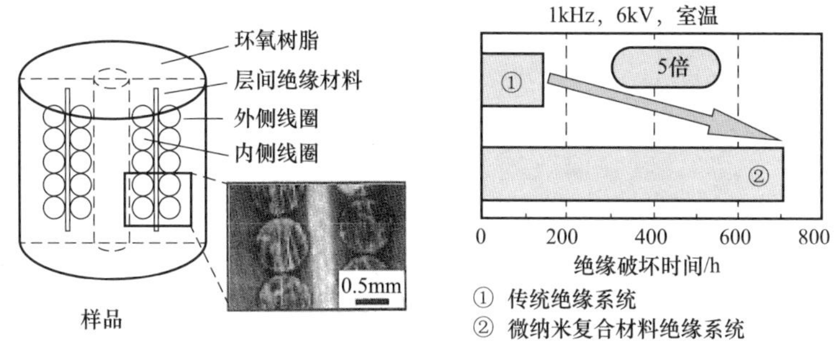

图 2.7　基于微纳米材料绝缘的浇注式互感器

3．全固态绝缘变电站用高导热绝缘材料的研发

SF_6 气体绝缘的开关柜和油绝缘的变压器应用于分布式和互联式的变电站。城市区域增长的电能需求和老化设备的更换都需要新的环境友好和小型化的设备，而基于固体绝缘系统的全固态变电站可以满足这个需求，如图 2.8（a）所示[10]。

在 SF_6 气体绝缘和油绝缘的变压器中，SF_6 气体和绝缘油循环工作起到释放铁芯线圈和绝缘介质中热量的作用。因此，如果采用全固态绝缘系统的变压器，则同时需要比传统绝缘材料更高的热导率和绝缘性能。

图 2.8（b）展示了纳米 / 微米混合氮化铝（AlN）环氧复合材料的两种性能，这种纳米 / 微米结构的氮化铝填料是利用转移电弧等离子体方法制备的，这种填料的特殊结构看似是纳米氮化铝吸附在微米氮化铝上。这种具有高的热导率和大的交流绝缘击穿强度的复合材料已应用在固体绝缘变压器中[11]。

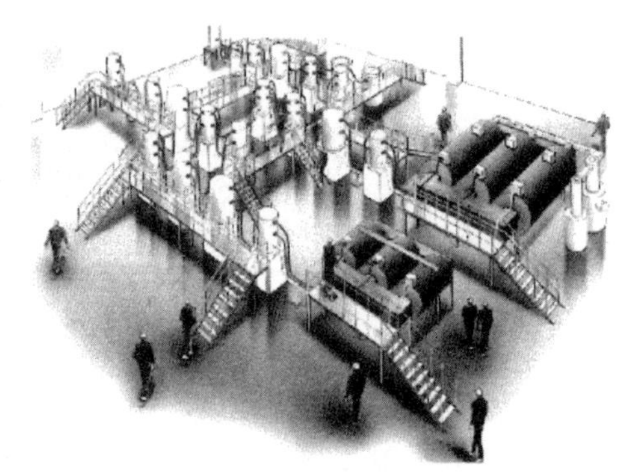

（a）全固态绝缘变电站

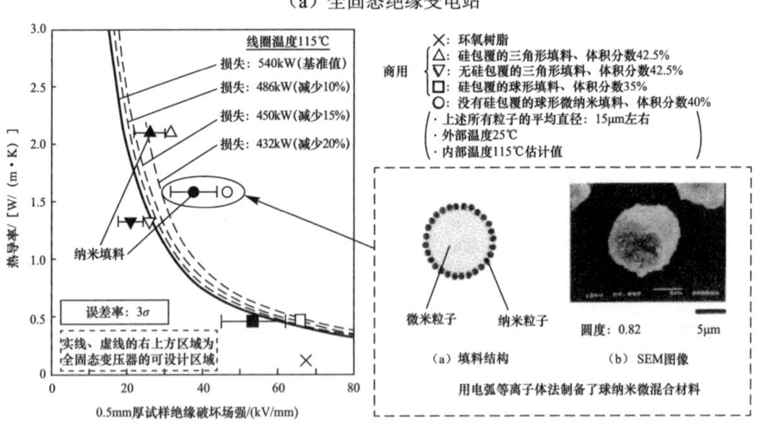

（b）全固态绝缘变电站所需绝缘材料

图 2.8　全固态绝缘变电站设计图

275kV/66kV 300MVA 变压器的热导率与绝缘破坏强度的关系

（设计条件：损失 540kW 以下，体积 72.8m³ 以下，重量 117t 以下）

4．长距离输电直流比交流更具优势

通常电能由交流传输，然而在长距离输电中直流传输更具优势。例如，海底直流电缆。一个重要原因是直流电在电能传输过程中损耗更低。交流传输中，能量损耗既包括导体中产生的焦耳损耗，又包括绝缘层中的介电损耗，而直流传输中的能量损耗只有前一种。交流传输中的介电损耗受很多因素的影响，如电场、绝缘材料、温度等。交联聚乙烯是最常用于直埋电力电缆的绝缘材料，当传输电压高于100kV时，在绝缘层中的介电损耗和导体上的焦耳热能差不多一样大。然而，直流传输需要交流—直流转换，因此需要考虑转换设备的成本，这使得直流传输在短距离输电中的经济效益并不好。

传输能力是直流输电的显著优点。在交流输电中，除了有效的电量通过电流（有功电流）传输，还产生无功电流。将电缆看作由导体－绝缘层－外部屏蔽层组成的电容，无功电流可以看作为这个电容充放电产生的电流。如果传输距离增大，无功电流和有功电流之比随之增大，导致电能接收侧可以接收到的有功电流变少，减少的比例由绝缘材料、传输电压和传输距离决定。例如，使用交联聚乙烯电力电缆，传输距离50km、传输电压500kV，有功电流将减少大约70%。然而，对于直流输电，距离并不影响传输能力。综上所述，在长距离传输中，直流输电更有优势。

另一个优势是当一个系统发生意外事故时，它并不会扩散到其他系统，因为它们在交流—直流转换装置处是断开的，因此可以避免能源供应系统中故障的链式反应。

此外，直流输电可以保持系统的稳定性，即使电能供应总量有波动，如当太阳能和风能发电接入电力系统时。直流输电在离岸风力发电中有更高的效率。风力发电作为可再生自然能源被积极引入欧洲，因为受到地理空间限制，它们的位置由沿海岸处被建到离岸处。

5．直流电缆的空间电荷积聚是重大危害

油浸绝缘电缆通常被用于直流电能传输，如整体浸渍电缆和充油电缆。近年来，随着环保意识的增强，固体绝缘电缆因为没有漏油的危险而发展起来。

日本在20世纪70年代开始研发固体绝缘直流电缆。在交流用交联聚乙烯电缆上进行的长时间直流测试显示，它在直流应用中存在很多问题，包括高温下的低击穿强度，尤其是极性反转操作时。这主要是因为绝缘层中的空间电荷积聚[12]。因此在20世纪80年代，开展了直流用固体绝缘材料的基础研究，研发出像交联聚乙烯这样的纳米复合材料，将在后面内容中具体介绍。

1999年，世界上第一根高压直流固体绝缘电缆用于80kV直流输电线。这里使用IGBT（绝缘栅双极晶体管）的电压源转换器（VSC）作为交流—直流转换器，代替使用晶闸管的常规线路转换电流转换器（LCC）。由于电压源转换器在转换电流方向时不需要反转电压极性，绝缘性能降低的问题会减少。例如，空间电荷的影响。与线路转换电流转换器相比，最初的电压源转换器的容量、转换效率和击穿强度均比较低。随着这些性能逐步提升，直流固态绝缘线缆应用于电压源转换器的数量也在增加。

6．纳米复合交联聚乙烯电力电缆的研发

基于 20 世纪 80 年代开始的固体绝缘材料的基础研究，研发出在交联聚乙烯中添加无机纳米填料的直流交联聚乙烯材料（DC-XLPE）。图 2.9 和图 2.10 给出了 DC-XLPE 的一些性能，并且和交流电能传输中使用的交联聚乙烯（AC-XLPE）的性能进行了比较[13，14]。

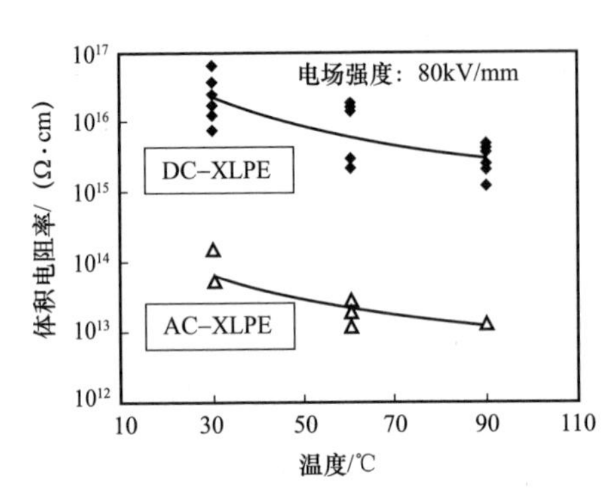

图 2.9　体积电阻率受温度的影响

图 2.9 给出了用 150μm 厚的样品测试的温度对体积电阻率的影响。在测试的温度范围内，DC-XLPE 的体积电阻率比 AC-XLPE 高 100 倍。

图 2.10 给出了 DC-XLPE 和 AC-XLPE 中空间电荷和电场的分布图（测试条件：50kV/mm、30℃，样品厚度 200 ～ 300μm）。在 AC-XLPE 中，随着时间的增加，样品内部出现电荷积聚，电场分布出现明显的变形。在 DC-XLPE 中，样品内部没有空间电荷的积聚，并且电场分布不随时间改变。

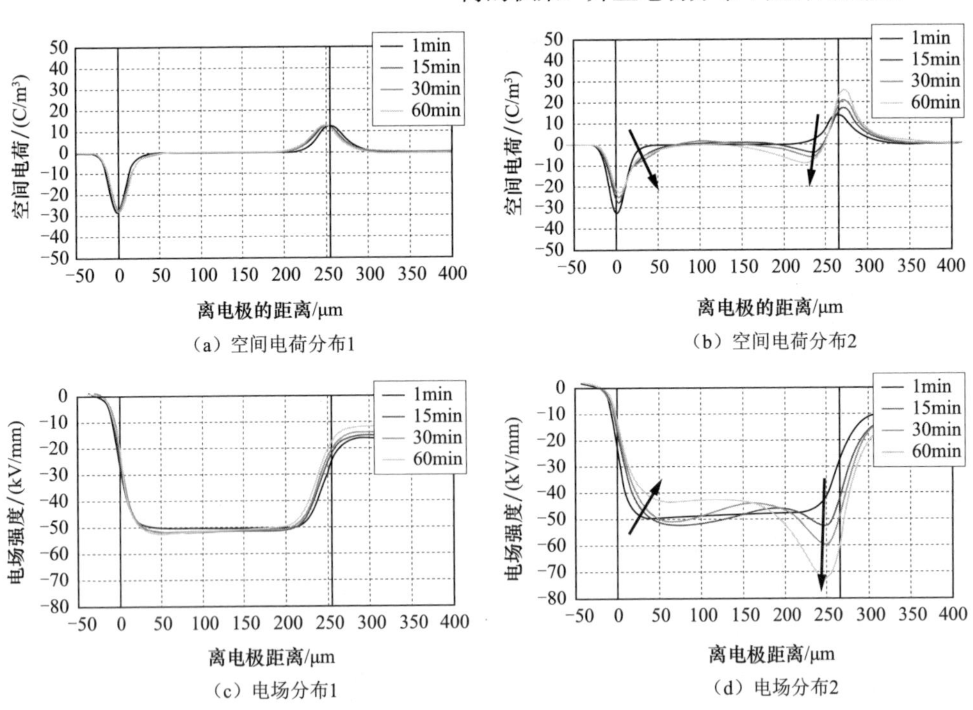

图 2.10　DC-XLPE 和 AC-XLPE 中空间电荷和电场的分布，在 50kV/mm、30℃条件下测试

图 2.11 给出了在直流电压下 200μm 厚样品的击穿时间。结果显示，在直流电压下，DC-XLPE 比 AC-XLPE 具有更长的寿命。图 2.12 给出了 DC-XLPE 绝缘模型电缆的击穿强度[15]和 AC-XLPE 电缆击穿强度的比较[16]，模型电缆的绝缘层厚度为 9mm、导体面积为 200mm^2。图中显示 DC-XLPE 电缆的直流击穿强度约为 AC-XLPE 的两倍。

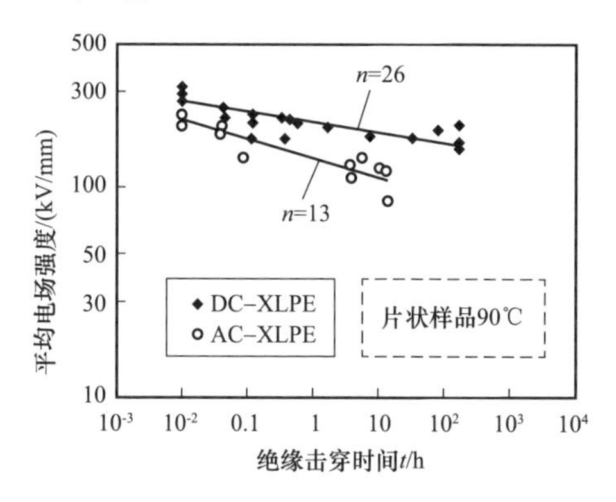

图 2.11　在 90℃条件下 DC-XLPE 和 AC-XLPE 的直流电压击穿时间

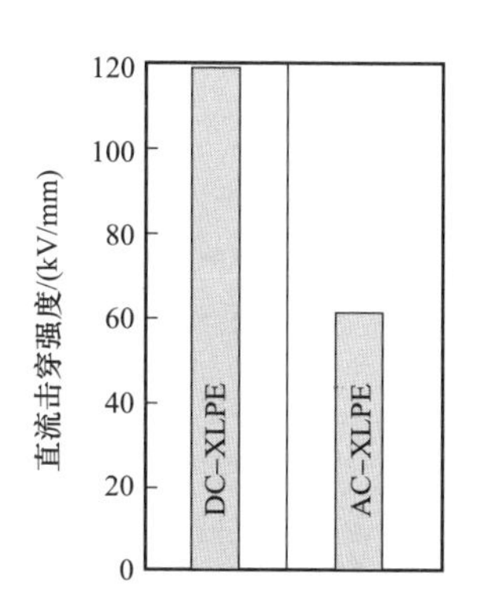

图 2.12　在 90℃条件下模型电缆的直流击穿强度

对添加无机纳米填料特性的研究主要集中在低密度聚乙烯。体积电阻率增加对空间电荷积聚的抑制作用和类似效应已有研究报道[17, 18]。

无机纳米填料的影响机制并不清楚，人们提出了一些假设。例如，纳米尺度的填料可以产生深陷阱捕捉电荷[19]，注入的电荷会被电极附近的陷阱捕获并停留在那里。这些陷阱电荷导致电极附近电场减弱，从而抑制电荷的进一步注入、限制空间电荷的形成。如图 2.9 所示，随着体积电阻率的提高，对空间电荷形成的抑制作用会增强直流击穿强度，增强体积电阻率的效应同时能通过控制焦耳热防止热损伤。

2012 年 12 月，±250kV 的 DC-XLPE 电缆实际应用于日本北海道和本州岛之间的高压直流输电（长 45km），海底电缆的外观如图 2.13 所示。当其投运时，该电缆的工作电压（±250kV）在世界上是使用挤出聚合物绝缘电力电缆中最高的，这也是世界上第一次将直流挤出电缆应用于极性反转的线路电流转换系统中[20]。

图 2.13　±250kV 的 DC-XLPE 直流海底电缆

参考文献

[1] The Federation of Electric Power Companies of Japan (2012). *Nuclear and Energy Drawings, InformationLibrary*, p.1-1-9, p.1-1-10 (in Japanese).

[2] Imai, T. （2006）. Nanocomposite Insulation Material for Environmentally-Friendly Power Electric Apparatus, *Toshiba Rev.*, 61, （12）, pp. 60-61 （in Japanese）.

[3] The Japan Center for Climate Change Actions （http://www.jccca.org）, *Properties of Green House Gases*, pp. 1-2 （in Japanese）.

[4] Matsui, Y., Saitoh, H., Nagatake, K., et al. （2005）. Development of Eco-Friendly 72/84 kV Vacuum Circuit Breakers, *Proc. 1EEJISEIM*, No. P2-39, pp. 679-682.

[5] Maruyama, A., Takeuchi, T., Koyama, K. （2009）. Dry Air Insulated Switchgear, *Proc. The 40th Symposium on Electrical and Electronic Insulating Materials and Applications in Systems*, No. SS-11, pp. 259-260 （in Japanese）.

[6] Shimizu, T. （2004）. Material Technology for Solid Insulated Switchgear, EINA （*Electrical Insulation News in Asia*） *Magazine*, pp. 41-42.

[7] Imai, T., Yamazaki, K., Komiya, G., et al. （2010）.Component Models Insulated with Nanocomposite Material for Environmentally-Conscious Switchgear, *Proc. IEEEISEl*, pp. 299-232.

[8] Nakamura, Y., Yamazaki, K., Imai, T., et al. （2011）. Longer Lifetime of Epoxy/enamel Composite Insulation Systems with Nanocomposite Materials Application, *IEEJ the Paper of Technical Meeting on Dielectrics and Electrical Insulation*, No. DEI-11-088, pp. 65-70 （in Japanese）.

[9] Imai, T., Cho, H., Nakamura, Y., et al. （2012）. Nanocomposite Insulating Materials Leading to Product Developments, *Proc. The 43th Symposium on Electrical and Electronic Insulating Materials and Applications in Systems*, No. SS-6, pp. 261-262 （in Japanese）.

[10] Shibuya, M., Okamoto, T., Kuzuma, Y., et al. （2000）. Proposition of All Solid Insulated Substation, *Central Research Institute of Electric Power Industry*（*CRIEPI*）, Research Report, W00047 （in Japanese）.

[11] Iwata, M., Furukawa, S., Mizutani, Y., et al.（2006）. Design and Evaluation of All Solid Transformer（Part 4）' - Thermal Conductivity and Breakdown Strength of Epoxy Resin with Spherical Nano-structured Composite Particles of Aluminum Nitride -, *Central Research Institute of Electric Power Industry* （*CRIEPI*）, *Research Report*, H05008 （in Japanese）.

[12] Investigation R&D Committee on Transition of DC Cable Technology （1999）. Transition of DC Cable Technology and Future Tasks, *Tech. Rep. IEEJ*, No. 745 （in Japanese）.

[13] Murata, Y., Sakamaki, M., Abe, K., et al. （2013）. Development of High Voltage DC-XLPE Cable System, *Hitachi Densen*, 32, pp. 5-14 （in Japanese）.

[14] Murata, Y., Sakamaki, M., Abe, K., et al. （2013）. Development of High Voltage DC-XLPE Cable System, *SEI Tech. Rev.*, 76, pp. 55-62.

[15] Maekawa, Y., Watanabe, C., Asano, M., et al. （2001）. Development of 500 kV XLPE insulated DC Cable, *IEEJ Trans*. Power Energy, 121（3）, pp. 390-398 （in Japanese）.

[16] Maekawa, Y., Yamaguchi, A., Sekii, Y., et al. （1994）. Development of DC-XLPE Cable for Extra-High Voltage Use, *IEEJ Trans. Power Energy*, 114（6）, pp. 633-641.

[17] TF Dl.16.03 CIGRE.（2006）. Emerging Nanocomposite Dielectric, *ELECTRA* 226, pp. 24-32.

[18] Nagao, M., Murakami, Y., Murata, Y., et al.（2008）. Material Challenge of MgO/LDPE Nanocomposite for High Field Electrical Insulation, *CIGRE2008*, Dl-301.

[19] Ishimoto, K., Tanaka, T., Ohki, Y., et al.（2009）. Thermally Stimulated Current in Low-density Polyethylene/MgO Nanocomposite-On the Mechanism of its Superior Dielectric Properties-, *IEEJ Trans. Fundamentals Mater.*, 129（2）, pp. 97-102（in Japanese）.

[20] Watanabe, C., Itou, Y., Sasaki, H., et al.（2014）. Practical Application of ±250 kV DC-XLPE Cable for Hokkaido-Honshu HVDC Link, *CIGRE2014*, Bl-110-2014.

2.2　电机绕组用高性能、长寿命电磁线

近年来，随着电力电子技术朝着促进节能方向发展，许多变频电动机被用于电动汽车或混合动力汽车，人们担心电动机绕组绝缘会因变频器浪涌导致的局部放电而损坏。作为应对措施之一，具有优异的耐局部放电特性的纳米复合电磁线有望成为下一代电磁线，因为它比普通漆包线寿命更长，未来将应用到已定型电机产品中以提高品质[1]。

2.2.1　变频脉冲下局部放电诱发的电机绝缘击穿

在电动汽车或混合动力汽车中，小型、高效变频器系统用来执行电动机的输出控制。电力装置的高速开断，在电动机线圈绕组间将产生陡脉冲和浪涌电压，会产生局部放电导致绝缘系统损坏。本节介绍当浪涌脉冲电压施加到模拟线圈绕组的双绞线上时，发生在间隙间的局部放电现象，以及局部放电的测量方法。

电机绕组电磁线在局部放电作用下，其漆包层会被侵蚀，最终导致绝缘击穿。如果模拟浪涌电压的脉冲电压反复施加于双绞线上，随着脉冲电压增加至某一电压时局部起始放电，该电压被定义为局部放电起始电压（PDIV）。图 2.14 所示是用相机拍摄的在电磁线接触部位发生放电的图像[2]，可以看出，局部放电强度与外施电压（V_a）成正比，并且发光部分延伸到电磁线的背面，就像在表面上爬行一样。绝缘损坏发生在很大的范围，并不局限在双绞线接触部位附近的小楔形间隙内。对普通电磁线施加浪涌电压和交流电压进行绝缘寿命试验时，其经受绝缘击穿后的外观示意图如图 2.15[3]，其中图 2.15（b）所示的交流绝缘击穿测试中，仅观察到一个击穿痕迹，而在图 2.15（a）所示的变频器浪涌电压试验中，清晰可见局部放电引起的许多斑点侵蚀痕迹。对一个实际给逆变器供电的低压缠绕式电动机，在其匝间、相对地或相间施加超过一定水平的电压时，会使相应部位损坏，导致绕组的绝缘劣化。为了防止局部放电的发生，需要进行绝缘设计和评估。

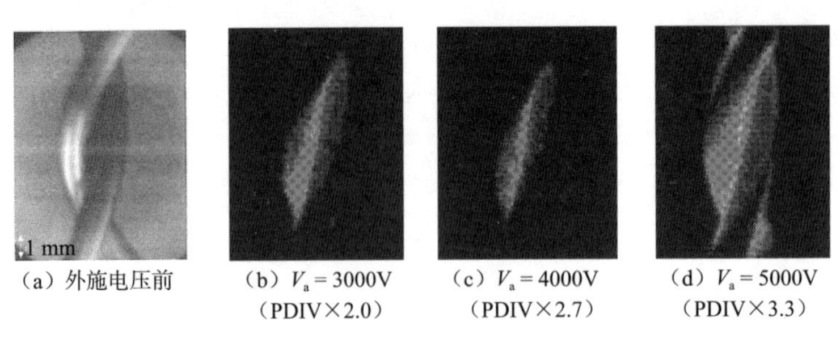

（a）外施电压前　（b）$V_a = 3000V$（PDIV×2.0）　（c）$V_a = 4000V$（PDIV×2.7）　（d）$V_a = 5000V$（PDIV×3.3）

图 2.14　在双绞电磁线接触部分发生的局部放电图像

	耐受变频器浪涌电压寿命试验后（外施电压：浪涌 1.1kV）	短时耐受交流电压寿命试验后（破坏电压：交流 14.7kV）
表面	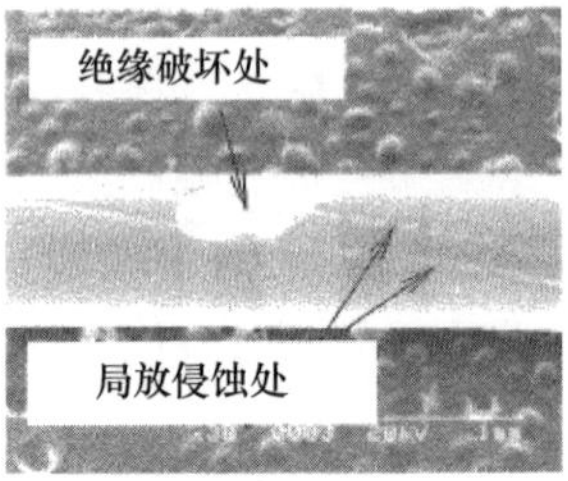 绝缘破坏处 局放侵蚀处	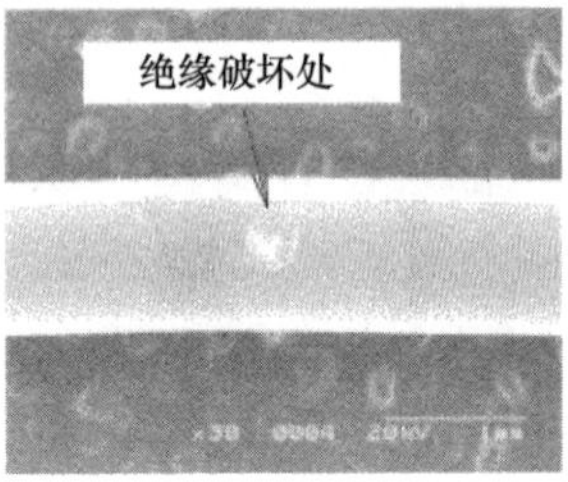 绝缘破坏处
断面	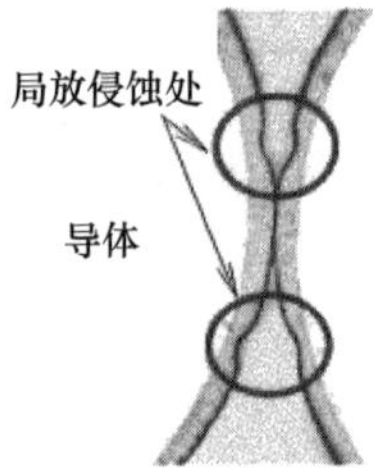 局放侵蚀处 导体　导体	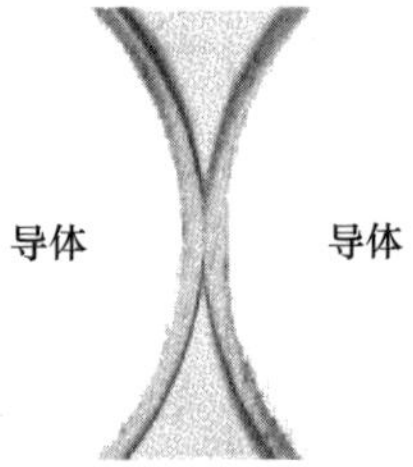 导体　导体

（a）浪涌电压　（b）交流电压

图 2.15　电磁线进行耐受变频器浪涌电压和交流电压寿命试验时，电磁线上的击穿侵蚀痕迹

局部放电的发生可以通过多种方法测量，如检测由放电引起的高频电压或脉冲电流、由放电发出的光或电磁波、由放电电弧引起气体的化学变化。在常规的交流局部放电测量仪器中，研究了一种超快上升沿脉冲电压的测量技术，相应的测量传感器有高频电流互感器（CT）、光电倍增管、喇叭天线、微带（贴片）天线、定向耦合器等[1]。

2.2.2　多因素决定逆变器脉冲局部放电起始电压

局部放电的起始电压、发生频率和强度由多种因素决定，如初始电子存在概率、空间电荷效应、周围环境因素（温度和湿度）、施加的电压波形（上升时间、频率、脉冲宽度和极性）、漆包绝缘膜特性（介电常数、填料的类型、吸湿性），但很难根据这些因素准确地预测局部放电电压。然而，当施加的电压波形是正弦波时，起始放电电压可以由施加到气隙的电压和帕邢（Pashen）曲线来估计。图 2.16 给出了气隙长度 $d(x)$ 与电场强度以及空气中的帕邢曲线之间的关系[4]。当外施电压 V_a 增加时，帕邢曲线与间隙间电压对应的外施电压 V_a 被认为是 PDIV。在图 2.16 中，当 $d(x)$ 为 0.03mm 时，放电在 V_a 为 915V 起始；当气隙长度 $d(x)$ 为 0.2mm 时，放电要到 V_a 为 1500V 才起始［当电磁线绝缘膜到接触点间的距离 x 变化时，电磁线膜之间的气隙 $d(x)$ 也跟着变化］。在具有较长上升时间的正弦波下，通过实验获得的 PDIV 能够很好地与预测值相一致，但在脉冲电压波形下 PDIV 与预测值不一致。

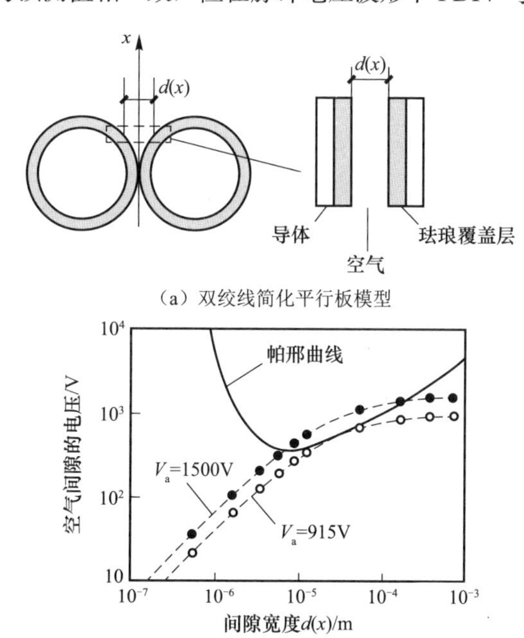

（a）双绞线简化平行板模型

（b）气隙长度与电场强度及空气中的帕邢曲线之间的关系

图 2.16　根据空气中帕邢曲线估计 PDIV

当双绞线简化为平行平板时（图 2.16），可以通过以下表达式获得施加到气隙的电压 V_{gap}：

$$V_{gap}=\frac{V}{\dfrac{2w}{\varepsilon_r d(x)}+1} \tag{2.1}$$

式中，ε_r、V、w 和 $d(x)$ 分别表示电磁线绝缘膜的介电常数、施加的电压、电磁线绝缘膜的厚度和气隙长度。从式（2.1）可以看出，由于电磁线的绝缘膜厚度和介电常数变化对施加在气隙上的有效电场强度有影响，因此 PDIV 也发生变化。图 2.17 给出了添加纳米填料的纳米复合电磁线和常规电磁线的 PDIV 对薄膜厚度的依赖关系，这里的外施电压分别为上升时间为 120ns 的单次正极性脉冲电压（脉冲 A），上升时间为 300ns、重复频率为 5000Hz 的双极脉冲电压（脉冲 B），以及交流电压[5]。如图 2.17 所示，脉冲电压的 PDIV 比交流电压高，且随着膜绝缘厚度线性增加，该图还表明纳米填料存在与否并没有影响 PDIV 值。

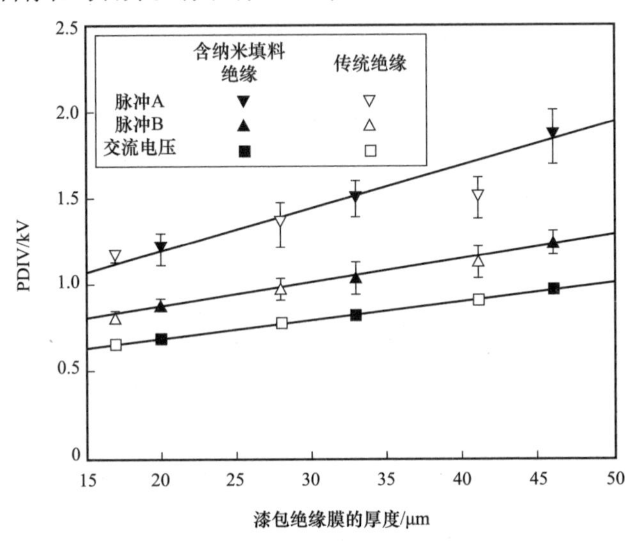

图 2.17　PDIV 与电磁线的膜绝缘厚度的关系

图 2.18 给出了填充质量分数为 10%、20% 和 30% 时的两种纳米填料（二氧化硅和二氧化钛）相对介电常数的比较[6]，并给出了正弦电压下不同填充量 PDIV 的变化特性。由于介电常数随着填充量的增加而增高，PDIV 正如式（2.1）所示随之降低。二氧化钛的相对介电常数略大于二氧化硅，其 PDIV 相对较低。

温度、湿度等环境因素对间隙间电场和空间电荷形成有显著影响，并显著改变局部放电特性。因此，温度与湿度对电动机绝缘寿命有显著影响。已有许多在固定温度和湿度的环境中局部放电特性检测结果的报道[1]。

图 2.19 给出了纳米复合电磁线与常规漆包线的 PDIV 和湿度的关系[4]，横轴表示绝对湿度，温度范围从 30℃到 80℃，每个温度下的相对湿度从 30% 变化到 95%。虽然在低温（30℃）下 PDIV 由于相对湿度的升高而降低，但是在高温（80℃）下 PDIV 几乎不降低。此外，当相对湿度为 95% 时，在常规漆包线中观察到 PDIV 的急剧下降，并且表现出表面润湿性的效果。放电产生的电荷被存储在绝缘膜上，由电荷形成的电场与外部电场之间的相互作用，确定着施加到气隙的电场强度。湿度增加导致电磁线绝缘膜开始润湿，表面电导率增加，存储电荷加速扩散，导致 PDIV 发生改变。监测电磁线绝缘膜的介电常数的温度、湿度特性，当湿度增加时，绝缘膜吸收水分，导致绝缘膜的介电常数增高。由于介电常数的增高导致气隙的电场强度增加，所以 PDIV 降低了。此外，由于纳米复合电磁线具有不同的介电常数和表面润湿性，因此纳米复合电磁线具有不同的介电性能。对填充纳米填料

的绝缘材料的物理性质变化和局部放电现象变化进行模拟研究将变得重要。既然环境效应对电动机绝缘的放电劣化有影响，那么从实际应用角度建模研究就具有重要意义。

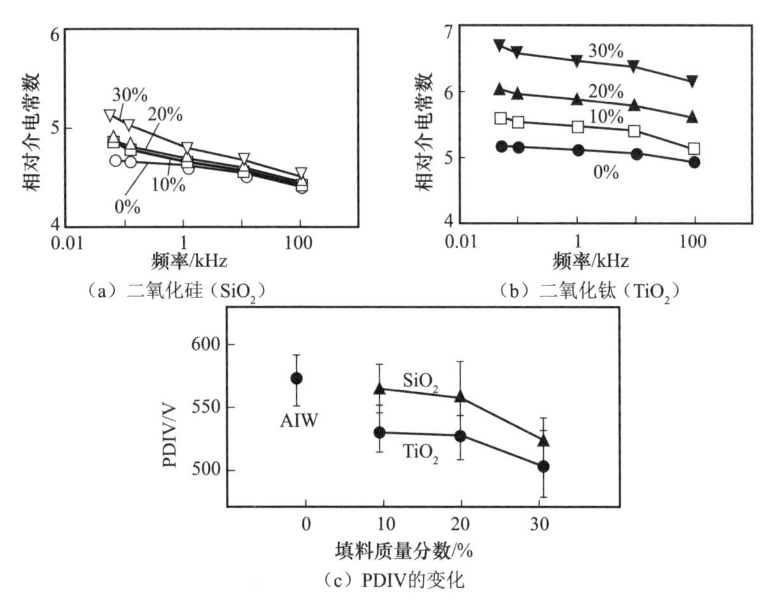

图 2.18　两种纳米填料（二氧化硅和二氧化钛）的相对介电常数随频率的变化，以及 PDIV 随不同填料量的变化

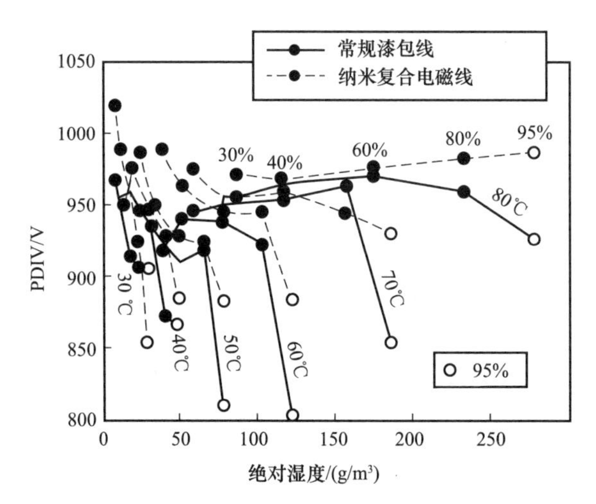

图 2.19　纳米复合电磁线与常规漆包线的 PDIV 和湿度的关系

2.2.3　纳米复合电磁线的介电性能取决于纳米填料的分散状态

纳米复合电磁线有一层添加了纳米尺寸无机颗粒（二氧化硅或二氧化钛纳米

填料）的有机漆包绝缘膜（聚酰胺酰亚胺、聚酯酰亚胺或聚酰亚胺）。为了电磁线在大机械力绕制后能够保持优异的耐局部放电性能，必须要保证无机纳米颗粒均匀分散、不团聚，并保证与有机材料界面的足够黏合性。外施电压下的寿命特性还取决于制造方法、无机纳米颗粒的种类和填充量、绝缘膜厚度、使用温度等。

不同填料状态的复合电磁线局部放电和机械断裂性能对比如图 2.20 所示[7]。即使无机颗粒的直径是小的，但如果颗粒团聚，则局部放电产生的带电粒子会注入有机材料、切断分子链，并导致材料侵蚀；如果弯曲纳米复合电磁线，可能会产生裂纹；如果填充量增加，则膜的延展性会丧失，同时柔性和黏合性等机械特性也会降低。因此，发展纳米复合技术以实现均匀分散非常重要。例如，有一种能够保持良好分散状态的纳米复合线生产技术，是将二氧化硅（粒径 20 ～ 30nm）预先在有机溶剂中分散成胶体溶液，再将基础树脂溶液与胶体溶液混合，这样无机纳米颗粒不需要很强的搅拌就可以相互排斥以达到很好的分散效果。通过该方法制造出两种耐浪涌电磁线（聚酯酰亚胺基和聚酰胺基），生产出 KMKED 系列商业产品。

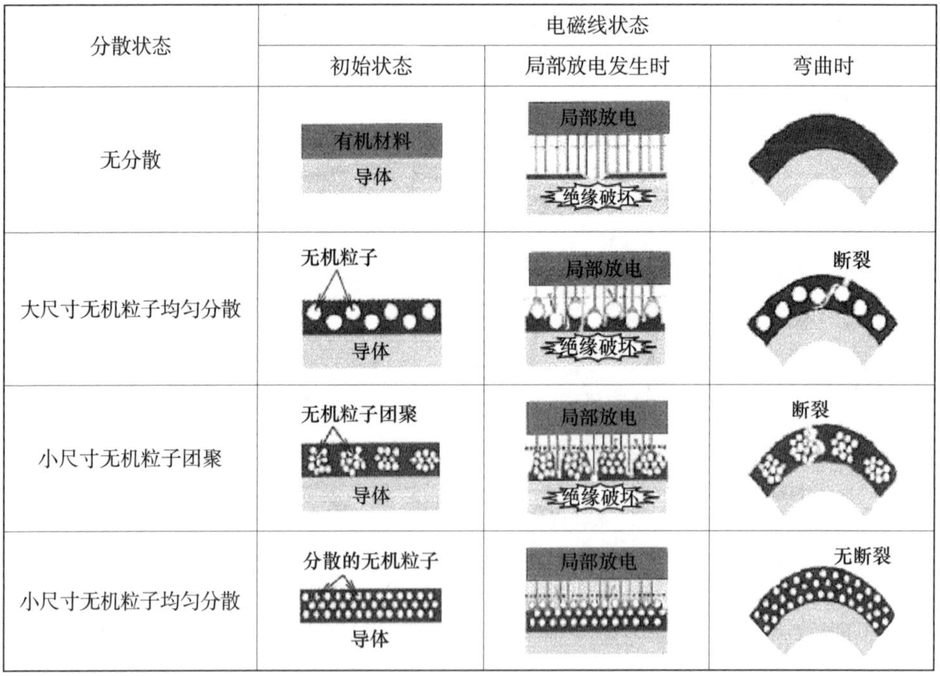

分散状态	电磁线状态		
	初始状态	局部放电发生时	弯曲时
无分散	有机材料 导体	局部放电 绝缘破坏	
大尺寸无机粒子均匀分散	无机粒子 导体	局部放电 绝缘破坏	断裂
小尺寸无机粒子团聚	无机粒子团聚 导体	局部放电 绝缘破坏	断裂
小尺寸无机粒子均匀分散	分散的无机粒子 导体	局部放电	无断裂

图 2.20　不同填料状态的复合电磁线的局部放电和机械断裂性能对比

再如，通过特殊的剪切混合方法可将纳米尺寸层状硅酸盐（黏土）扁平填料均匀分散[8]。研究表明，插层扁平填料的取向使其可以用很少的填充量（5 ～ 10phr，为每百份树脂的填充份数）就可以达到足够的耐浪涌冲击效果，如图 2.21 所示[9]。

在该方法中，当改善层状硅酸盐的分散状态时，柔性试验中裂纹数量减少、外施电压寿命增加。

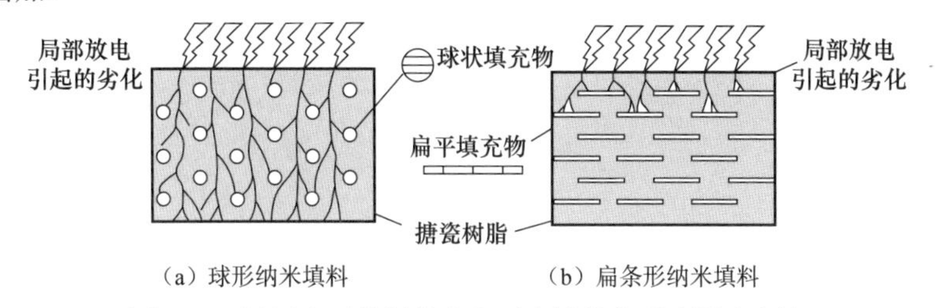

图 2.21　插层扁平填料的取向可有效提高耐浪涌冲击性

耐浪涌电磁线也可通过其他方法开发出来[10, 11]，其中一种方法是用溶剂先分散二氧化硅和二氧化钛，再将其分散到聚酰胺酰亚胺漆中来制造纳米复合线[10]。当在聚酰亚胺中填充质量分数为 10% 的二氧化硅和二氧化钛时，两种复合材料的寿命没有明显差异，然而当填料质量分数达 30% 时，聚酰亚胺 / 二氧化钛复合材料具有更长的寿命。当外施电压峰值是 2.1kV 时，该耐浪涌电磁线的寿命是常规漆包线寿命约 1000 倍。

2.2.4　纳米复合材料极大提高逆变器耐受脉冲寿命

很明显，在模拟浪涌脉冲电压的应用测试中，纳米复合电磁线的寿命明显长于常规电磁线的寿命。外施电压寿命特性（*V*–*t* 特性）表明绝缘击穿时间与外施电压之间关系取决于电磁线的膜厚、纳米填料的种类和填充量。

双绞纳米复合电磁线和双绞常规漆包线之间 *V*–*t* 特性的比较如图 2.22 所示[12]。实验采用 10kHz 正弦波，随着电压降低，纳米复合电磁线的绝缘击穿寿命显著延长，最终其寿命可达常规漆包线的 1000 倍以上。

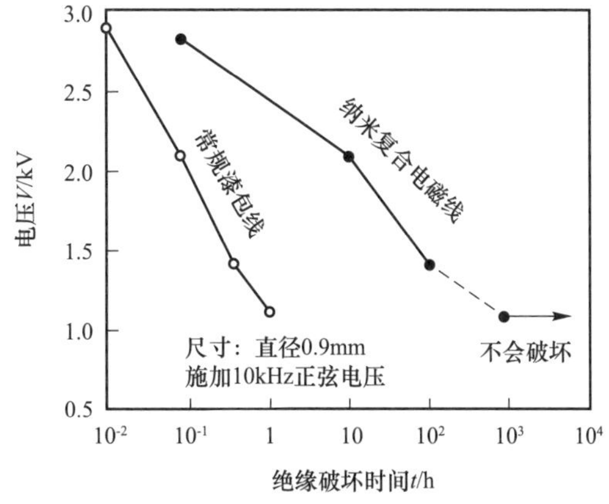

图 2.22　双绞纳米复合电磁线与双绞常规漆包线之间 *V*–*t* 特性的比较

常规电磁线与用层状硅酸盐和无定形二氧化硅填充聚酯酰亚胺制成的纳米复合电磁线 *V*–*t* 特性对比如图 2.23 所示[13]。为了在评估电特性时考虑机械应力，将两条线拉伸 10%，并制成双绞线，然后施加频率为 1kHz 的正弦波交流电压。结果表明，纳米复合电磁线（C 型：填充层状硅酸盐，D 型：填充无定形二氧化硅）的寿命是常规电磁线（A 型：聚酯酰亚胺线，B 型：聚酰亚胺线）的 60 倍以上。

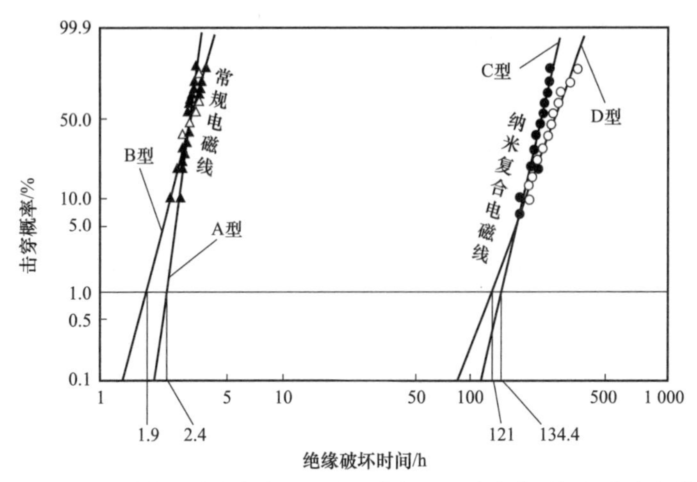

图 2.23　*V*–*t* 试验中的纳米复合电磁线和常规电磁线击穿时间的韦布尔分布图

2.2.5　纳米填料抑制电磁线局部放电老化的机理

在电磁线进行外施电压寿命试验后，在绝缘膜表面可以看到局部放电引起的侵蚀痕迹，这种局部放电降解通常是由带电粒子碰撞、局部温度升高、臭氧氧化降解、空间电荷影响等因素组合引起的。纳米复合电磁线通过抑制这些膜的损伤因素而获得长寿命特性，如图 2.24 所示。如果无机颗粒小而均匀分散，则无机颗粒可以防止带电粒子的碰撞，侵蚀需要绕到无机颗粒后面才能进行，从而增加侵蚀距离[14]。由局部放电产生的带电粒子受到气隙电压加速，撞击薄膜导致有机材料分子链断裂、材料侵蚀，而无机纳米颗粒（纳米填料）会通过碰撞反射和散射带电粒子使其失去碰撞能量而抑制放电侵蚀。

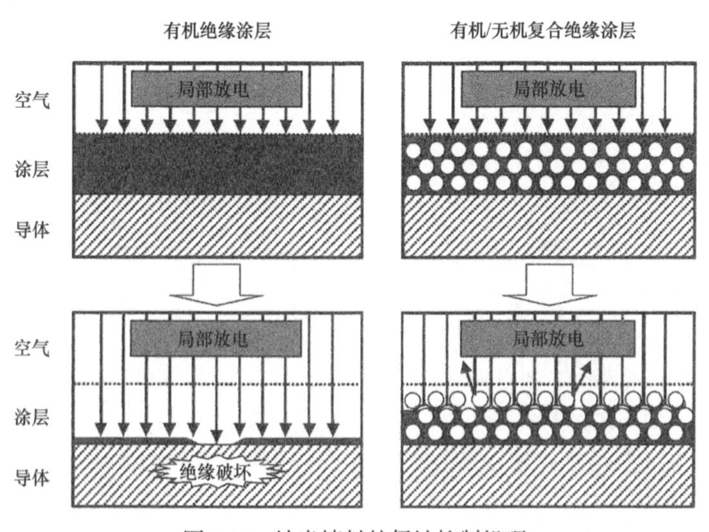

图 2.24　纳米填料的侵蚀抑制机理

填充层状硅酸盐和无定形二氧化硅的纳米复合电磁线在进行寿命试验后的电磁线外观如图 2.25 所示[9]。随着电压施加时间的增加，填充了层状硅酸盐纳米填料的薄膜表面出现均匀损伤，而填充无定形二氧化硅纳米填料的薄膜表面出现片状损伤。研究表明，这种沉淀膜保护内部并防止其逐渐被侵蚀，具有优异的耐浪涌冲击性能。

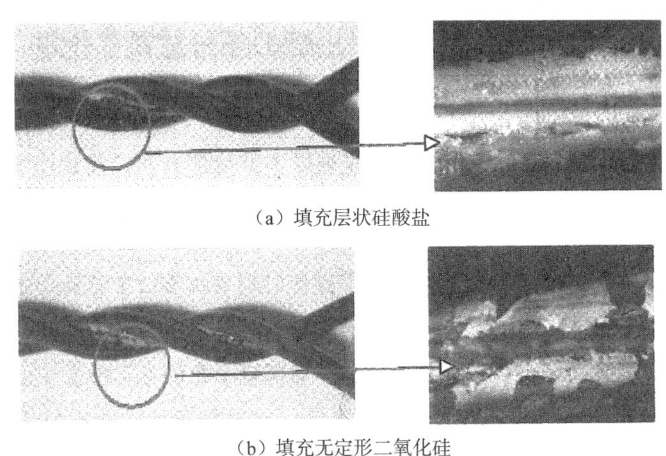

（a）填充层状硅酸盐

（b）填充无定形二氧化硅

图 2.25　进行寿命试验后的纳米复合电磁线的外观

2.2.6　耐浪涌纳米复合电磁线在电机产品中的应用与国际标准制定

纳米复合耐浪涌电磁线具有优异特性已经被证实，其已开始应用于逆变器供电的低压卷绕电机中。在传统的低压卷绕电机的绝缘设计中，通常假设电动机中不发生局部放电，因此耐浪涌纳米复合电磁线被用来防止绝缘击穿。如果未来耐浪涌纳米复合电磁线应用于低压卷绕电机中，由于实现了与变频器驱动技术之间的绝缘配合，即使在浪涌电压下发生局部放电，也可以保证使用寿命、提高可靠性。目前国际上正在努力促使其成为 IEC（国际电工委员会）新标准[1]。

具体地说，针对 700V 或更低电压卷绕电机的 IEC/TS 60034-18-41 和针对 700V 以上电压卷绕电机的 IEC/TS 60034-18-42 正在作为馈电逆变器电机绝缘 IEC 标准草案进行讨论。IEC/TS 60034-18-41 定义，在使用环境条件下进行加速试验后，重复考虑工作电压（包括逆变器浪涌）的模拟脉冲电压时，不应发生重复局部放电（指在模拟脉冲电压的 10 次施加中，局部放电出现 5 次或以上）。IEC/TS 60034-18-42 定义，在进行外施电压寿命测试后，预期寿命应该结束。因此，IEC/TS 60034-18-41 无法充分利用纳米复合耐浪涌电磁线的优点。如果 IEC/TS 60034-18-41 未来被纳入 IEC/TS 60034-18-42 中（建立的国际标准允许在 700V 或更低的电压下运行的卷绕电机中发生局部放电），卷绕电机可以按照图 2.26 所示的方法制造，从而可以广泛应用纳米复合材料技术[15]。

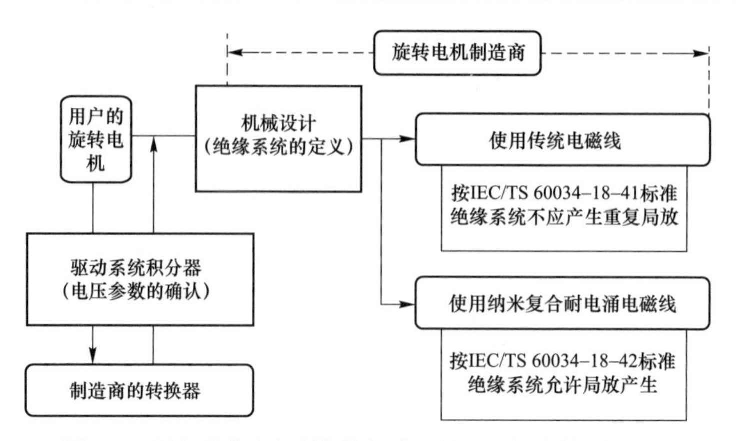

图 2.26　随机卷绕电机预期按新建立的 IEC 标准制造的流程

除了一般工业以外，馈电逆变器电机经常应用于涉及人们生活的电梯电动机和车辆电动机中。另外，在防止全球变暖的背景下，馈电逆变器电机被广泛应用于混合动力汽车、电动车电动机、风力发电等领域，所以提高其可靠性十分重要。

参考文献

[1] Investigating R&D committee on partial discharge measurement under repetitive voltage impulses（2011）. Partial Discharge Measurement and Inverter Surge Insulation under Repetitive Voltage Impulses, *IEEJ Technical Report*, vol.1218.

[2] Hayakawa, N., Inano, H,. Inuzuka, K., et al.（2006）. Partial discharge propagation and degradation characteristics of magnet wire for inverter-fed motor under surge voltage application, *Annual Rept. IEEE CEIDP*, pp. 565-568.

[3] Kikuchi, H., Hanawa, H., Honda, Y.（2012）. Development of polyamide-imide/silica nanocomposite enameled wire, *IEEJ Trans. Fundamentals Mater.*, 132（3）, pp. 263-269（in Japanese）.

[4] Kikuchi, Y., Murata, T., Uozumi, Y., et al.（2008）. Effects of ambient humidity and temperature on partial discharge characteristics of conventional and nanocomposite enameled magnet wires, *IEEE Trans. Dielectrics Electrical Insulation*, 15（6）, pp. 1617-1625.

[5] Inuzuka, K., Morikawa, M., Hayakawa, N., et al.（2006）. Partial discharge inception characteristics of nanocomposite enameled wire for inverter-fed motor, *IEEJ The 2006 Annual Meeting Record*, No. 2-054, p. 60（in Japanese）.

[6] Hikita, M., Yamaguchi, K., Fujimoto, M., et al.（2009）. Partial discharge endurance test on several kinds of nanofilled enameled wires under high-frequency AC voltage simulating inverter surge voltage, *Annual Rept. IEEE CEIDP*, No. 7B-20.

[7] Kikuchi, H., Yukimori, Y., Takano, Y.（2005）. Properties of inverter surge resistant enameled wire applied organic/inorganic nano-composite insulating material, *The Papers of Technical Meeting of IEEJ*, No. DEI-05-88, pp. 49-54（in Japanese）.

[8] Ozaki, T., Imai, T., Sawa, F., et al. （2005）. Partial discharge resistant enameled wire, *Proc. IEEJ ISEIM*, No. A3-9, pp. 184-187.

[9] Yoshimitsu, T., Wakimoto, Y., Kobayashi, H., et al. （2007）. Consideration on application of pd-resistant-wire for rotating electrical machines, *Proceedings of the 38th Symposium on Electrical and Electron Insulating Materials and Applications in Systems*, No. D-3, pp. 95-99 （in Japanese）.

[10] Ohya, M., Tomizawa, K., Fushimi, N., et al. （2009）. Voltage-time endurance and partial discharge degradation of nano-composite enameled wire under inverter surge condition, *The 2009 Annual Meeting Record, IEEJ*, No. 2-052, p. 62（in Japanese）.

[11] Boehm, F. R., Nagel, K., Schindler, H.（2007）. Voltron TM-A new generation of wire enamel for the production of magnet wires with outstanding corona resistance, *Dupont Catalog*.

[12] Kikuchi, H., Asano, K.（2006）. Development of organic/inorganic nano-composite enameled wire, *IEEJ Transactions on Power and Energy*, 126（4）, pp. 460-465 （in Japanese）.

[13] Uozumi, Y., Kikuchi, Y., Fukumoto, N., et al. （2007）. Characteristics of partial discharge, time to breakdown of nanocomposite enameled wire, *The Papers of Technical Meeting of IEEJ*, No. DEI-07-64, pp. 51-56 （in Japanese）.

[14] Kikuchi, H., Hanawa, H.（2012）. Inverter surge resistant enameled wire with nanocomposite insulating material, *IEEE Trans. Dielectr. Electr. Insul.*, 19（1）, pp. 99-106.

[15] Yoshimitsu, T., （2009）. Consideration on nanocomposite magnet wires and surge resistant properties, *The 2009 Annual Meeting Record, IEEJ*, No. 2-S2-8, pp. S2（29）-（32）(in Japanese).

2.3 户外聚合物绝缘子

户外聚合物绝缘子由于采用了复合结构而重量较轻，其最外层的硅橡胶层具有抗紫外线辐射和抗侵蚀的特性。分散在硅橡胶中的纳米填料提高了硅橡胶层的抗侵蚀性，这主要是由于纳米填料和硅橡胶间的界面增加了对电弧放电的热阻。对硅橡胶纳米复合材料的研究持续深入，本节介绍了实际应用中的技术进展。

2.3.1 聚合物绝缘子的轻质复合结构

20 世纪 60 年代，美国因配电需求研发出户外聚合物绝缘子，但是由于这些绝缘子耐紫外辐射能力较低、绝缘性能较差并未投入使用。在 20 世纪 80 年代，研制出以环氧树脂、EVA（乙烯－醋酸乙烯共聚物）和 EPR（乙丙橡胶）和 EPDM（乙烯－丙烯－非共轭二烯共聚物）为主体绝缘，硅橡胶为最外层材料的聚合物绝缘子。目前，硅橡胶仍然是户外聚合物绝缘子中最常用的外层材料[1]。

聚合物绝缘子采用提高其绝缘性能的硅橡胶和提高其力学性能的纤维增强塑料（FRP）组成，如图 2.27 所示，它们应用于输电线路的悬挂、终端和相间绝缘子。在日本，聚合物绝缘子主要用于实验研究，工程中主要用瓷绝缘子，然而聚合物绝缘子因其轻质性被广泛应用于相间隔离绝缘，聚合物绝缘子在 275kV 输电线相间隔离中的应用如图 2.28 所示[2]。聚合物绝缘子也应用于抗震设施中。

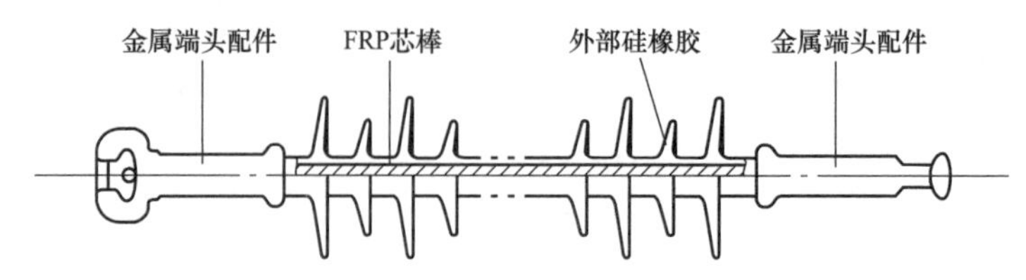

图 2.27　聚合物绝缘子结构

图 2.28　聚合物绝缘在 275kV 输电线相间隔离中的应用

与瓷绝缘子相比，聚合物绝缘子具有重量轻、易操作、抗污和耐水等特性，且由于聚合物绝缘子和聚合物套管的抗震性被广泛用于大型电气设备。尽管聚合物材料易于加工，但它在恶劣应用环境下不如陶瓷材料，因此在考虑采用聚合物绝缘子时必须考虑材料的使用寿命。

2.3.2　聚合物绝缘子应具备的性能

聚合物绝缘子应用在户外环境中时诸多因素影响其绝缘性能，如灰尘颗粒、海盐颗粒、降雨、露水、汽车尾气和工厂排气（主要成分为 NO_x、SO_x 和化学烟雾），这些物质聚集、沉积在聚合物表面，导致绝缘性能的劣化。

特别地，太阳紫外线辐射也会引起聚合物绝缘性能劣化。如表 2.2 所示[3]，有机材料中主链的 C—C 键键能小于太阳辐照能 *，导致大多数有机材料会因紫外线辐射而性能劣化。硅橡胶的化学结构如图 2.29 所示，其 Si—O 键键能大于太阳辐射能而具有较好的抗紫外线辐射性能。加速户外环境测试与耐光性测试表明，硅橡胶材料比环氧树脂和其他橡胶材料具有更好的抗紫外线辐射特性。此外，硅橡胶的疏水性能够有效地防止灰尘在聚合物绝缘子表面聚集，且有利于提高聚合物绝缘子的耐水性。

表 2.2　键能对比

化学键	键能 /（$kJ \cdot mol^{-1}$）
Si—O	445.2
C—H	414.54
C—C	346.9
Si—C	327.6

* 太阳辐照能（300nm）：405.7 kJ/mol。

另一个造成绝缘性能急剧下降的因素是当聚合物绝缘子在户外应用时，在聚合物的潮湿表面发生的电弧放电造成的热损伤[4]。反复电弧放电导致的降解，使聚合物表面出现碳化通道（电痕）与侵蚀，这些劣化现象引起了聚合物材料绝缘性能显著降低，因此需要提高聚合物绝缘子耐受这些现象的能力。一种有效提高其抗劣化能力的方法是使用硅橡胶基聚合物纳米复合材料，目前许多学者正在开展相关研究。

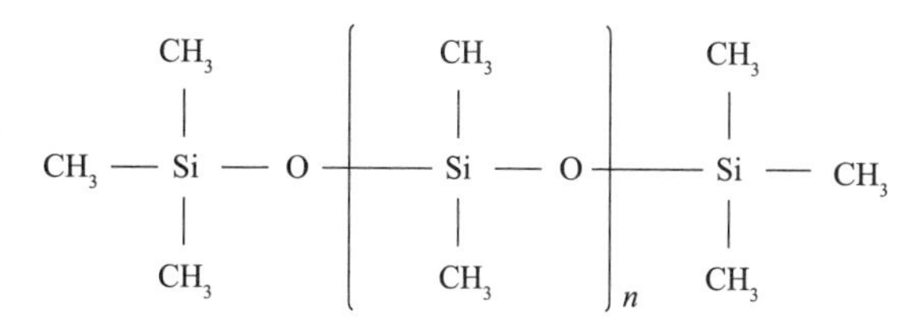

图 2.29　硅橡胶的化学结构（聚二甲基硅氧烷）

2.3.3　采用纳米复合材料提高耐侵蚀性

硅橡胶与其他聚合物材料相比，由于其主化学链中有 Si—O 键，所以对电痕劣化具有较好的抑制性。

因电弧放电引起的劣化具有很强的聚合物表面侵蚀性，因此开发耐蚀材料对聚合物绝缘子具有重要意义。

通常含有质量分数 50% ～ 70% 的微米级 SiO_2 和 Al_2O_3 填料能够提升硅橡胶的耐侵蚀性，而含有质量分数 2% ～ 10% 的纳米级填料就能与其具有相同的耐侵蚀效果。此外，纳米填料分散在硅橡胶中能有效提升硅橡胶的耐热性和机械强度。2004 年以后，有关硅橡胶纳米复合材料的论文越来越多[5-7]。

按照 ASTM D2303（或 IEC 60587）标准进行耐侵蚀试验。含有质量分数 5%、10% 纳米填料和 10%、30%、50% 微米填料的室温硫化硅橡胶（RTV）的耐侵蚀性对比如图 2.30 所示[5]，结果表明：含有 10% 纳米填料的硅橡胶的被侵蚀量小于含有 10% 微米填料的硅橡胶，且小于含有 50% 微米填料的硅橡胶，这表明纳米填料的引入对硅橡胶抗侵蚀性能具有显著的提升。在这个测试中，聚合物表面使用氯化铵溶液润湿，由于泄漏电流产生的焦耳热使得聚合物表面的溶液蒸发，在聚合物表面产生了一个干燥区，用纳米填料形成的界面使硅橡胶的干燥区域具有耐电弧放电性[6]。

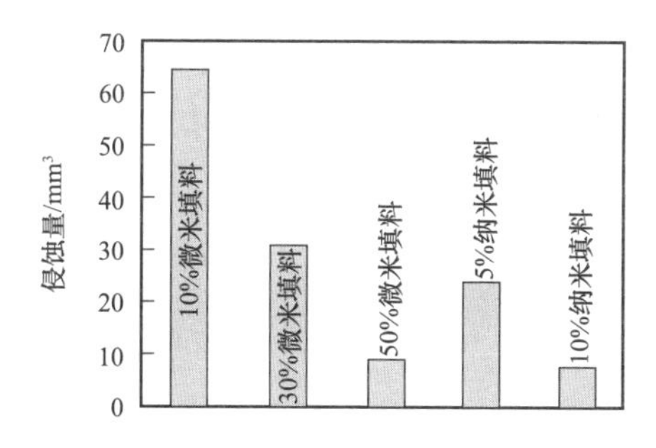

图 2.30　不同含量微米 / 纳米填料硅橡胶耐侵蚀性对比

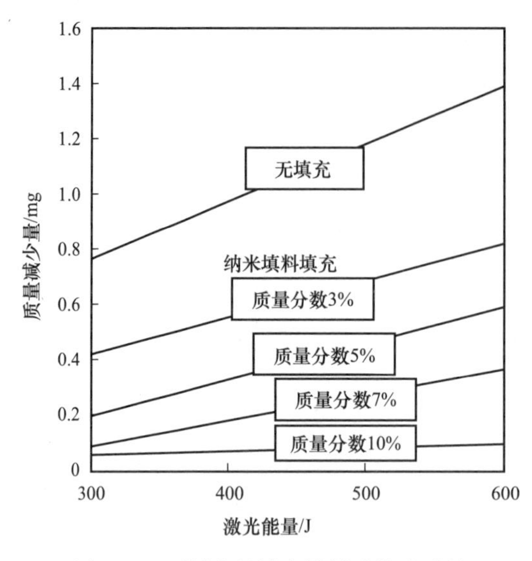

图 2.31　不同含量纳米填料硅橡胶质量损失随激光能量的变化曲线

通过激光辐射实验测量干燥区电弧放电热能所导致的硅橡胶质量损失量。图 2.31[6] 给出了含有质量分数 3%、5%、7%、10% 疏水性气相二氧化硅纳米颗粒（粒径为 12nm）的硅橡胶和无添加硅橡胶在激光辐照（802nm-5W，60s 和 120s 辐照时间）下的质量损失量，可以看出，加入纳米填料提升了硅橡胶的耐侵蚀性。其中，含有 10% 纳米填料的硅橡胶的质量损失量远小于其他硅橡胶样品。

其他可用来评估引入纳米填料提升耐侵蚀性的方法还有：原子力显微术（AFM）、热重分析（TGA）、傅里叶红外光谱（FTIR）和热导率测试等。这些方法的评估结果都表明纳米填料和硅橡胶界面处的强化学键提高了硅橡胶耐热性和耐干燥区电弧的能力。

2.3.4　添加纳米填料可增强界面结合强度

纳米填料与聚合物之间的界面面积远大于微米填料与聚合物之间的界面面积，见表 2.3。一些纳米填料与聚合物之间的界面面积是微米填料与聚合物之间界面面积的 100 倍，密度比微米填料大 4 倍以上[8]。硅橡胶中纳米填料的分散形成了大面积的界面区域，对抑制硅橡胶的热劣化有显著效果。图 2.32[8] 对比了质量分数 2.5% 的纳米填料硅橡胶与微米填料硅橡胶的热劣化程度，对比它们的最终剩余质量分数，含有纳米氧化铝填料、纳米天然二氧化硅填料、纳米气相二氧化硅填料硅橡胶的剩余质量分数分别为 43%、55%、59%，而含有微米二氧化硅填料的硅橡胶的剩余质量分数只有 32%。

表 2.3　不同纳米填料的性能

填料	平均粒径 / nm	比表面积（BET）/ （$m^2 \cdot g^{-1}$）	密度（在 25 ℃）/ （$g \cdot cm^{-3}$）
纳米气相二氧化硅	7	390±40	2.2
纳米天然二氧化硅	10	590 ～ 690	2.2 ～ 2.6
纳米氧化铝	2 ～ 4	350 ～ 720	4
微米二氧化硅	5000	5	0.58

每种含有纳米填料的硅橡胶都比含有微米填料硅橡胶的残留物多很多。不同的纳米填料可能影响填料与硅橡胶之间的界面区域，界面区域的不同导致了其剩余质量分数的不同。表中的数据表明纳米填料在硅橡胶中的分散提高了硅橡胶纳米复合材料的耐热老化性，这是由于纳米填料大的界面区导致的，参与键联的纳米二氧化硅填料表面羟基的浓度增加对界面区域的物理相互作用的影响，这种相互作用是基于纳米二氧化硅表面的羟基与硅氧烷主链间的氢键。

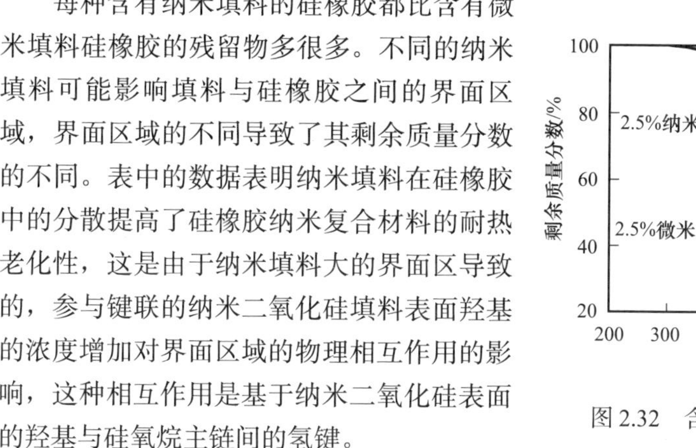

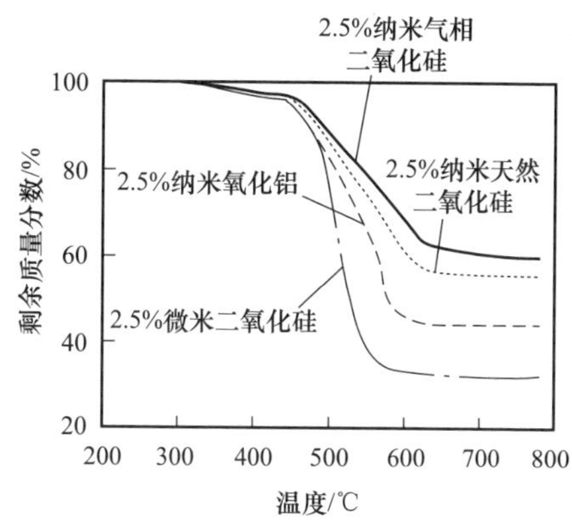

图 2.32　含有纳米填料硅橡胶的热劣化程度

如上所述，纳米填料和硅橡胶之间的相互作用对纳米复合材料性能的提升起到关键作用，因此改善纳米填料在硅橡胶中的分散性有助于提升界面区域的相互作用效果。表面活性剂（Triton X-100）的加入改善了纳米填料的分散性[8]。对含纳米填料和微米填料的硅橡胶的耐侵蚀性与力学性能进行了评价，含有质量分数为 2.5% 二氧化硅纳米填料的硅橡胶在激光辐照实验中侵蚀量和表面活性剂（Triton）浓度之间的关系如图 2.33 所示，此实验分别在 300℃和 600℃下煅烧处理纳米填料。由图 2.33 可知，侵蚀量随表面活性剂浓度升高而减少。表面活性剂的引入使得纳米填料在硅橡胶中的分散性得到改善，从而使得硅橡胶能够抵抗因激光辐照产生的热量而引起的劣化。实验中的煅烧温度对侵蚀量没有影响。

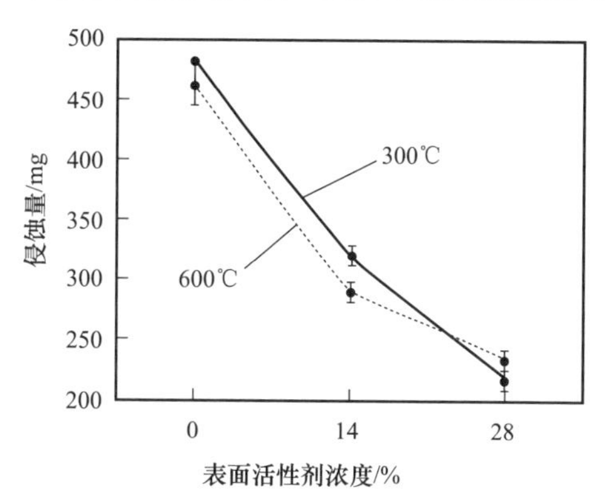

图 2.33　含有质量分数 2.5% 的二氧化硅纳米填料硅橡胶的激光辐照而产生的侵蚀量

复合材料的拉伸强度、伸长率和硬度等力学性能受到填料种类、含量、填料 / 硅橡胶基体相互作用的影响。表 2.4[8] 给出了含有纳米填料、微米填料和表面活性剂的硅橡胶复合材料的力学性能。添加有表面活性剂的硅橡胶拉伸强度略高于未添加表面活性剂的硅橡胶，这表明表面活性剂的引入对拉伸强度未产生明显提升。

表 2.4　硅橡胶纳米复合材料的力学性能

样品质量分数	极限抗拉强度 /MPa	变异系数 CV /%	伸长率 /%	硬度（Type A）
2.5% nfs	1.11	15	238	52
2.5% nfs + 0.35% T	1.12	25	235	50
2.5% nfs + 0.7% T	0.99	14	219	50
20% m +2.5% nfs	2.38	9	214	62
20% m +2.5% nfs + 0.35% T	2.34	8	209	61
20% m +2.5% nfs + 0.7% T	2.31	14.9	227	58
20% m +2.5% nfs + 2.5% T	1.02	33.8	207	47

注：nfs 表示纳米气相二氧化硅；m 表示微米二氧化硅；T 表示表面活性剂（Triton）。

含有纳米填料 + 微米填料（质量分数分别为 2.5% 与 20%）的硅橡胶其拉伸强度是只含有纳米填料（质量分数 2.5%）硅橡胶的两倍以上，但是表面活性剂对拉伸强度的影响无法从不同表面活性剂添加量的样品间的对比得到。但过量表面活性剂的添加（质量分数达到 2.5%，相当于纳米填料一样的添加量）会使得样品拉伸强度和硬度的急剧下降。综上所述，微米填料添加能提高样品的力学性能，但是无论微米填料添加还是纳米填料添加都需要最佳的表面活性剂添加量。通过对比这些样品间的耐侵蚀性发现[9]，20% m+2.5% nfs+0.35% T 和 20% m+2.5% nfs+0.7% T 的样品具有更优异的耐侵蚀性。

为了阐释填料与基体间界面特性，相关学者提出了界面体积模型，这个模型通过估算纳米填料与硅橡胶基体形成区域的质量，讨论这个质量和耐侵蚀性的关系。依据 IEC 61621 和 IEC 60587 的实验结果表明，硅橡胶侵蚀降解程度取决于材料耐受电弧放电热裂解的能力。这种热裂解不是恒温下的长期劣化，而是局部高温引起的热分解。纳米填料和硅橡胶之间的强键合阻止了复合材料因局部热辐射引起的热裂解，纳米填料在该体系中成为热阻挡层，使硅橡胶纳米复合材料表现出优异的耐侵蚀性。

2.3.5　纳米复合绝缘子的技术展望

硅橡胶纳米复合材料目前仍处于研究阶段，距其投入实际生产还有以下关键技术问题亟待解决：

问题一：纳米填料在硅橡胶中的分散均匀性问题。

问题二：纳米填料种类和表面状况的最优配置问题。

纳米填料极易团聚，问题一是指需要制备纳米填料良好分散的硅橡胶纳米复合材料。文献［10］讨论了在制备过程中分别使用不同搅拌器（高速行星搅拌器、高压匀质器、三轴搅拌器）对纳米填料在硅橡胶中的分散性的影响。该文献使用勃姆石氧化铝（AlOOH）作为纳米填料，双组分硅橡胶（树脂＋硬化剂）作为基体材料。

树脂与纳米填料在真空环境中用高速行星搅拌器混合均匀，然后使用高压匀质机或三轴搅拌器产生高剪切力进一步对混料进行搅拌，最后用硬化剂对混料进行处理。通过扫描电子显微镜（SEM）对纳米复合硅橡胶观察发现三轴搅拌器是分散硅橡胶中纳米填料最有效的方法。同时加入表面活性剂可进一步改善纳米填料在硅橡胶基体中的分散性。

问题二是指在制备均匀分散纳米复合硅橡胶材料时，需考虑填料的类型、表面状况和制备方法。这些纳米填料的性质对纳米复合材料的耐侵蚀性、热劣化、机械强度等性能有影响。

文献［11］讨论了纳米填料的制备方法对纳米复合硅橡胶热劣化性能的影响，纳米填料的不同制备方法见表2.5。两种不同的纳米复合硅橡胶材料的TGA实验结果对比如图2.34所示[10]，这两种纳米复合材料分别混有未处理的化学沉淀法制备的纳米氧化硅（F1）和未处理的纳米气相氧化硅（F2）。由图2.34可知，添加F1纳米填料的纳米复合硅橡胶比添加F2纳米填料的纳米复合硅橡胶具有更好的耐热劣化性。

表2.5　不同的纳米填料制备方法

氧化硅填料类型	F1	F2
	未处理的化学沉淀法制备的纳米氧化硅	未处理的纳米气相氧化硅
填料粒径/nm	20	20～30
填料质量分数/%	0.5，1，2，5，10，15	2，5，10

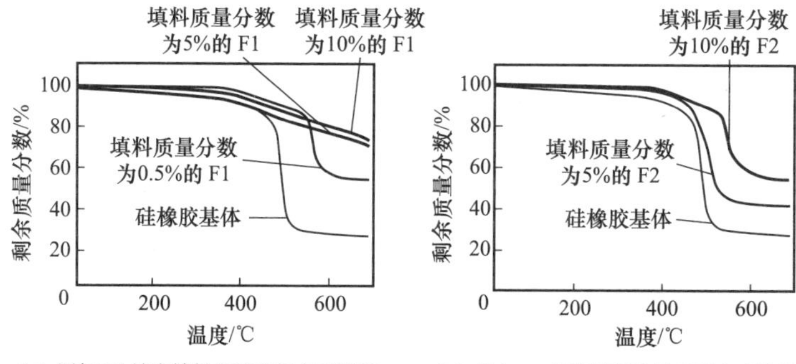

（a）添加F1纳米填料的纳米复合硅橡胶　（b）添加F2纳米填料的纳米复合硅橡胶

图2.34　不同纳米填料制备方法对纳米复合硅橡胶质量损失的比较

未添加纳米填料的硅橡胶其热分解温度为480℃，温度继续升高其质量迅速减少。然而当硅橡胶中添加质量分数0.5%的F1纳米填料后，其分解温度上升至560℃，且最后的剩余质量分数大于未添加纳米填料的硅橡胶样品。特别地，含有质量分数5%和10%的F1纳米填料硅橡胶样品的热分解量非常少，其热稳定性得到较大提升。此外，含有质量分数0.5%的F1纳米填料硅橡胶样品的热分解剩余质量分数与含有质量分数10%的F2纳米填料硅橡胶样品相同。

这些结果表明F1纳米填料对硅橡胶热劣化性能的改善好于F2纳米填料，这也说明问题二在纳米复合材料制备过程中极其重要。按照IEC 60587对这些硅橡胶纳米复合材料进行耐蚀性评价，发现添加F1纳米填料的样品有更好的耐侵蚀性。

以上的例子均说明二氧化硅纳米填料的制备技术会对纳米复合硅橡胶的性能产生影响。除了二氧化硅，氧化铝、勃姆石氧化铝和二氧化钛也被用作纳米复合硅橡胶的纳米填料。添加纳米填料和微米填料的复合材料能提高其耐侵蚀能力。通过表面改性剂优化颗粒表面状态，是减少纳米填料团聚、改善其分散性的关键。

本节介绍了聚合物绝缘子和纳米复合硅橡胶材料在聚合物绝缘子中的应用进展。尽管纳米复合硅橡胶投入实际应用中还有一些关键技术问题需要攻克，但是其优异的抗侵蚀性能还是吸引了许多研究者和工程师。随着技术不断创新，纳米复合硅橡胶在不久的将来会得到应用。

参考文献

[1] IEEJ Technical Report （2004）. No. 948 （in Japanese）.

[2] NGK Review （1994）. No. 54, p. 43 （in Japanese）.

[3] Barry, J. （1962）. *Inorganic Polymers*, Academic Press, p. 244.

[4] Investigation Committee on evaluation of discharge property and degradation phenomena of material surface of polymeric insulators （2006）. Evaluation of discharge property and degradation phenomena of material surface of polymeric insulators, *IEEJ Technical Report*, No. 1071 （in Japanese）.

[5] El-Hag, H., Jayaram, S. H., Cherney, E. A. （2004）. Comparison between silicone rubber containing micro-and nano-size silica fillers, *Annual Rept. IEEE CEIDP*, pp. 385-388.

[6] El-Hag, H., Simon, L. C., Jayaram, S. H.，et al.（2006）. Erosion resistance of nano-filled silicone rubber, *IEEE Trans. Dielectr. Electr. Insul*, 13（1）, pp. 122-128.

[7] Cai, D., Wen, W., Lan, L.，et al.（2004）. Study on RTV silicone rubber/ SiO_2 electrical insulation nanocomposites, *Proc. ICSD* 2004, No. 7P2, pp. 1-4.

[8] Ramirez, I., Jayaram, S. H., Cherney, E. A., et al. （2009）. Erosion resistance and mechanical properties of silicone nanocomposite insulation, *IEEE Trans. Dielectr. Electr. Insul.*, 16（1）, pp. 52-59.

[9] Ramirez, I., Jarayam, S. H, Cherney, E. A.（2010）. Performance of silicone rubber nanocomposites in salt-fog

inclined plane, and laser ablation tests, *IEEE Trans. Dielectr. Electr. Insul.*, 17（1）, pp. 206-213.

[10] Raetzke, S., Kindersberger, J.（2010）. Role of interphase on the resistance to high-voltage arcing, on tracking and erosion of silicone/SiO_2 nanocomposites, *IEEE Trans. Dielectr. Electr. Insul.*, 17（2）, pp. 607-614.

[11] Kozako, M., Higashikoji, M., Hikita, M., et al.（2012）. Fundamental investigation of preparation and characteristics of nano-scale boehmite alumina filled silicone rubber for outdoor insulation, *IEEJ Trans. Fundamentals Mater.*, 132（3）, pp. 257-262.

2.4　电子器件用高密度组件

随着电子器件朝着高集成、高性能方向发展，电子器件的高密度组装需求日益增长。为满足发展需求，需探索性能优异的绝缘材料。随着导体间间距缩小，需要将芯片焊接材料与封装材料结合起来以保护半导体元件与封装材料的连接，优化设计基板与半导体材料之间的支撑结构，球栅阵列（BGA）和芯片级封装（CSP）的底层填充材料常被用来作为确保印刷电路板可靠的层间材料。因此，大量的研究集中在寻找具有高导热、高耐热和耐电化学迁移的材料，聚合物纳米复合材料被认为是能够满足以上需求的新型材料。

2.4.1　轻质、复合结构聚合物绝缘

在高性能电子器件中，采用组件高密度装配。为了能够应用于10GHz以上超高频环境，这些器件往往采用三维装配以避免因额外布线通道而引起的信号延迟。为了满足以上需求，电子器件被设计成短的导体间距和短的导体与衬底间距，电子器件内部多层衬底结构示意图如图2.35，多层组件衬底示意图如图2.36[1, 2]。衬底材料可以是陶瓷或者树脂材料，但在集成电路器件中用树脂基组件会更好。由于电子器件的使用环境变得越来越复杂，从需求变化角度考虑，采取以下措施：首先，积极开发高性能的绝缘材料以满足多层结构的层间绝缘耐受高电场强度的需求，层间界面特性正成为相关研究的焦点；其次，紧凑的结构设计使得器件内部出现严重的热聚集，需要研发具有高的热扩散性能和高热导率的材料。

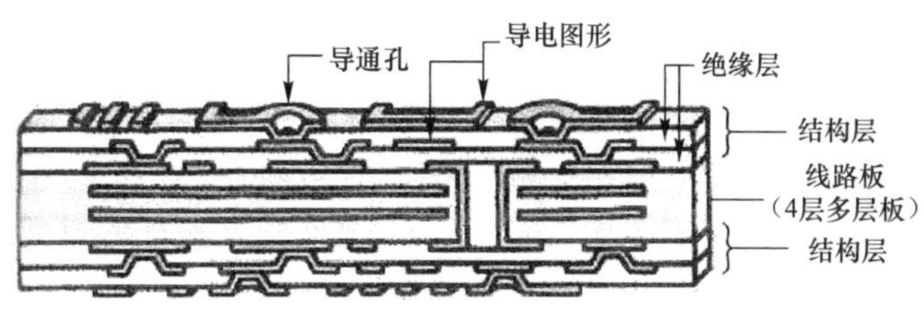

图2.35　多层衬底结构示意图

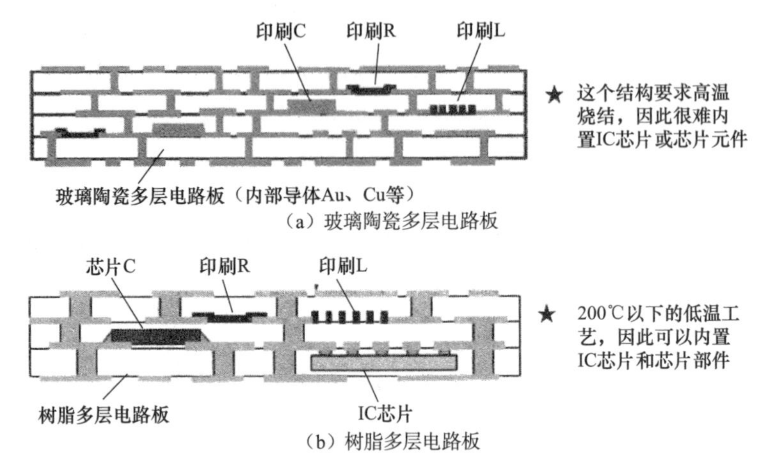

图 2.36　多层组件衬底示意图

为了满足上述需求，聚合物纳米复合材料或者聚合物微纳米复合材料被认为是最有希望应用于高密度电子器件中的新材料。需要注意的是，应用于电子器件的这些材料和绝缘衬底在组件装配过程中同时会承受高温环境。因此，微纳米复合材料被认为是比纳米复合材料更好的选择。电子器件的材料包括不同类型，如装配用材料、封装黏接用树脂、半导体元件与衬底、填充材料和电容器极板内材料。封装树脂主要是用于保护半导体器件或封装的连接点，以保护半导体器件与组件之间连接部分免遭受机械和热应力破坏，衬底材料用于 BGA 与 CSP 的装配。

对于绝缘衬底，衬底或阻焊材料可采用高导热材料，这些材料的热膨胀系数需要与其他组件相近，以防止出现机械失效（如弯折），微纳米复合材料可以满足这些需求。由于相邻导体间的间距非常短，往往只有几十微米甚至几微米，而器件具有更多的电化学界面，因此电化学迁移（ECM）和电树枝很可能发生。微纳米复合材料也许有相应的能力阻止发生这些有害现象。

2.4.2　纳米复合材料作为电子元器件封装树脂的有效性

本节主要介绍了纳米复合材料和微纳米复合材料在信息科学领域中的应用，特别是用作半导体器件与封装的密封材料、半导体倒装芯片装配的衬底材料和电容器材料。

1．半导体器件与封装用树脂

半导体器件耐热是电力电子领域研究的主要课题之一。纳米复合材料需要足够高的耐热性，以确保封装树脂的高可靠性。微米填料（二氧化硅）往往被用来填充热固性树脂，以获得高的耐热性和低的热膨胀系数。然而，微米填料填充的热固性树脂存在明显的缺点：由于颗粒比表面积较小，颗粒和树脂间的连接性较弱，容易遭受水分的渗透，从而使得材料的性能劣化。在热固性树脂中加入少量的无机纳米填料有可能获得低热膨胀系数的复合材料，相关制备技术正在研究。

根据电力电子器件的容量和电压等级，低热膨胀系数的封装树脂有环氧树脂与硅凝胶。电力电子器件容量与电压等级的关系如图 2.37 所示[3]。封装用环氧树脂使用电压等级低于 1kV，硅凝胶可用于更高电压等级。

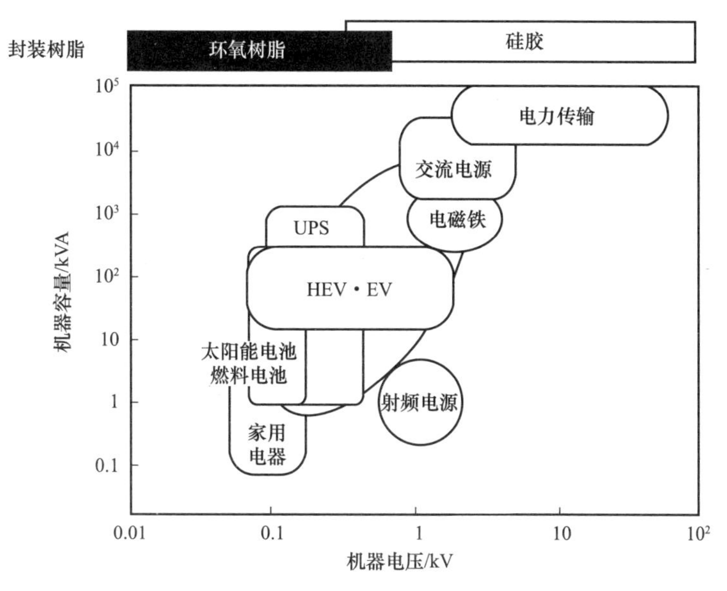

图 2.37　电力电子器件的容量与电压等级的关系

用硅凝胶封装的电力电子器件的横截面如图 2.38 所示[3]。正在发展的下一代电子器件使用的是宽禁带半导体，如 SiC 和 GaN（是 Si 禁带宽度 1.2eV 的 3 倍），这些材料拥有高耐热性和 10 倍于 Si 的击穿强度。宽禁带半导体在下一代功率器件中具有广阔的应用前景。

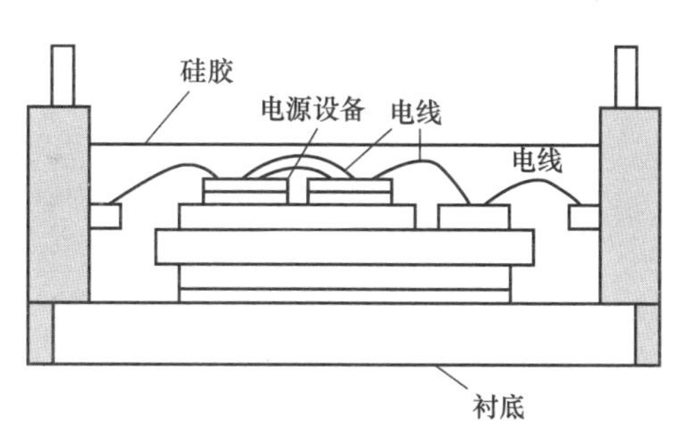

图 2.38　用硅凝胶封装的电力电子器件的横截面示意图

作为封装材料的环氧纳米复合材料可以通过在环氧树脂和硅凝胶中进行纳米掺杂制备，使其具有高的耐热性，下面介绍详细情况：环氧树脂绝缘材料是由纳米复合材料构成的复杂结构，包括电子器件用的基板材料和具有不同界面的复杂结构，从而导致环氧树脂绝缘材料具有热不稳定性，偶尔也会出现机械裂缝。为了防止出现这种缺陷，纯环氧树脂中需要添加无机填料。为了能够实现高密度集成，研发的挑战是提高封装材料的热导率。

图 2.39 所示的热固性环氧树脂中添加了有机改性的层状硅酸盐黏土，力学性能得到增强。层状硅酸盐黏土均匀分散在环氧树脂中，且相邻层间的间距为纳米级。相关研究报告表明，这种复合材料具有优异的热性能[4]。

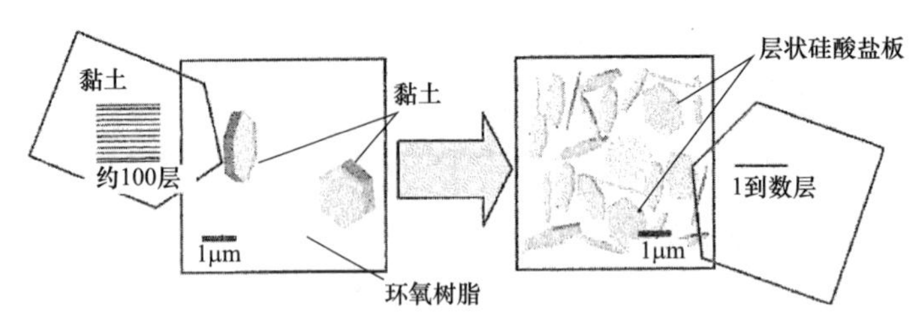

图 2.39　纳米结构黏土材料示意图

层状硅酸盐黏土可通过具有多官能性的短链胍脲烷基链（GU）进行改性。与纯环氧树脂相比，黏土复合改性的环氧树脂具有更低的热扩散系数（CTE）和更高的玻璃化转变温度（T_g）。通过具有多官能性的短链胍脲烷基链（GU）对层状硅酸盐黏土进行表面改性，并将树脂固化，制备出三种具有不同有机表面修饰材料的树脂如图 2.40 所示[4]。表 2.6 给出了三种复合材料的 CTE 和 T_g 的测试结果[4]。

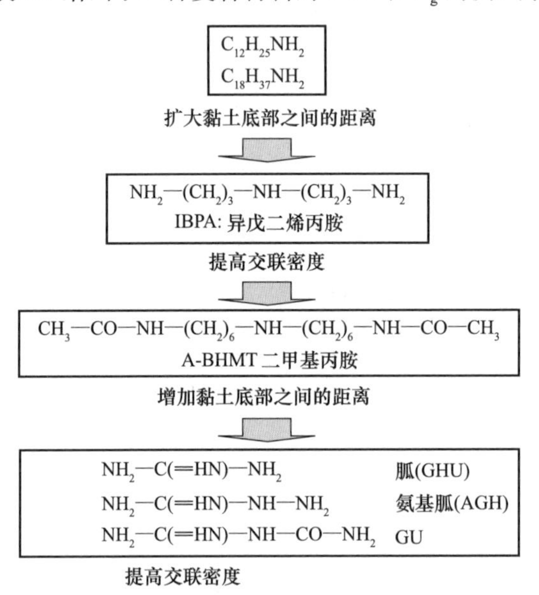

图 2.40　选择有机修饰材料的流程示意图

表 2.6　胍脲烷基链修饰黏土对黏土 / 环氧材料性能的影响

黏土类型	CTE/（$10^{-6}\cdot K^{-1}$）	T_g/℃
未修饰	63.3	179.7
SiO_2 玻璃粉	57.8	181.0
GHU 修饰黏土	58.0	176.2
AGH 修饰黏土	58.4	177.1
GU 修饰黏土	58.1	182.0

注：黏土体积分数为 5.5%。

由于 GU 含有耐高热性的氨基，它们本应该提高或者至少是保持材料的 T_g，但添加 GU 修饰黏土降低了材料的 T_g。因此，人们试图通过热融合法制备黏土，以期在保持材料 T_g 温度的同时，获得更低的热膨胀系数。表 2.7 给出了该方法制备的复合材料热膨胀系数 CTE 的对比[4]。图 2.41 所示是黏土表面示意图。与胍脲的氨基结合的活性氢作为具有多官能团的固化作用有助于黏土裂化，从而增加了黏土填料的比表面积。由于黏土填料间的相互作用，这些短的有机链抑制了分子振动[4]。另一项研究[5]表明黏土填料的尺寸影响复合材料的阻燃性。在使用熔融石英作为环氧树脂填料时，复合材料的阻燃性随着填料尺寸的增大而增强。

表 2.7　胍脲烷基链（GU）修饰的黏土对环氧树脂性能的影响

黏土类型	CTE/（$10^{-6}\cdot K^{-1}$）	T_g/℃
未修饰	63.3	179.7
SiO_2 玻璃粉	57.8	181.0
未经过热融处理	58.1	182.0
经过热融处理	52.6	183.0

注：黏土体积分数为 5.5%。

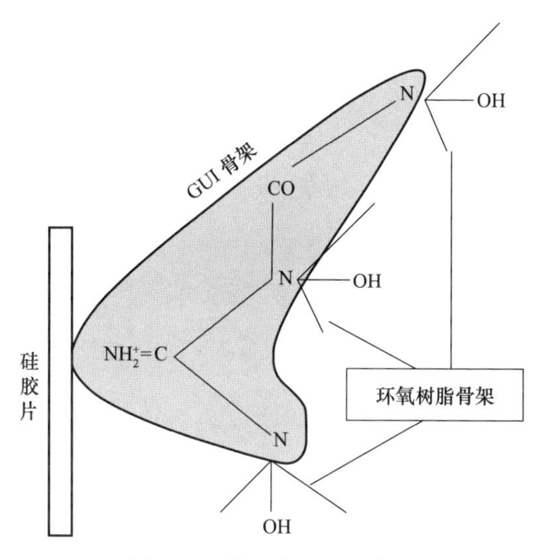

图 2.41　黏土表面的示意图

含有聚硅氧烷的硅凝胶被广泛使用，如含有纳米复合结构的硅树脂[6]。硫化后的这类树脂有较高的弹性，并且具有出色的吸振与减振性能和抗裂性，即使在快速热循环过程中也保持了这些优良的性能。已经研制出 4.5kV/120A 等级的整体模制开关组件。具有 SiGT（SiC 整流门关断晶闸管）的 110kV 脉宽调制（PWM）三相逆变器采用树脂封装[7]。采用超声混合技术将聚硅氧烷功能无机填料添加到树脂中可制备耐温高达 250℃的复合封装树脂[8, 9]。

2．半导体倒装芯片用贴片胶及其衬底材料

薄膜黏合剂用于制造半导体封装、黏接硅半导体芯片和衬底、支撑引线框架结构，以及控制芯片焊接过程等，如图 2.42 所示[10]。薄膜用于形成聚丙烯酸 / 环氧树脂层，它由固化剂、环氧树脂和具有交联的共聚官能团的丙烯酸聚合物组成。虽然环氧树脂与固化剂在环氧树脂固化前 B 阶段均溶于丙烯酸聚合物中，但复合材料在固化后 C 阶段可能表现出清晰的相分离结构，如图 2.43 所示[10]。也就是说，形成了一种“海岛型”结构的复合物，其中环氧树脂和固化剂为“岛”，聚硅氧烷为“海”。结果发现，在较宽温度范围内复合材料的储能模量明显下降，而在 40℃左右观察到丙烯酸聚合物相的降解。

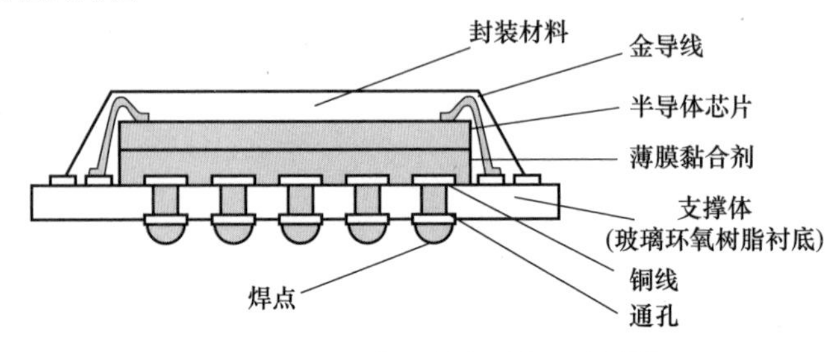

图 2.42　半导体封装件结构示例[10]

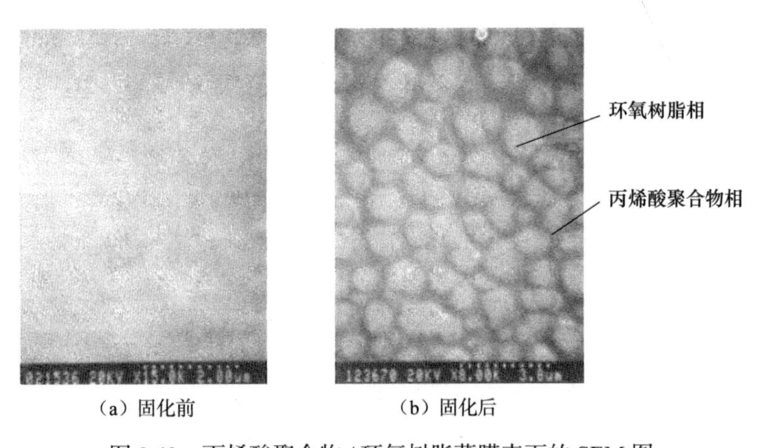

（a）固化前　　（b）固化后

图 2.43　丙烯酸聚合物 / 环氧树脂薄膜表面的 SEM 图

通过添加纳米填料可以提高树脂的耐热性，图 2.44 给出了一些相关研究的结果。小尺寸填料的引入（添加量为体积分数为 4.5%）使复合材料在高温下的抗拉弹性模量有较大增加。使用更小平均粒径的填料，复合材料的抗拉弹性模量会进一步提升，当填料平均尺寸减小到 20nm 时，弹性模量有很大的提升。如图 2.45 所示，复合材料的撕裂强度也高于未添加填料的树脂。对于衬底材料还需关注一个问题，这些材料是通过填充芯片与基板之间的缝隙来装配倒装芯片组件的，以起到结构加固的作用，制备过程中要求树脂材料在短时间浸满窄间隙内，并且不能有空隙或者填充物沉降出现，同时要求材料与各种基板有很好的黏附性。

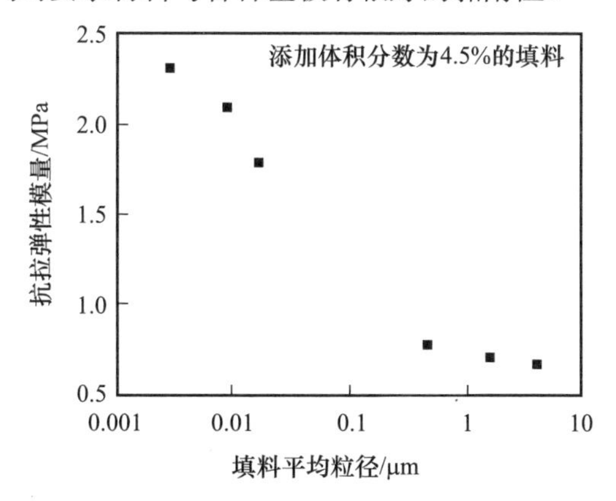

图 2.44 填料尺寸与复合材料抗拉弹性模量之间的关系

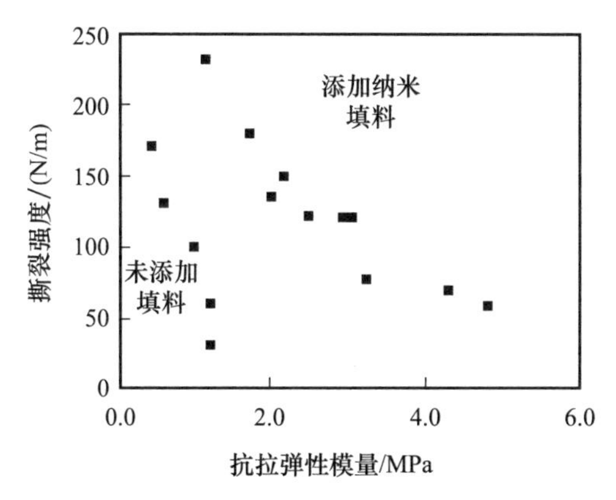

图 2.45 抗拉弹性模量与复合材料的撕裂强度之间的关系 [10]

为了能够实现倒装芯片的高密度装配，在一些封装件（如数字芯片）内往往采用模块化技术，这种情况下基板使用不同的材料，因此，衬底材料通常需要在低热应力下满足热膨胀系数和弹性模量的设计要求，这就需要改善衬底材料的耐热循环性，特别是连接点处。此外，需要密切关注在材料热循环过程中，不同基质之间的黏附性和湿气的侵入。通过大量的研发，获得了优良的衬底材料。例如，开发了一种二氧化硅/环氧纳米复合材料，其中二氧化硅的平均粒径为 120nm、质量分数为 50% [11]，该材料的黏度为 80Pa · s，T_g 为 143℃，CTE 为 37ppm/℃。

3. 电容器用高介电常数材料

印刷电路板中的嵌入式基板组件有多种器件，如装配在 LSI 上的电阻和电容，这些器件需要尽可能短的布线来响应超高频信号，并减少信号传输延迟。电容是将高介电常数填料均匀分散在树脂中，再将这种多分散的填料涂覆在铜箔上制成，在这种情况下，需要改进复合材料填料分散技术和表面处理技术。一个商业应用的例子是添加质量分数为60%钛酸钡填料的环氧树脂复合材料，其相对介电常数为40～50，介电损耗角正切值为0.02～0.03[12]。还开发了一种电容器用新型复合材料，是将钛酸钡填充在碱性光敏阳离子聚酰亚胺树脂或阴离子型聚酰亚胺树脂中，当填充质量分数达到50%时，复合材料的相对介电常数在50左右，由于基体材料为聚酰亚胺，其复合材料具有较高的耐热性：700℃（阳离子聚酰亚胺），400℃（阴离子聚酰亚胺）[13]。学者们也研究了其他相似性能的树脂材料，如填充有钛酸钡或氧化铝的倍半硅氧烷和环烯混合树脂复合材料[14]。填充材料的尺寸和填充密度同样重要，如钛酸钡纳米填料的粒径尺寸为29nm时，复合材料的介电常数随着填料质量分数的增加而增高，但是最高只能到30%。

另一个采用电泳淀积（EPD）技术的试验表明，通过提高钛酸钡纳米填料的填充率可以制备相对介电常数达到3的复合薄膜[15]，这个值是常用旋转涂覆技术制备薄膜的两倍。在聚合物基体上形成陶瓷薄膜是另一种制备高介电常数材料的方法，这应该在尽可能低的温度下制备，可采用气溶胶沉积和撞击技术制备这种材料，即将陶瓷粉末气流高速喷射向基板。通过这种方法可以克服陶瓷与基板之间的难附着性，使得室温下制备该种薄膜成为可能。相关研究报告表明材料相对介电常数在400左右[16]。

2.4.3 电子设备绝缘衬底用高热耗散、高热导率微纳米复合材料

采用微纳米复合材料作为绝缘衬底，包括具有高热导性的阻焊材料，能改善散热性能。

1．高热耗散、高热导率绝缘衬底

高性能小尺寸电子器件装配密度逐年提高。电子器件包括高效驱动小型电子设备、汽车电子器件、LED类照明设备和电力电子器件等，均需要高散热性能和高热导率。为此，不仅要选取合适的材料，还要最优化系统结构设计。图2.46给出了一个典型器件结构的例子[17]。热应力是器件面临的最主要问题，为了减小热应力，常常在基板的内部添加被称为热应力松弛层的缓冲层。高功率IC芯片常常采用高热导材料填充和热通道（其中填有热导材料）向外辐射散热。高功率芯片的热量转移到内部金属线，进而通过热通道辐射到底部基板。厚铜箔的使用可以进一步改善热耗散性能。

纳米复合材料或微纳米复合材料是实现高散热的可能解决方案，因为它们有望满足高导热绝缘衬底的需要，因此需要将高导热无机填料分散填充在聚合物树脂中。首先，如果使用具有容易自组装结构的树脂材料（图2.47所示的单聚芳酯联苯结构），有可能实现高阶结构控制[18]。聚芳酯的自对准性能源于其多样的微观晶体结构和高阶各向异性，由此得到的宏观结构是从随机状态到固定稳定状态的热固化反应。在形成的晶体结构中不存在晶畴，它们彼此之间独立且通过共

价键连接，因此界面处声子散射被减弱，这对于获取高热导复合材料至关重要。与一般用途的环氧树脂 0.19W/（m · K）的热导率相比，这种材料的热导率上升到了 0.96W/（m · K）。

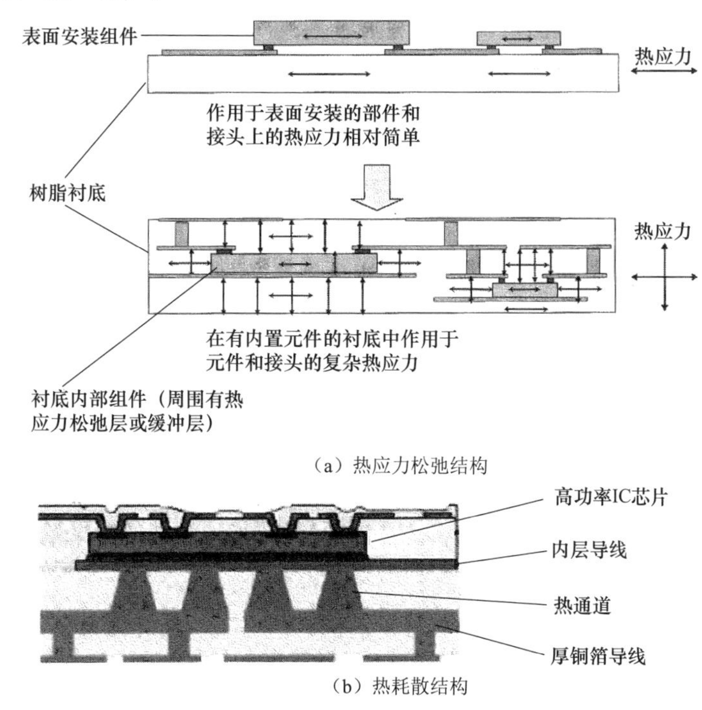

（a）热应力松弛结构

（b）热耗散结构

图 2.46　具有热应力松弛和散热措施的结构示意图

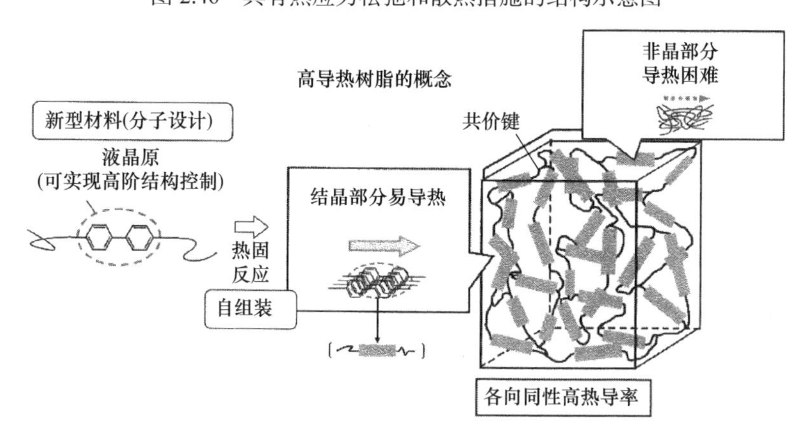

图 2.47　具有高阶结构控制的树脂高热导性能

到目前为止，已经证明这种低导热性树脂可以通过使用高导热性无机填料转变为高导热性复合材料，预期性能会进一步改进，如对于导热系数为 5W/（m · K）的联苯型环氧树脂复合材料，用氧化铝填料填充可获得高达 10W/（m · K）的高热导率，这一数值已经接近多环大分子环氧树脂。这种复合材料可以用另一侧的铜箔连接到氧化铝基板上，即金属箔叠层陶瓷基板，表 2.8 给出了高热导绝缘片的典型特性[18]。应用于 LED 照明器件的类似基板也已被开发，这些基板是通过在结晶的环氧树脂中引入聚芳酯骨架制备所得[19]。又如具有高热导率的玻璃聚合物衬底材料，它被制成玻璃布基环氧树脂覆铜层压板和无纺玻璃纤维布基环氧树脂覆铜层压板（性能见表 2.9），这层压板填充了不同尺寸的填料，这些复合物基板具有较小的钻孔磨损率、较高的热导率和良好的焊接耐热性。这样的基板可用作 LED 的装配基板。

表 2.8　高热导绝缘片的代表性性能

性能	5W 等级	10W 等级（开发中）
热导率 /［W·（m·K）$^{-1}$］	4.5 ～ 5.0	9.0 ～ 10.0
玻璃化转变温度 /℃	170 ～ 180	190 ～ 200
热膨胀系数（线性膨胀系数）α_1/（$10^{-6}\cdot K^{-1}$）	25 ～ 30	20 ～ 25
5% 基体树脂温度减少量 /℃	290 ～ 300	290 ～ 300
焊接耐热性 /（℃·min^{-1}）	280	280
200μm 试样击穿电压 /kV	5	4
弹性模量 /MPa	9 ～ 10	40
抗剪切强度 /MPa	6 ～ 8	4
固化条件	150℃/2h+180℃/2h	140℃/2h+190℃/2h

表 2.9　高热导率基板的特性[20]

测试项目	测试技术	测试条件	单位	结果［R–1787］	对比结果 1［CEM–3］	对比结果 2［FR–4］
热导率	激光闪光	正常	W/（m·K）	0.45	0.45	0.38
绝缘电阻	JISC 6481	正常	MΩ	5×10^2	5×10^2	5×10^2
耐电痕性	IEC 方法	正常		600	600	200
介电常数	JISC 6481	1MHz		5.1	4.5	4.7
介电损耗	JISC 6481	1MHz		0.016	0.015	0.016
焊接耐热	JISC 6481	260℃	s	120 或更高	120 或更高	120 或更高
玻璃化转变温度 T_g	TMA		℃	140	140	140
热膨胀系数（厚度方向）	TMA	室温至 T_g	10^{-6}/℃	50	65	65

2．半导体封装用阻焊薄膜

如图 2.48 所示，采用将铜导线以外区域覆盖的方法制得一种阻焊导体封装结构。为此，即使在焊料流回过程中，电路与焊料之间的绝缘质量也要得到确保[21]。阻焊材料需要具有高的玻璃化转变温度 T_g、低的热膨胀系数和优异的力学性能（如耐热循环性）。此外，嵌入导线和 / 或具有细间距的端子区域的基板材料也需要耐电磁兼容性。为了获得以上描述的性能，研究者开发了一种以环氧树脂为基体的纳米填料和微米填料填充的铜分散型阻焊材料[21]，相关研究表明添加纳米填料可以提高环氧树脂的电磁兼容性[22]，还有研究表明添加弹性体（如聚丁橡胶）可以降低应力、提高耐热冲击性[23]。

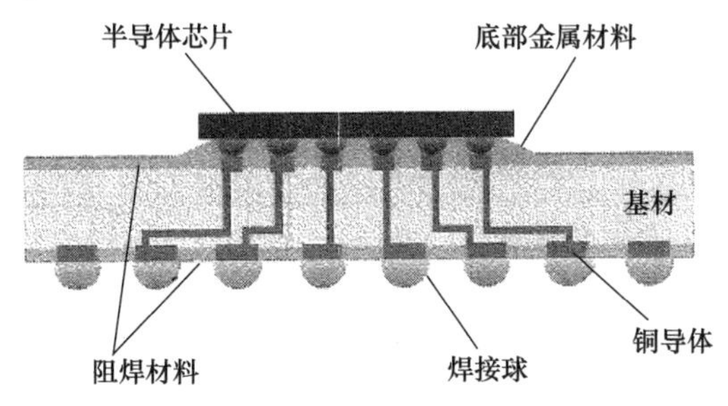

图 2.48　倒装芯片的半导体封装衬底结构

可以获得如下的优异性能：阻焊薄膜的玻璃化转变温度为 145 ～ 155℃，热膨胀系数为（20×10^{-6}）～（25×10^{-6}）/K^{-1}[24]。纳米和微米填料的协同作用被认为是提高电子器件材料性能的有效方法，微米和纳米填料的协同添加可以使封装和装配尺寸和质量达到最小化，以实现高密度安装，从而多种性能能够得到改善，包括绝缘劣化、介电常数、耐热性和热导率等。人们希望纳米 / 微米复合材料能够提供良好的解决方法，以满足电子工业对进一步提高材料性能日益增长的需求。

参 考 文 献

[1] Takagi, K.（2011）. Until Capable of Wiring Board, *Nikkan Kogyo Shimbun, Ltd.*, p. 33（in Japanese）.

[2] Honda, S. （2011）. Electronic Component and Its Implementation, *Japan Institute of Electronics Packaging Spring Lecture Convention Materials*, pp. 513-516 （in Japanese）.

[3] Hozoji, H. （2012）. Encapsulation Materials for Power Devices, *Journal of Japan Institute of Electronics Packaging*,15（5）,pp. 374-378（in Japanese）.

[4] Konda, S., Yoshimura, T., Saito, E., et al.（2004）. Nano-Hybrid Material-based Epoxy Resin for High Functionality, *Matsushita Electric Works Technical Report*, No. Feb. 2004, pp. 73-77.

[5] Ikezawa, R., Ishiguro, T., Hayah, T., et al. （2006）. Flame Retardant-free System Halogen-free Sealing Material, *Hitachi Chemical Technical Report*, 46, pp. 43-48 （in Japanese）.

[6] Asahi Denka Co., Ltd. Kansai Electric Power Co., Ltd. （2005）. Development of Nanotech Resin KA-100 to Withstand 400 ℃ —To Open the Way for SiC Inverter Capacity-, *Asahi Denka News Release* （in Japanese）.

[7] Sugawara, Y., Miyanagi, Y., Asano, K., et al. （2006）. 4.5 kV 120A SICGT and Its PWM Three Phase Inverter Operation of 100 kVA Class, *Proceedings of the 18th International Symposium on Power Semiconductor Devices & IC's*, pp. 117-120.

[8] Nippon Shokubai （2012）. SiC Power Applications Development Nanotechnology a Semiconductor for High-heat-resistant Sealant, *Nippon Shokubai News Release* （in Japanese）.

[9] Toray Dow Corning Co., Ltd., （2010）. Joint Disclosure and NEDO in Next Generation Power Semiconductor for New Technology Development, Nano Tech 2010, *Toray News Release* （in Japanese）.

[10] Inada, T. （2009）. Development of Die-Bonding Film for Semiconductor Packages by Applying Reaction-induced Phase Separation-Pursuing Soft, Endurable and Controllable Materials, *Hitachi Chemical Technical Report*, 52, pp. 7-12 （in Japanese）.

[11] Gross, K., Hackett, S., Schultz, W., et al. （2003）. Nanocomposite Underfills for Flip-Chip Application, *2003 Electronic Components and Technology Conference*, p. 951.

[12] Yamamoto, K., Shimada, Y., Hirata, Y., et al. （2004）. Trends in The Capacitor Built-in Substrate Materials, *Surface Technology*, 55（12）, p. 821.

[13] Tsuyoshi, H., Asahi, N., Mizuguchi, T., et al. （2007）. High Development of Dielectric Constant Photosensitive Polyimide, *17th Microelectronics Symposium*（MES）, p. 291.

[14] KRI Corporation.（2006）. Organic-inorganic Nanocomposite, *KRI Multi-Client Project Briefing Book*（in Japanese）.

[15] Makino, A., Arimura, M., Fujiyoshi, K., et al. （2009）. Print Particle Size on Particle Filling Rate of Development-$BaTiO_3$ Nanoparticles Deposited Thin Film Wiring High-Capacity Thin Film Capacitor for Board Built-in, The Effect of Dispersion of The Particles-, *Fukuoka Industrial Technology Center Research Report*, 19, pp. 33-36 （in Japanese）.

[16] Arimura, M., Makino, A., Fujiyoshi, K., et al. （2009）. Development of A Printed Wiring High-capacity Thin Film Capacitor for Board Built-in - Preparation of Barium Titanate Nanoparticles Thin Film by Electrophoretic Deposition Method, *Fukuoka Industrial Technology Center Research Report*, 19, pp. 29-32 （in Japanese）.

[17] Honda, S. （2012）. *Yokohama Jisso Consortium 2012*, FIG. 88 （in Japanese）.

[18] Takezawa, Y. （2009）. High Thermal Conductive Epoxy Resin Composites with Controlled Higher Order Structures, *Hitachi Chemical Technical Report*, 53, pp. 5-16 （in Japanese）.

[19] Baba, D., Sawada, T. （2011）. Technological Trends of High Heat Dissipation Circuit Board Materials, *Panasonic Electric Works Technical Report*, S9（1）, pp. 17-23 （in Japanese）.

[20] Nozue, A., Suzue, T. （2011）. Glass-composite Circuit Board Material with High Thermal Conductivity, *Panasonic Electric Works Technique*, 59（1）, pp. 35-39 （in Japanese）.

[21] Yoshino, T., Joumen, M., Katagi, H. （2006）. Advanced Photo- Definable Solder Mask for High-performance Semiconductor Packages, *Hitachi Chemical Technical Report*, 46, pp. 29-34 （in Japanese）.

[22] Ohki, Y., Horose, Y., Wada, G., et al. (2012). Two Methods for Improving Electrochemical Migration Resistance of Printed Wiring Boards, *Proceedings of the 2012 International Conference on High Voltage Engineering and Application*, pp. 687-691.

[23] Nagoshi, T., Tanaka, K., Yoshizako, K., et al. (2011). Semiconductor Package for Photosensitive Solder Resist Film FZ Series, *Hitachi Chemical Technical Report*, 54, p. 30 (in Japanese).

[24] TAIYO INK, PFR™-800 AUS™ SR2-PKG for Development Type Solder Register SULO Dry Film, *TAIYO INK MFG CO LTD News Release* (in Japanese).

第 3 章 介电性能和其他工程性能的兼容性

3.1 高热导率高耐电强度复合材料

聚合物本征热导率比较低。具有实用性的高介电强度的聚合物复合材料同时需要较高的热导率。当聚合物中填充具有高热导率的无机微米颗粒时，微米颗粒填料的逾渗效应，使复合材料也具有高热导率。然而，提高热导率常导致介质击穿强度下降。为了克服介质击穿强度的下降，发展了一种采用纳米填料的纳米技术。

3.1.1 激光闪射法测量热导率

热导率定义为单位时间流过单位面积的热流量，即单位厚度平板的相对两个面的单位温差。热导率的测量方法通常有两种，即稳态激光闪射法和非稳态激光闪射法。在稳态激光闪射法测量中，当样品在一维轴向或径向上获得稳定热流时，根据温度梯度估计热导率。

激光闪射法适合于均匀材料的热导率测量，也适用于复合材料的热导率测量。这里简要介绍一下这种方法：热导率是热扩散系数和热容量的乘积，热扩散系数是从试样一面受到激光脉冲时试样另一边的热响应而获得的，热容量（试样的比热和密度的乘积）可以对同一试样采用另一种测试方法单独获得。热导率由如下公式得到：

$$\lambda=\alpha c\rho \tag{3.1}$$

这里 λ、α、c、ρ 分别为热导率［W/（m · K）］、热扩散系数（m^2/s）、比热容［J/（kg · K）］和密度（kg/m^3）。

金属材料铜和铝的热导率分别为 298W/（m · K）和 236W/（m · K），而聚合物材料聚乙烯、环氧树脂（双酚 A 型）和硅橡胶的热导率仅为 0.41W/（m · K）、0.21W/（m · K）和 0.16W/（m · K）。一般情况下，聚合物的热导率小于金属的 1/500。据报道，无机材料二氧化硅、氧化铝、氮化硼和氮化铝的热导率分别为 1.5 ～ 1.6W/（m · K）、36 ～ 42W/（m · K）和～ 220W/（m · K）。

激光闪射测量系统如图 3.1（a）[1] 所示。在真空加热炉中加热厚度为 l 的平板试样，试样的一个表面用激光脉冲光照射加热，测量试样另一面的温度响应，温度响应随时间的变化如图 3.1（b）所示。基于半温升时间法，可由式（3.2）利用饱和

温度时间的一半 $t_{1/2}$ 计算得到热扩散系数 α。

$$\alpha=0.139l^2/t_{1/2} \tag{3.2}$$

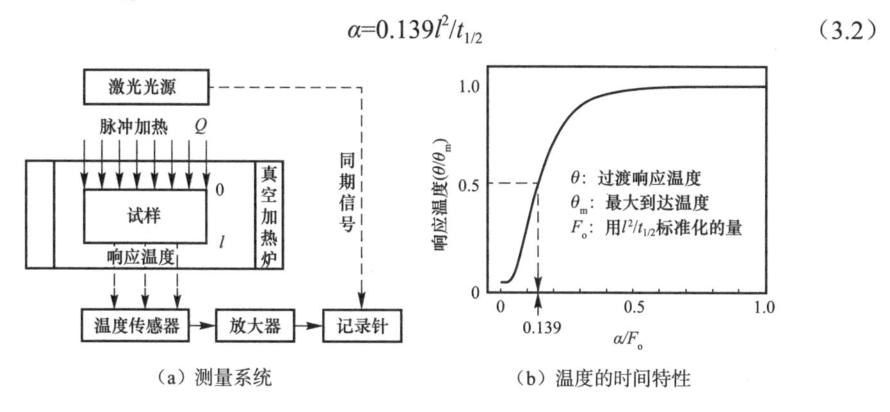

（a）测量系统　　（b）温度的时间特性

图 3.1　激光闪射法测量热扩散系数和半温升时间的计算

3.1.2　通过填充微米填料提高聚合物热导率

聚合物热导率通常低至 10^{-1}W/（m · K）数量级，通过向聚合物中添加热导率为 10 ～ 100W/（m · K）范围内的陶瓷颗粒，可以得到热导率较高的复合材料。为了估算复合材料系统的热导率而提出了几个公式，其中复合材料中颗粒的分散相是非取向的或者取向的。布鲁格曼公式通常被使用计算理论参考值。对于包含一种球形填料的复合材料体系，首先制作单个晶胞单元，然后制备一组连续的晶胞单元，得到如下公式[2]：

$$V_{\mathrm{f}}=1-\frac{\lambda_{\mathrm{f}}-\lambda_{\mathrm{c}}}{\lambda_{\mathrm{f}}-\lambda_{\mathrm{p}}}\left(\frac{\lambda_{\mathrm{p}}}{\lambda_{\mathrm{c}}}\right) \tag{3.3}$$

式中，下标 p、f 和 c 分别代表聚合物、填料和复合材料。填料体积 V_{f} 是复合材料的热导率的函数，复合材料的热导率没有明确地给出，但能够用填料颗粒体积函数来计算，如图 3.2 所示。

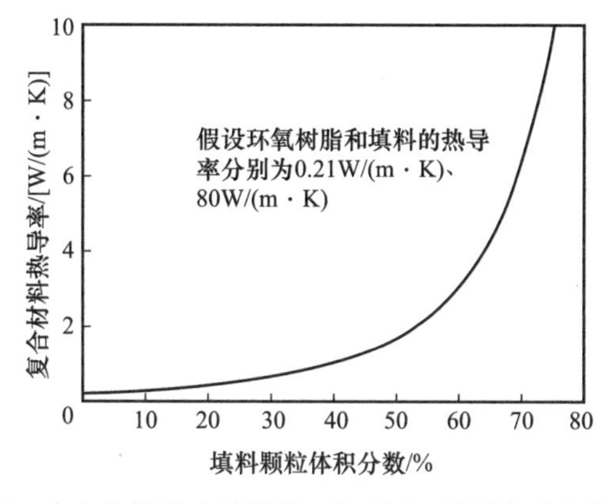

图 3.2　基于布鲁格曼公式计算的环氧树脂 / 填料复合材料的热导率

图 3.2 表示由式（3.3）得到的复合材料热导率随填料颗粒体积分数的变化关系，其中聚合物（双酚 A 型环氧树脂）和填料颗粒的热导率分别为 0.12W/（m · K）和 80W/（m · K）。结果表明，在高填料含量时热导率剧烈增加，这主要是因为填料颗粒体积分数超过 60% 后达到渗透阈值。

实验得到的一些热导率值列于表 3.1 [3, 4]。在表中的最大值是氮化硼与聚苯并噁嗪的复合材料热导率为 32.5W/（m · K）。这些结果表明，可以制备出高热导率复合材料用于实际应用。例如，微电子中的印刷电路板（PCB）的热导率需要高于 10W/（m · K），这种复合材料被认为在将来实际应用中具有可行性。在电力电子领域，纳米复合材料是首选，因为它们具有高的耐电强度，如果纳米复合材料热导率能够达到 1W/（m · K），那将大大改善旋转电机的绝缘性能。

表 3.1　典型高热导率聚合物复合材料

填料	聚合物基体	填料尺寸 / μm	填料含量 / %	热导率 / ［W/（m · K）］	偶联剂 / 表面处理
氮化硼	聚苯并噁嗪	225	78.5*	32.5	偶联剂
氮化硼（多粒径）	环氧树脂	0.6（六方），1（立方）	27*	19.0	无偶联剂
氮化硼	环氧树脂	5 ～ 11	57*	10.3	硅烷
氮化硼	聚酰亚胺	8	60*	7	—
氮化硼	环氧树脂	5 ～ 11	57*	5.3	无
氮化硼	环氧树脂	团聚体	64.9**	5.13	未处理
氮化硼纳米管	聚苯乙烯	直径：50nm/ 4 ～ 10	35**	3.61	未处理
氮化硼	环氧树脂	50 ～ 100 团聚体	80**	3.5	—
氮化硼	聚芳酯环氧树脂	5.5	35*	2.2	未处理
氮化硼	环氧树脂	4，0.15，0.053	30*	1.5	硅烷
氮化硼	聚对苯二甲酸甲酯	2 ～ 3，5 ～ 11 团聚体	20**	1.18	未处理
纳米氮化硼	环氧树脂	53nm	30*	0.9	硅烷
纳米氮化硼	环氧树脂	—	37**	0.7	表面处理
氮化硼	玻璃纤维增强环氧树脂	9 ～ 12	21.7**	0.59	—
氮化硼	环氧树脂	9 ～ 12	20**	0.54	—
氮化硼	纤维增强塑料	9 ～ 12	—	0.54	无
氮化硼纳米管	聚乙烯醇	直径：57nm/7 ～ 11	3**	0.3	儿茶酚
纳米氮化硼	环氧树脂	8 ～ 10 层 2.5 ～ 3nm	10**	0.2	硅烷
氮化铝	环氧树脂	7	60*	11.0	硅烷
氮化铝	聚偏氟乙烯	12 晶须	60*	7.4	未处理
纳米氮化铝	环氧树脂	0.5 晶须	47*	4.2	未处理
氮化铝	溴化的环氧树脂	2.3	40**	1	硅烷
纳米氮化铝	环氧树脂	20 ～ 500nm	10**	0.2	硅烷

续表

填料	聚合物基体	填料尺寸/μm	填料含量/%	热导率/[W/(m·K)]	偶联剂/表面处理
氧化铝	液晶环氧树脂	—	—	10 5	—
氧化铝	环氧树脂	<25.8	75*	1.29	未处理
氧化铝	环氧树脂	10	55*	5	未处理
氧化铝	环氧树脂	4～20	60**	0.68	—
氧化硅	环氧树脂	4～20	60**	0.75	—
氧化硅	环氧树脂	＜50	65**	0.7	未处理
碳化硅	环氧树脂	500nm	27**	0.32	—
氮化铝/氮化硼	聚酰亚胺	79/—	70*	9.3	—
碳化硅/碳纳米管	环氧树脂	SiC：50nm 直径： 40～80×5～15	30*	2.1	硅烷 未处理
金刚石	环氧树脂	＜10	70*	4.1	—
金刚石	氧化硅填充环氧树脂	3～6	7.29**	0.92	—
银-纳米线	硅橡胶	直径：0.1×5～50	7.2**	0.19	未处理
无填料	溶致 LC-PBO	—	—	20	—

注：* 表示体积分数，** 表示质量分数。

3.1.3　通过改进界面进一步提高热导率

热导率由热流决定，当界面不连续时，阻碍了热流流动。因此，如果改变界面使其尽可能连续，那么热导率可以进一步增大。

一种尝试是通过在环氧树脂中添加氮化铝（AlN）填料来增大热导率。采用三种硅烷偶联剂（环氧树脂、含巯基和氨基的端基）、POSS（笼状倍半硅氧烷）、超支化聚合物和氧化石墨烯等多种填料制备纳米复合材料，并对其热导率进行评价[5]，结果如图 3.3 所示。以双酚 A 环氧树脂［热导率：2.1W/(m·K)］为基体，填充氮化铝填料[（粒径：1.1μm，热导率：150～220W/（m·K）］来制备高热导率复合材料，这里硅烷作为其端基具有巯基官能团。研究表明，当环氧树

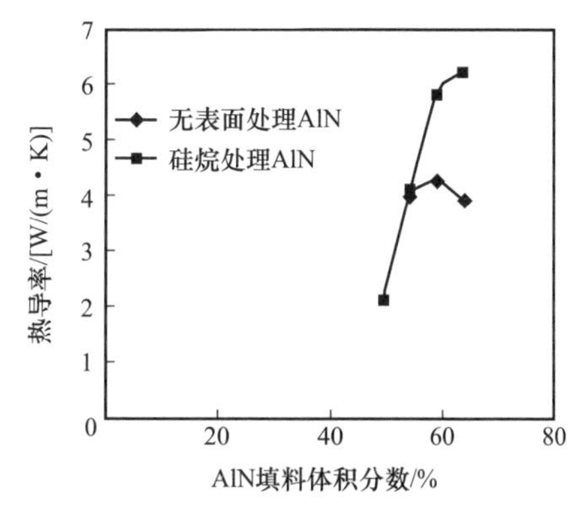

图 3.3　环氧树脂/微米氮化铝复合材料填料含量和热导率的关系

脂中填充体积分数为 50% 的氮化铝时，复合材料的热导率提高了 10 倍。在此体积分数上热导率值趋于峰值，如果进行填料的表面处理，填料的体积分数可达 65%，在当前的技术下再高于此体积分数热导率不会再增加。

可以通过填充高热导率填料来提高复合材料的热导率受声子的传播速度和逾渗效应（相邻填料颗粒间相互接触）影响的程度。众所周知，前者在低填充量时占主导地位，后者在高填充量时起主要作用。一般来说，与理论预期相比，在高填充量下很难增大热导率。这是因为存在一些技术难题，如由于复合材料黏度的增加导致的内部空隙的形成。因此，有必要开发新的方法来制备具有高填充量且低空隙量的复合材料。

3.1.4 填充微米填料降低耐电强度

通常当环氧树脂填充微米填料时，会导致复合材料的介质击穿电压下降，这种下降不是我们想要的，应该被抑制。图 3.4 给出了环氧树脂填充球形氧化铝时，复合材料的介质击穿强度随着微米填料含量的变化关系[6]，当填料体积分数从 0 增加到 80% 时，介质击穿强度从 200kV/mm 下降到 60kV/mm，这样巨大的下降被认为是由于填料填充量的增加导致空隙率的增大而引起的。

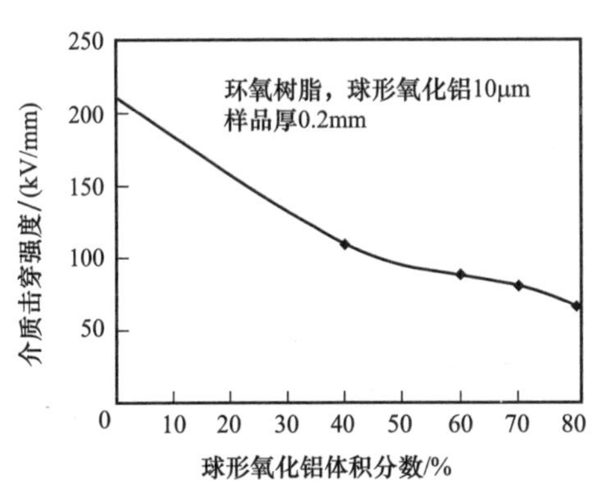

图 3.4 环氧树脂 / 微米氧化铝复合材料填料含量和击穿强度的关系

在填料体积分数低于 10% 时，介质击穿强度不一定下降，它依赖于填料种类和填充方法。对填料表面进行表面处理或硅烷偶联可以提高介质击穿强度开始下降的填充量阈值。片状填料能抑制这种下降趋势，例如含氮化硼填料的环氧树脂（填料粒径：5pm，填料体积分数：10%）比纯环氧树脂具有更高的直流介质击穿强度，氮化硼等片状填料在热压成型时填料会呈水平取向，从而对纵向电场具有更强的耐受能力。

3.1.5 相容性配方：纳米填料和微米填料的巧妙配合

研究发现，当聚合物中填充大量微米填料以提高热导率时会导致聚合物的介质击穿强度下降。在实际应用中需要同时获得高热导率和高介质击穿强度，为此，发展了一种微米、纳米填料共混的方法，图 3.5 是微米复合材料和纳米 / 微米复合材料之间的介质击穿电压对比的概念图。假定 0.2mm 厚的印刷电路板需耐受 5kV 电压，它的参考线在图的纵坐标轴上表示，当环氧树脂填充大量高导热的氮化硼、氮化铝或氧化铝时，复合材料获得高热导率的目标值，如 10W/（m · K），然而它所耐受电压比目标值要低得多。如果使用纳米填料添加到环氧树脂中，则一度降低的值可以恢复到某一更高的值（如图 3.5 中箭头所示）。

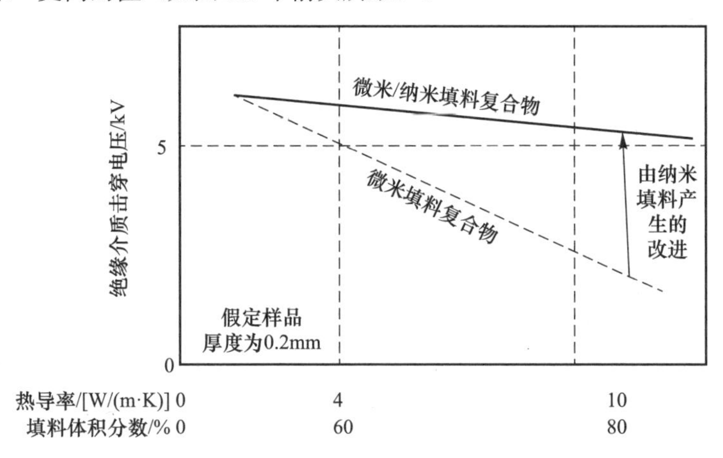

图 3.5　微米复合材料和纳米 / 微米复合材料介质击穿电压的比较

对三种试样（环氧树脂、微米复合材料和纳米复合材料）在交流电压（4.8kV，持续 2h）作用下的表面侵蚀情况进行了评估，试验电极系统如图 3.6 上部所示，并在图 3.6 中给出了一些侵蚀和击穿的实验结果。微米复合材料由于深度的侵蚀而遭受介电击穿，添加纳米填料的微米复合材料几乎没有被破坏。介质击穿时间及击穿发生在恒定电压（如 4kV）下所需的时间，也被用于介电性能评估，对于微米复合材料来说，介质击穿时间缩减到环氧树脂的一半，但是纳米 / 微米复合材料则增加到环氧树脂的 1.5 倍，这表明纳米填料的添加作用明显[7]。

图 3.7 给出了解释这种现象机制的示意图[8]。在微米复合材料中由于微米填料周围的缺陷和空隙导致了介质击穿强度的下降，当添加纳米填料时，通过以下可能的过程有效地抑制了击穿的发展。

（1）纳米填料区域极大地延缓了击穿的发展。

（2）由于纳米填料存在于环氧树脂和微米填料之间的界面使得击穿的发展被抑制。

所以有必要利用纳米填料的本征性质，开发出同时具有高热导率和高介质击穿强度的纳米 / 微米复合材料，但是必须注意到有时利用纳米填料提高击穿强度比预期的要低。当环氧基体中填充氧化铝填料（粒径：10μm，填料质量分数：60%）时，0.2mm 厚的试样击穿场强从 200kV/mm 下降到 90kV/mm。添加纳米氧化铝填料（粒径：70nm，填料质量分数：5%）仅仅小幅度提高了击穿强度。应当进一步探索制备纳米 / 微米复合材料的合适方法，重点在于减少环氧基体和微米填料之间的空隙和 / 或缺陷，如图 3.7 所示。

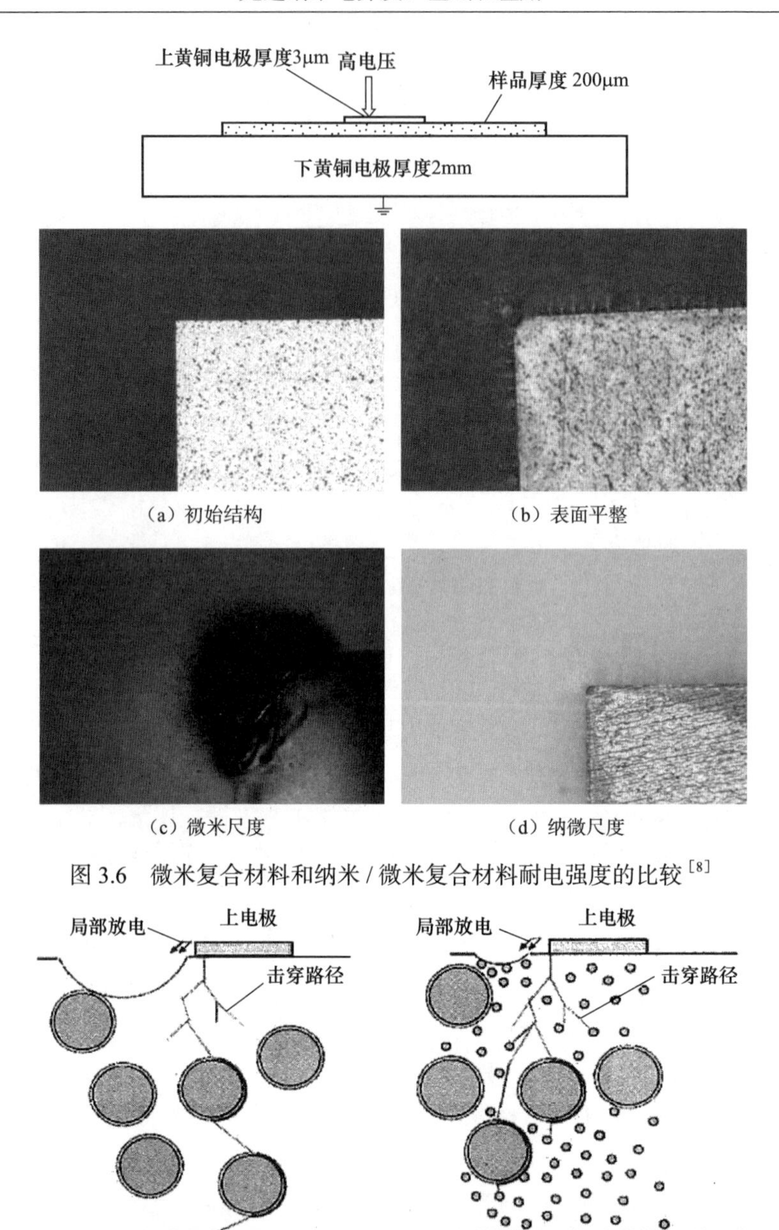

（a）初始结构　（b）表面平整

（c）微米尺度　（d）纳微尺度

图 3.6　微米复合材料和纳米 / 微米复合材料耐电强度的比较[8]

图 3.7　介质击穿发展过程示意图

3.1.6　具有高热导率和高耐电强度的复合材料

当聚合物被制备成复合材料后，可以很容易获得 5 ～ 10W/（m · K）的热导率值，但为了保持足够的介质击穿强度有必要开发一些制备方法。图 3.8 给出了制备复合材料常用的两种材料的击穿强度。填充体积分数 65% 微米氮化硼 + 氮化铝填料的环氧树脂获得的热导率达到了 12.3W/（m・K），同时耐受电压超过了目标电压值，如 5kV（耐电强度：20kV/mm）[9, 10]，这表明氮化硼填料没有导致击穿强度大幅度降低，并且纳米填料的添加进一步地提高了击穿强度（提高了 20%）。同样，通过纳米和微米填料结合来提高聚合物特性的合适方法必将在电介质与绝缘材料领域技术创新和发展中迈出重大的一步。

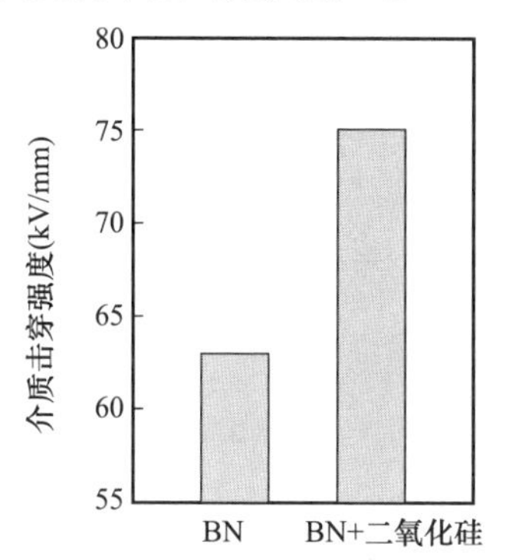

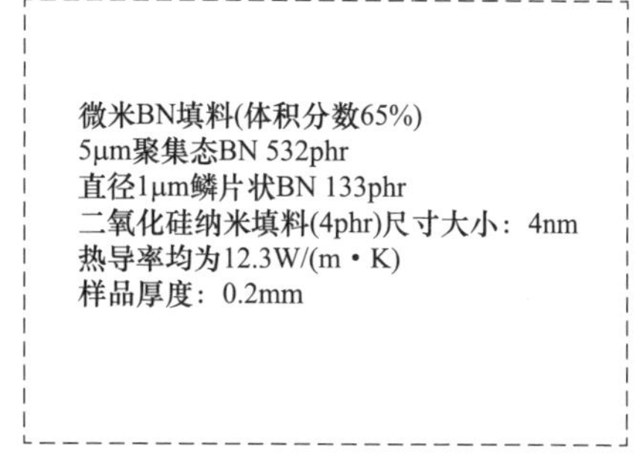

图 3.8 通过向高热导率微米复合材料中添加纳米填料提高耐电强度

参考文献

[1] Hatta, I., ed.（2003）. *Cutting-Edge Thermal Measurement Methods: From Fundamentals to Applications*（Agune Technology Center, in Japanese）.

[2] Wong, C. P., Bollampally, R. S. （1999）. Thermal Conductivity, Elastic Modulus, and Coefficient of Thermal Expansion of Polymer Composites Filled with Ceramic Particles for Electronic Packaging, *J. Appl. Polym*. Sci, 74, pp. 3396-3403.

[3] Huang, X., Jiang, P., Tanaka, T. （2011）. A Review of Dielectric Polymer Composites with High Thermal Conductivity, *IEEE EI Mag*, 27（4）, pp. 8-16.

[4] Tanaka, T., Kozako, M., Okamoto, K. （2011）. Toward High Thermal Conductivity Nano Micro Epoxy Composites with Sufficient Endurance Voltage, *Proceedings of the IEEE International Conference on Electrical Engineering*（*ICEE*）, No. D7-A032, p. 6.

[5] Huang, X., Iizuka, T., Jiang, P., et al. （2012）. The Role of Interface on the Thermal Conductivity of Highly Filled Dielectric Epoxy/AlN Composites,*J. Phys. Chem. C*, 116, pp. 13629-13639.

[6] Li, Z., Okamoto, K., Ohki, Y., et al. （2011）. The Role of Nano and Micro Particles on Partial Discharge and Breakdown Strength in Epoxy Composites, *IEEE Trans. Dielectr. Electr. Insul.,* 18（3）, pp. 675-681.

[7] Andritsch, T., Kochetov, R., Gebrekiros, Y. T., et al. （2010）. Short Term DC Breakdown Strength in Epoxy Based BN Nano- and Microcomposites, *Proc. IEEE ICSD*, No. B2-3, pp. 179-182.

[8] Li, Z., Okamoto, K., Ohki, Y. （2010）. Effects of Nanofiller Addition on Partial Discharge Resistance and Dielectric Breakdown Strength of Micro-Al_2O_3/Epoxy Composite, *IEEE Trans. Dielectr. Electr. Insul*, 17（3）, pp. 653-661.
[9] Wang, Z., Iizuka, T., Kozako, M., et al. （2011）. Development of Epoxy/BN Composites with High Thermal Conductivity and Sufficient Dielectric Breakdown Strength Part I. Sample preparation and Thermal conductivity, *IEEE Trans. Dielectr. Electr. Insul,* 18（6）, pp. 1963-1972.
[10] Wang, Z., Iizuka, T., Kozako, M., et al. （2011）. Development of Epoxy/BN Composites with, High Thermal Conductivity and Sufficient Dielectric Breakdown Strength Part II. Breakdown Strength, *IEEE Trans. Dielectr. Electr. Insul*, 18（6）, pp. 1973-1983.

3.2 低热膨胀系数高耐电强度复合材料

使用纳米复合材料可以同时提高耐电强度并减小热膨胀系数。通过填充纳米和微米填料，热膨胀系数可以降低到金属的水平，纳米 / 微米混合掺杂材料有望应用于制备高电压设备中的聚合物浇注制品。

3.2.1 热膨胀系数是浇注制品重要的材料性能参数

材料的长度和体积随着温度导致的膨胀或收缩而变化。这个随单位温度变化的速率称为热膨胀系数。如果材料的尺寸是 L，温度增量为 ΔT，则长度变化量 ΔL 可以通过以下公式给出：

$$\Delta L=\alpha L\Delta T \tag{3.4}$$

式中，α 为线性热膨胀系数。

固体材料的线性热膨胀系数可以通过热机械分析仪（TMA）测得，它们会根据材料组分而变化，典型电工材料的热膨胀系数见表 3.2。电力设备中使用的传统绝缘模压制品是在导体外包覆绝缘材料。绝缘聚合物（如环氧树脂）的线性热膨胀系数比金属导体（如铝和铜）的热膨胀系数大，当具有不同热膨胀系数的材料组合在一起时，随着温度的变化由于膨胀或者收缩程度不同，而产生较大的机械应力，这会导致出现界面开裂或脱粘等问题。

表 3.2 典型电工材料的热膨胀系数

材料	热膨胀系数 /（$10^{-6}K^{-1}$）
钢铁	12.1
铝	23.1
铜	16.8
金	14.3
二氧化硅（晶体）	0.56

续表

材料	热膨胀系数 / ($10^{-6}K^{-1}$)
氧化铝	7
环氧树脂	62
聚丙烯	110

考虑一个 1m 长的结构，该结构由 20℃下与环氧树脂黏结的钢组成，如果此结构被均匀加热到 70℃，环氧树脂的长度变化量 ΔL 为 3.1mm，然而钢的长度变化量为 0.605mm，这将导致在两种材料间的黏结界面产生剪切应力，这种剪切应力称为热应力。由于各种材料在电气设备中是组合使用的，因此必须要考虑热应力。

气体绝缘开关设备（GIS）储气罐的横截面如图 3.9 所示，一些被称为“间隔物”的环氧树脂抹压部件用来分隔气体绝缘线路。这种结构是由环氧树脂浇注的铝母线组成，为了防止 SF_6 气体的泄漏，并且为了将母线支撑在预定位置，在铝母线和环氧树脂之间获得强黏接力是很重要的。当母线上有大电流流过时，焦耳热会使温度升高，由于环氧树脂随温度升高产生的膨胀比铝的膨胀大，导致在铝与环氧树脂的黏结界面处产生热应力，这可能会导致材料在界面黏结处脱离或开裂，导致电力设备损坏。因此，设计者必须尝试减小这些材料热膨胀系数的差距。向环氧树脂中填充大量的陶瓷填料，如二氧化硅或者氧化铝，能够降低环氧树脂的热膨胀系数。

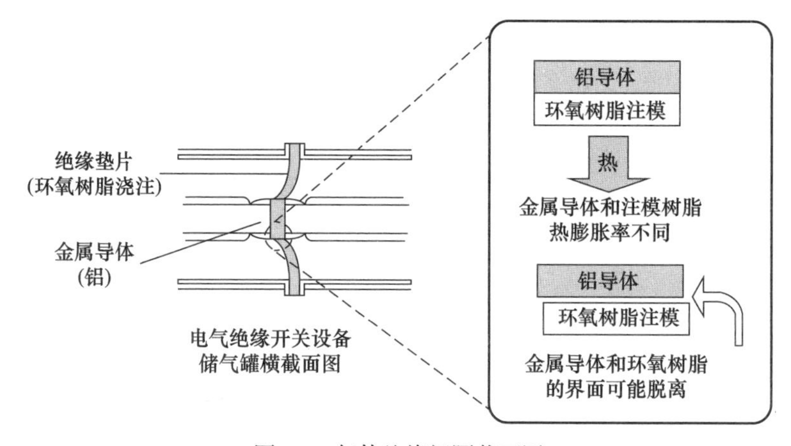

图 3.9 气体绝缘间隔截面图

以这种方式，将金属、陶瓷与聚合物结合的各种浇注部件应用到电力设备和电子器件绝缘结构中，对提高这些聚合物的耐电强度并且减小它们的热膨胀系数具有重要意义。

3.2.2 使用纳米复合材料可以降低热膨胀系数、提高耐电强度

物体随着温度的膨胀或收缩取决于其分子间或原子间距离的增大或减小。由于

在聚合物中分子之间的相互制约很弱，所以它们比其他材料具有更大的热膨胀系数。据报道，添加纳米级均匀分散的片状有机改性黏土到热塑型聚合物中，可以减少其热膨胀系数，通常认为这是因为纳米颗粒抑制了分子的热运动。

相反，对于环氧树脂等热固型树脂，通过添加黏土制成纳米复合材料来实现低热膨胀系数。通过添加三胺化合物修饰黏土的环氧树脂的线性热膨胀系数和玻璃化转变温度见表 3.3 [1]。通过使用辊子滚压、片状剥离黏土、提高纳米颗粒的分散度可以降低复合材料的线性热膨胀系数。然而，由于三胺化合物与环氧树脂反应、自身振动、黏土层间的交联密度减小，致使玻璃化转变温度和热阻下降。为了形成纳米复合材料来降低环氧树脂的热膨胀系数，选择合适的有机改性剂、抑制玻璃化转变温度的下降十分重要。

表 3.3　三胺化合物修饰黏土的影响

黏土（填料体积分数：8.4 %）	线性热膨胀系数 /（$10^{-6}K^{-1}$）	玻璃化转变温度 /℃
未处理	63.1	179.7
乙酰二环己烷三胺处理	55.4	184.4
乙酰二环己烷三胺处理 + 辊子滚压	52.6	171.4

制备的针尖直径 1mm、针尖角 30°、曲率半径 5μm、间距 3mm 的环氧树脂试样，在针尖上施加交流 10kV、频率 1kHz 的电压进行电痕测试，并测量直到击穿所需的时间，如图 3.10 所示 [2]。当温度增加到 145℃（即玻璃化转变温度）附近时，其击穿时间有所增加。用填充质量分数 5% 四烷基季铵盐改性的黏土制备环氧纳米复合材料，在整个温度范围内击穿时间增加、耐电强度也有所提高。

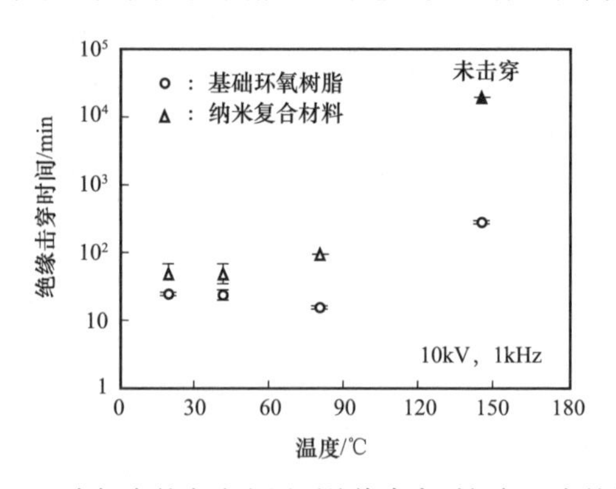

图 3.10　在恒定的交流电压下绝缘击穿时间与温度的关系

通过光弹性法测量浇注制品中针尖附近的残余应力示意图如图 3.11。应力随密度增大、温度降低而增大。采用纳米复合材料降低了残余应力，这是由于纳米复合材料具有较低的热膨胀率和较低的固化收缩率造成的，减少残余应力有助于提高耐电强度。

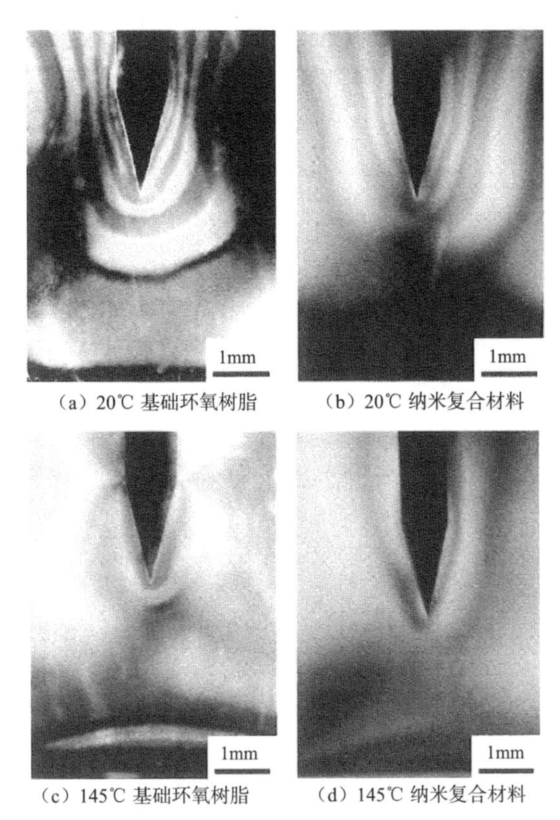

（a）20℃ 基础环氧树脂　（b）20℃ 纳米复合材料

（c）145℃ 基础环氧树脂　（d）145℃ 纳米复合材料

图 3.11　偏光显微镜观测内应力[2]

3.2.3　混合添加微米、纳米填料实现更低的热膨胀系数和更高的耐电强度

虽然通过添加纳米黏土降低了聚合物的热膨胀系数，但它们不能使其与金属或陶瓷有效结合。因此，大量传统的微米填料和少量的纳米填料结合将成为研究的方向。表 3.4[3] 列出了在环氧树脂中填充大量二氧化硅填料并采用酸酐固化剂制成的传统浇注材料的线性热膨胀系数，并给出了通过添加少量有机改性黏土的环氧树脂的线性热膨胀系数，这里二氧化硅填料通常是微米级别的。表 3.4 说明，通过控制传统材料的组分可以将线性热扩散系数减小至铝的热扩散系数大小（$23.1\times10^{-6}K^{-1}$），这取决于微米填料的体积分数。

表 3.4　传统填充环氧树脂和纳米 / 微米复合材料的组分

试样		传统填充型环氧树脂	纳米 / 微米复合材料（层状硅酸盐体积分数 0.3%）	纳米 / 微米复合材料（层状硅酸盐体积分数 1.5%）
组分 / 份	环氧树脂	100	100	100
	固化剂	86	86	86
	层状硅酸盐	0	2.3	9.8

续表

试样		传统填充型环氧树脂	纳米 / 微米复合材料（层状硅酸盐体积分数 0.3%）	纳米 / 微米复合材料（层状硅酸盐体积分数 1.5%）
	氧化硅填料	340	340	340
线性热膨胀系数 /（$10^{-6}K^{-1}$）		23.8	—	24.0

在这种情况下，线性热膨胀系数的降低主要是由大量二氧化硅填料造成的，并且填充一定体积分数的纳米填料对它的影响非常小。填充大量的纳米填料以期降低线性热膨胀系数，但黏度急剧增加，致使纳米填料的填充量存在极限。

用针－板电极获得相同材料的绝缘击穿强度的韦布尔分布如图 3.12 所示。含有层状硅酸盐和微米二氧化硅填料（纳米和微米填料混合复合材料：NMMC）的环氧树脂的试样非常有望提高绝缘击穿强度，特别是填充体积分数 1.5% 纳米填料后，绝缘击穿强度有大幅提升。

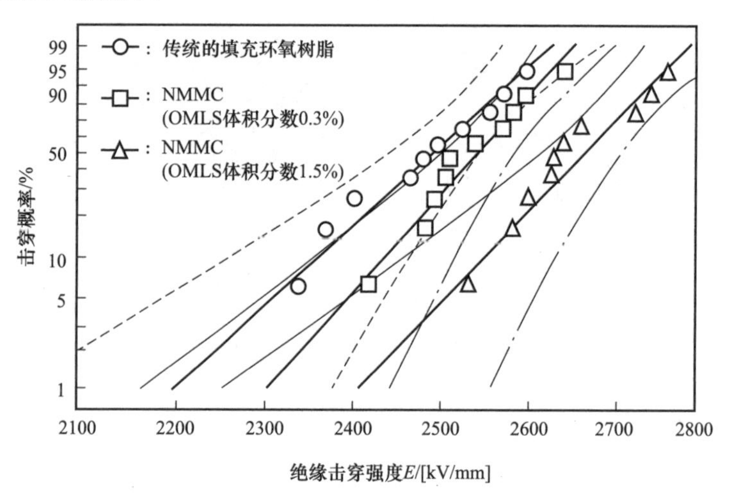

图 3.12　绝缘击穿场强的韦布尔分布图（韦布尔分布的置信区间为 95%）[3]

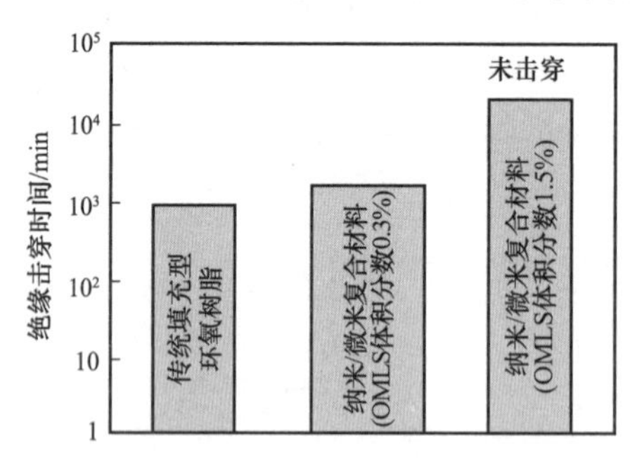

图 3.13　在恒定的交流电压下绝缘击穿时间的对比

图 3.13 给出了在恒定交流电压下针－板电极的绝缘击穿时间，相比于短时绝缘击穿强度，纳米填料的影响在低电场下更明显并且有望获得更长的使用寿命。据证实，纳米氧化硅和纳米氧化钛与黏土具有相同的作用[4]。

绝缘性能改善机理的评估模型如图 3.14 所示。即使用微米二氧化硅填充的也要比纯环氧树脂的击穿寿命更长。在高电场下电树枝在针电极附近形成，并向另一极扩展，当达到一定长度时将发生击穿。有机树脂遭受损坏，使电树枝在树脂中生长。如果具有高绝缘强度的无机二氧化硅填料均匀分散并紧紧黏附在树脂上，则电树枝的生长受阻，并断裂成一些分支（图 3.14），因此电树枝生长延缓，击穿寿命增加。

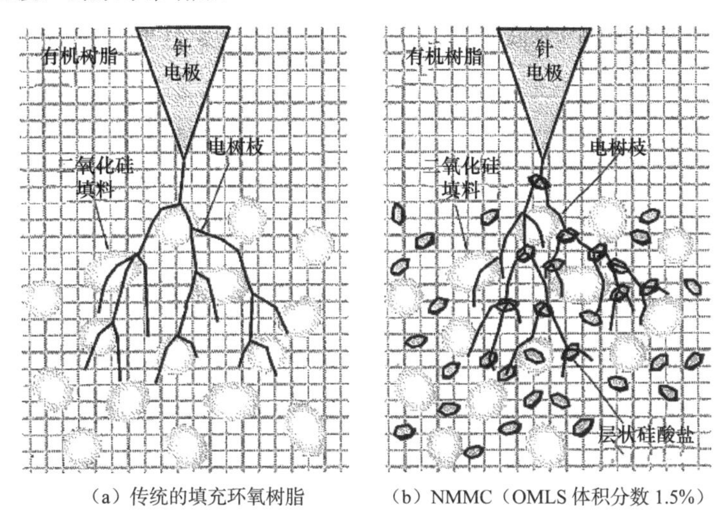

（a）传统的填充环氧树脂　　　（b）NMMC（OMLS 体积分数 1.5%）

图 3.14　纳米层状硅酸盐和微米二氧化硅填料混合效应评估模型

此外，在环氧树脂中的微米填料间紧密填充纳米填料，加剧了这种电树枝的分化，电树枝要扩展则需要更多的能量，即使少量的纳米填料也具有减少填料之间距离的优点。

如上所述，由聚合物和金属或陶瓷制成的浇注品随着温度的变化会形成更高的热应力，导致开裂或脱胶。为了防止这样的情况发生，降低聚合物热膨胀系数非常重要。虽然微米填料在减小热膨胀系数方面更有效，但是进一步添加纳米填料能显著提高电绝缘性能。

参考文献

[1] Konda, T., Yoshimura, T., Saito, E., et al. （2003）. Low Thermal Expansion Nanocomposites Consisting of an Epoxy Resin and Clay with Organic Modifications, *J. Networkpolymer.*, 24, pp. 46-52 （in Japanese）.

[2] Imai, T., Sawa, F., Ozaki, T., et al. （2006）. Influence of Temperature on Mechanical and Insulation Properties of Epoxy-Layered Silicate Nanocomposites, *IEEE Trans. Dielectr. Electr. Insul.*, 13（1）, pp. 445-452.

[3] Imai, T., Sawa, F., Nakano, T., et al. （2006）. Effect of Nano- and Micro-filler Mixture on Electrical Insulation Properties of Epoxy Based Composites, *IEEE Trans. Dielectr. Electr. Insul.*, 13（1）, pp. 319-326.

[4] Imai, T., Komiya, G., Murayama, K., et al. （2008）. Improving Epoxy-Based Insulating Materials with Nano-Fillers Toward Practical Application, *IEEE Int. Symp. Electr. Insul.*, No. S3-1, pp. 201-204.

3.3　高磁导率和高介电常数复合材料

为了开发一种既具有高介电常数的良好电绝缘性能又具有高磁导率的良好磁特性的新型衬底材料，人们进行了各种制备磁介质纳米复合材料的试验。这种新型衬底材料有望应用于能减少电磁干扰的电磁波吸收器和小型化数字广播系统的天线。

3.3.1　磁性介质的用途

2011 年 7 月，日本所有通过地面和卫星传送的地面电视广播都转变为数字系统，加速了便携式信息设备上数字广播接收器的安装。由于日本地面数字电视广播的最低频率为 470MHz，其波长 A 约为 640mm，其四分之一波长天线的必要长度为 160mm，比普通手机一半的长度还要长。由于 A 取决于天线周围绝缘衬底的介电常数（ε）和磁导率（μ），关系式为 $A \propto (\varepsilon\mu)^{-1/2}$，因此，高介电常数材料能使天线更紧凑。

近年来，具有高磁导率的磁性介质复合材料受到关注[1-6]。广泛应用于磁性材料的铁氧体，由于其电导率 σ 很低、磁导率 μ 也很低，而且在 GHz 频带磁矩较小，同时其涡流损耗很低[3]。另一方面，由于块状铁（Fe）具有高电导率 σ 和大的磁矩，使其呈现大的涡流损耗，不能作为绝缘衬底，因此，作为一种制备聚合物纳米复合材料非常独特的例子，正在研发同时具有高介电常数和高磁导率的电气绝缘聚合物。

与上述目标相比，制备这种复合材料的另一个目的是纯科学性的。一个典型案例就是研究铁磁材料呈现铁磁多畴结构所需的最小尺寸。研究还表明，小于临界尺寸的铁磁纳米颗粒具有单畴结构，从而使其磁性能优于块体材料。

3.3.2　可用的磁化介质

迄今为止，被试验研究的磁性介质复合材料按其材料分为以下三类：在陶瓷类介质材料中添加铁磁材料、在聚合物中添加磁性材料、在绝缘介质中添加铁电和铁磁材料。人们尝试了各种陶瓷（如 TiO_2、SiO_2 和 B_2O_3）、各种聚合物（如乙烯－丙烯－二烯共聚物和低密度聚乙烯），并将 Co-Pt、Fe-Pt、Co、Fe_3O_4、Fe 和 $CoFe_2O_4$ 作为铁磁材料添加，TiO_2 作为高介电常数材料添加[1-8]。

例如，为研究磁性介电纳米复合材料对有源天线物理尺寸小型化的影响，印度微波研究实验室的 K. Borah 和 N. S. Bhattacharyya 发现在硝酸盐前驱体上对沉淀物进行热处理获得纳米化的铁氧体，然后通过共沉淀法将纳米尺寸的 $CoFe_2O_4$ 加入低密度聚乙烯，可以实现微带天线的尺寸小型化[3]。

一名美国研究人员和他的同事用 Fe_3O_4 纳米颗粒和氢化苯乙烯－丁二烯嵌段共聚物（SEBS）制备复合材料，发现在适当的介电常数和磁导率比例下可以显著提高天线使用的频带[8]。

3.3.3　一个正在研究的例子

本节详细介绍由环氧树脂和铁纳米颗粒制成低损耗磁性介质纳米复合材料样品的研制过程。

1．目的是什么

图 3.15 给出了含有铁纳米颗粒的环氧复合材料中的各组成材料的预期作用。如果该复合材料用作天线的衬底材料，则希望通过铁纳米填料和环氧树脂来分别获得高磁导率和高介电强度。

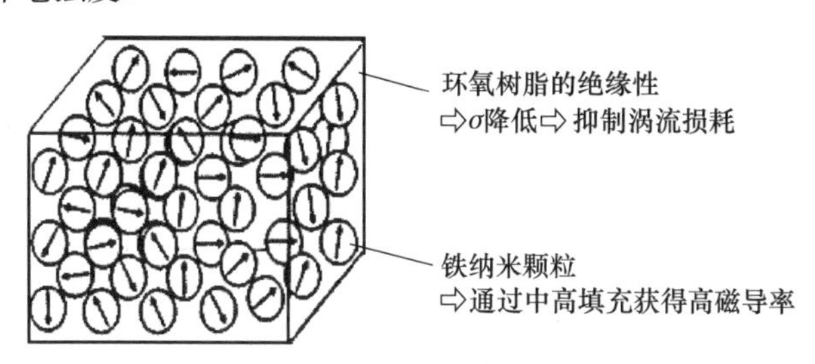

图 3.15　磁性介质纳米复合材料概念图（箭头线代表磁矩）

2．如何制备纳米复合材料

采用双酚 A 二缩水甘油醚（816B，三菱化工）作为基体环氧树脂，脂环族多胺（113，三菱化工）作为固化剂，直径 70nm 的 α-Fe 颗粒作为纳米填料加入环氧树脂。

对于任何纳米复合材料，无团聚纳米填料的完全均匀分散是最基本的。然而，铁磁性的 Fe 颗粒易于团聚，为此常用油基伯胺（$C_{18}H_{35}NH_2$）作为表面活性剂，因其包含一个易于被纳米颗粒表面吸收的胺基（—NH_2）和一个容易在有机溶剂中分散的烷基（—$C_{18}H_{35}$）。

制备这种纳米复合材料的表面处理过程的典型例子如图 3.16 所示。首先，将 Fe 颗粒、表面活性剂油基伯胺和氧化锆珠放入球磨罐，在行星离心式搅拌器上旋转搅拌。通过该工艺将 Fe 颗粒的团聚打散，同时表面包覆上油基伯胺，下一步将纳米尺寸的 Fe 颗粒加入未固化的环氧树脂，并放入超声波均质器中混合，然后将液态纳米复合材料注入模具，在适当的温度下进行两次固化。

3．若干重要性能参数

1）纳米颗粒分散怎么样

纳米颗粒在聚合物中的分散情况通常通过透射电子显微镜（TEM）或者扫描电子显微镜（SEM）进行观察。图 3.17[4] 给出了包含 Fe 纳米颗粒的样品表面的 SEM 图像。尽管当填料填充体积分数为 6% 时没有团聚，但纳米颗粒体积分数达到 20% 和 40% 的样品仍具有大量团聚，图 3.17（d）～（f）给出了在放大 5000 倍时看到纳米颗粒表面似乎有包覆树脂的情况。

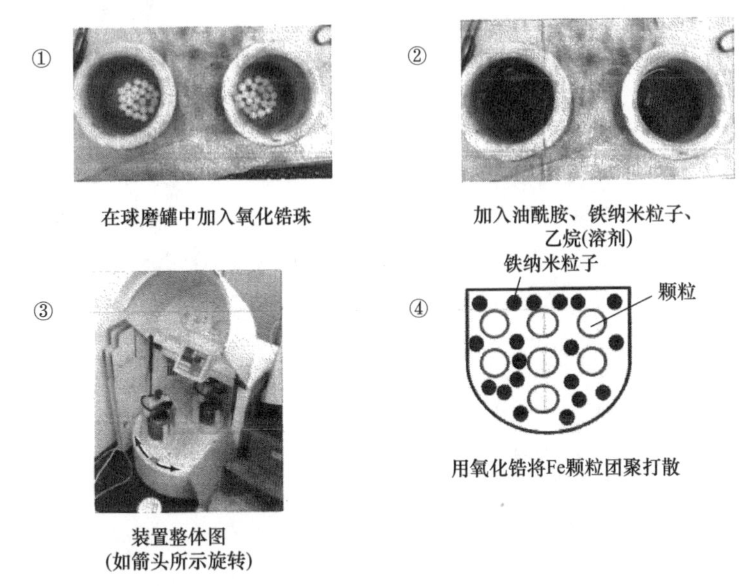

图 3.16　铁纳米颗粒通过球磨机进行表面处理的过程

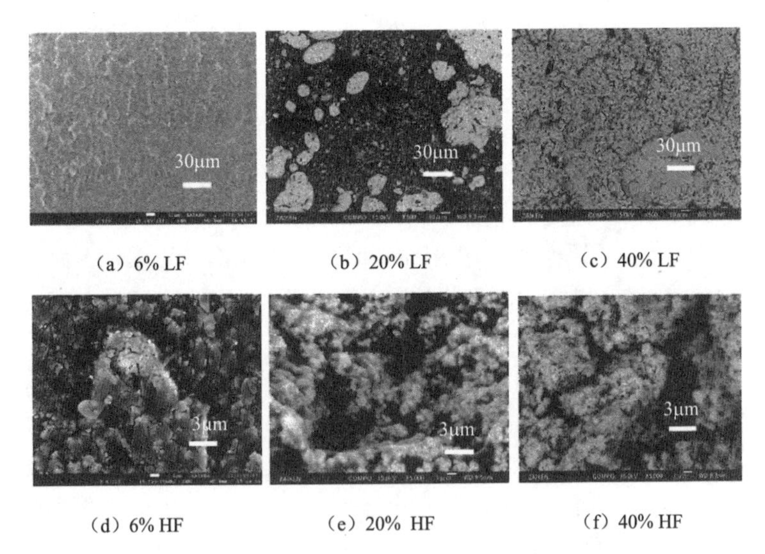

图 3.17　颗粒体积分数为 6%、20% 和 40% 的样品横断面 SEM 图像
LF：500 倍低放大倍率；HF：5000 倍高放大倍率

2）电导率足够低吗

图 3.18[4]给出了电导率 σ 与颗粒体积分数 p 的依赖关系。当 $p<2.6\%$ 或在区域Ⅰ，σ 几乎不增加；当 $2.6\%<p<30\%$ 或在区域Ⅱ，σ 随着 p 的增加呈现急速上升；在区域Ⅲ或 $p>30\%$ 时，σ 上升相对较慢；在最大含量 $p=40\%$ 时，σ 为 1.2×10^{-5}S/m，低于铁氧体的数值（$>10^{-4}$S/m）。

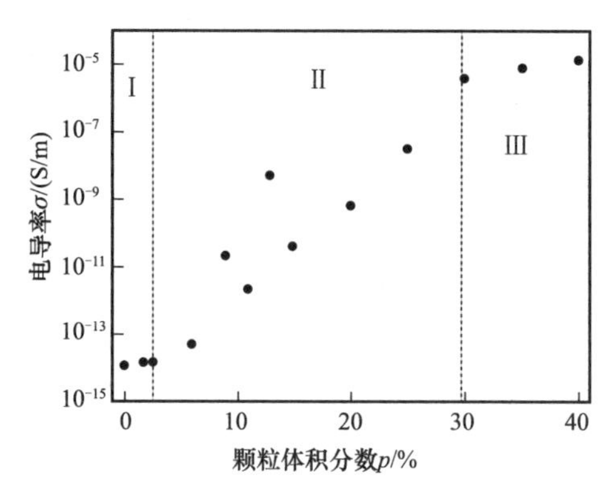

图 3.18　电导率 σ 与颗粒含量函数关系，罗马数字Ⅰ、Ⅱ和Ⅲ代表 σ 表现出不同依赖关系的三个区域

3）介电常数有多高

图 3.19 [4] 给出了通过观察不同纳米颗粒含量样品的相对介电常数 ε_r' 和相对介质损耗系数 ε_r'' 的频率特性。最大添加量体积分数 p 为 35% 和 40% 的样品的 ε_r'、ε_r'' 均显示出迅速的增长，尤其是在低频区域。图 3.19 清晰地给出了在 10^5Hz，ε_r'、ε_r'' 随着 p 的增加而增加。最大添加量体积分数 40% 的样品的 ε_r' 约为 9.8。

如图 3.19 所示，p 为 35% 或 40% 的样品的 ε_r'、ε_r'' 在低频区域上升迅速。由于当频率较低时导体的介电常数是无穷大，因此随着纳米 Fe 颗粒含量的增加导致介电常数增高。在 10^5Hz 时 p 为 40% 样品的相对介电常数 ε_r' 约达到 9.8，这对电气绝缘材料来说是相当高的，因此提升 ε_r'' 的努力是成功的。另外，由于传导电流产生焦耳热，高电导率增加 ε_r''。尽管 ε_r'' 随着 p 的增加而增加，但如图 3.19 所示即使在 40% 时，ε_r'' 的值在

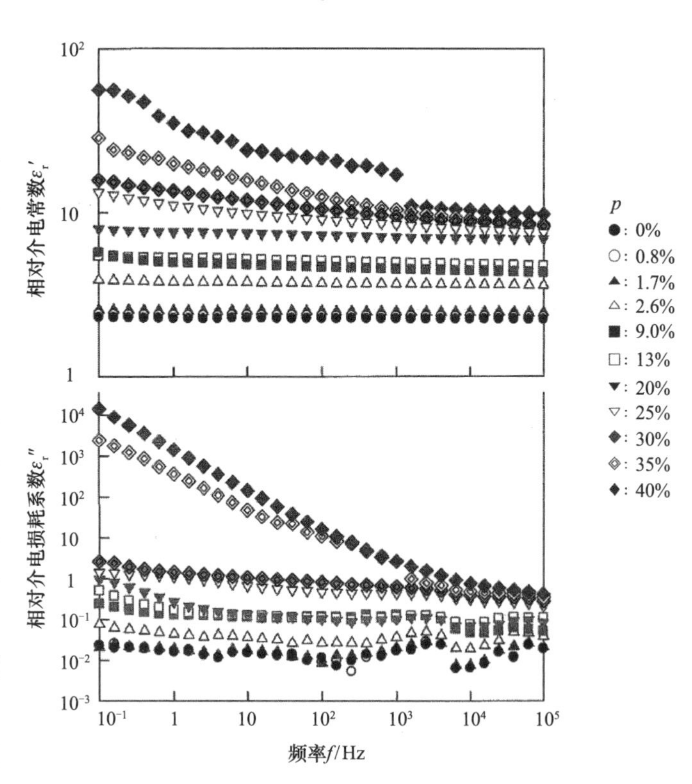

图 3.19　各样品复相对介电常数与频率的关系

重要的高频段下仍保持在 0.42，这对于电子器件来说是可以接受的较低值。

此外，$p<30\%$ 的样品的 ε_r'' 上升并不太多，这似乎是因为 Fe 纳米颗粒表面的油基伯胺包覆和没有严重团聚的纳米颗粒良好分散可以抑制 σ 的上升。

4）磁特性如何

纳米填料含量为 $20\%<p<40\%$ 的样品测量得到的复相对磁导率 μ_r' 与 μ_t'' 和频率的关系如图 3.20 所示[4]。除了 μ_t'' 在 35% 时高于在 40% 时外，μ_r' 和 μ_t'' 都随着 p 的增加而单调上升，需要注意的是测量得到的 μ_t'' 值远低于真值。在 1.4～3.3GHz 的频率范围内，μ_r' 随着频率的增加而减小，μ_t'' 在 2.25GHz 处出现峰值，该峰值点是由于发生铁磁共振。众所周知，磁矩随着磁场的旋转而旋转，这导致在微波频率范围的强烈共振，称为铁磁共振，其频率称为铁磁共振频率 f_r。由于频率高于 f_r 时 μ_r' 下降，f_r 成为高频设备的可用频率极限。虽然 f_r=2.25GHz 相当高，但实际使用仍需要更高的频率。

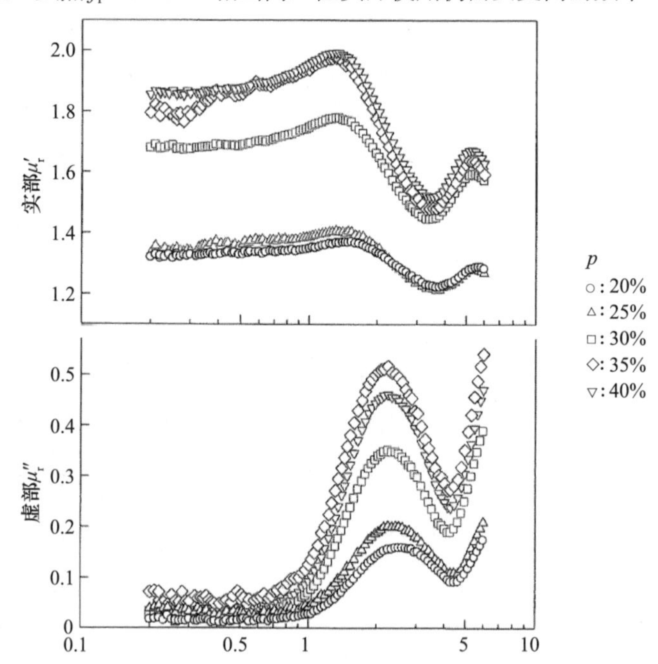

图 3.20　相对较高颗粒含量的五种样品的复磁导率与频率的函数关系

此外，事实上没有看到比铁磁共振峰更高的峰值了，这表明涡流不是感应的。也就是说，表面包覆层有效地阻止了涡流。涡流通常引发阻碍磁场变化（减少）的新磁场，因此，涡流的抑制对于研发低损磁性介质材料具有重要意义。

参考文献

[1] An, Y., Nishida, K., Yamamoto, T., et al.（2008）. Microwave Absorber Properties of Magnetic and Dielectric Composite Materials, *IEEJ Trans. Fundamentals Mater.*, 128（6）, pp. 441-448（in Japanese）.

[2] Hasegawa, D., Ogawa, T., Takahashi, M. （2009）. Nanoparticle-Based Magneto-Dielectric Hybrid Material for High-Frequency Devices, *Magn. Japan*, 4（4） pp. 180-185 （in Japanese）.

[3] Borah, K., Bhattacharyya, N. S. （2010）. Magneto-dielectric Material with Nano Ferrite Inclusion for Microstrip Antennas: Dielectric Characterization, *IEEE Trans. Dielectr. Electr. Insul.*, 17（6）, pp. 1676-1681.

[4] Hirose, Y., Hasegawa, D., Ohki, Y. （2015）. Development of Low Loss Magnetodielectric Nanocomposites of Epoxy Resin and Iron Nanoparticles, Electrical Engineering in Japan, 190(2)（Translated from *IEEJ Trans. Fundamentals and Materials*, 133, No. 12, pp. 668-673, 2013）.

[5] Ariake, J., Chiba, T., Honda, N. （2005）. Co-Pt-TiO_2 Composite Film for Perpendicular Magnetic Recording Medium, *IEEE Trans. Magn.*, 41（10）, pp. 3142-3144.

[6] Sellmyer, D. J., Luo, C. P., Yan, M. L., et al. （2001）. High-Anisotropy Nanocomposite Films for Magnetic Recording, *IEEE Trans. Magn.*, 37（4）, pp. 1286-1291.

[7] Zhang, Y. D., Wang, S. H., Xiao, D. T., et al. （2001）. Nanocomposite Co/SiO_2 Soft Magnetic Materials, *IEEE Trans. Magn.*, 37（4）, pp. 2275-2277.

[8] Yang, T-I., Brown, R. N. C., Kempel, L. C., et al. （2008）. Magneto-dielectric Properties of Polymer-Fe_3O_4 *Nano-composites, J. Magn. Magn. Mater.*, 320（21）, pp. 2714-2720.

3.4　高耐热复合材料

纳米复合技术有望提高聚合物的耐热性。已有纳米复合材料升高了材料的玻璃化转变温度、改善了材料的热分解性能的报道。本节将介绍聚合物耐热性的提高和对分散方法的依赖性。

3.4.1　利用纳米复合材料制备高耐热复合材料的研究进展

许多研究人员研究了聚合物纳米复合材料，并有在高 T_g 和高热失重下材料的强度模量增加的报道[1]。利用纳米复合材料来改善聚合物耐热性的方法有望得到工业化应用，目前仍在进行不同聚合物和纳米复合材料结合方面的研究。

1．聚乙烯

人们已研究了在交联聚乙烯中添加 SiO_2 的作用[2]。利用傅里叶红外光谱仪（FT-IR）的衰减法，通过观察羰基的变化来表征热分解程度。通过对单纯添加填料和填料与抗氧剂共同添加的情况进行对比，图 3.21[2] 给出了 130℃下无抗氧剂时羰基生成量的变化，图 3.22[2]给出了 180℃下添加质量分数为 0.2% 的抗氧剂时羰基生成量的变化。使用 0.05 羰基吸光度来作为热分解度的指标，无抗氧剂的聚乙烯在 130℃下寿命为 50h，但是添加了质量分数为 0.2% 的纳米 SiO_2 填料后，130℃下寿命能增加到 80h。

通过添加质量分数为 0.2% 的抗氧剂和质量分数为 0.1% 的纳米填料，180℃下的热分解从 20h 大大延长到 100h，这表明添加纳米填料使得耐热分解改善显著。同样通过添加抗氧剂，聚丙烯的热分解有了更显著的改善。换句话说，纳米填料和另一种成分的组合使得耐热性得到改善，这在工业中是一种十分重要的方法。

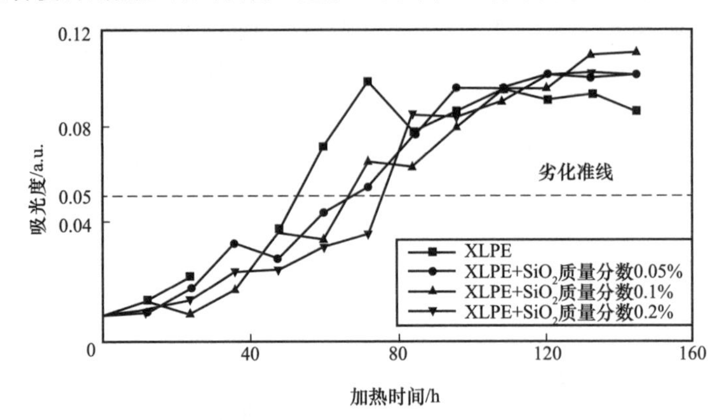

图 3.21　130℃下不同质量分数 SiO_2 添加量的交联聚乙烯吸光度的变化

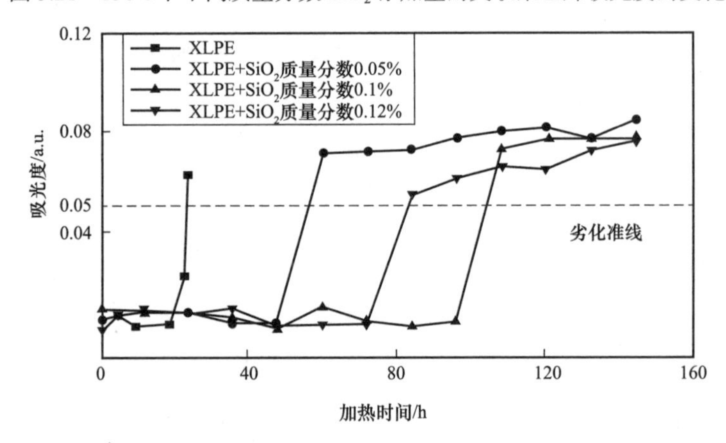

图 3.22　180℃下不同质量分数 SiO_2 添加量的交联聚乙烯的吸光度变化

2．硅树脂

人们已经研究了在硅树脂中添加纳米填料改善其耐热性[3]。添加纳米气相二氧化硅的硅树脂比添加微米二氧化硅硅树脂的热失重要小。在 600℃下，添加微米二氧化硅的硅树脂的热失重达到 70%，而添加纳米气相二氧化硅的硅树脂的热失重为 30%。因此，通过制备纳米复合硅树脂可以进一步改善硅树脂的耐热性。

3．环氧树脂

人们已经研究了添加纳米复合填料到环氧树脂中的作用。通过添加纳米二氧化硅，玻璃化转变温度降低了约 10℃[4]。玻璃化转变温度随着固化剂比例的不同而不同。

环氧树脂纳米复合材料耐热性的改善已有许多报道[1]，然而对树脂－固化剂－纳米填料分散状态的依赖性降低了耐热性。在各个应用领域，为了开发高耐热纳米材料，研究聚合物纳米材料及其分散方法是十分必要的。

3.4.2　耐热性随纳米填料分散方法的不同而改变

人们已经研究了环氧树脂 / 氧化铝纳米复合材料的玻璃化转变温度 T_g [5]。即使在同一种环氧树脂和胺类固化中，T_g 也随着分散方法的不同而不同。与使用普通旋转混合器相比，那些使用高压均质器分散的环氧树脂的 T_g 升高了 4℃，这里树脂和填料的分散方法是一个重要的因素。S. Bian 等通过机械和静电纺丝法来制备硅橡胶、纳米二氧化硅、纳米复合材料等 [6]。静电纺丝法是通过将聚合物从针尖的窄尖分散开来的方法。采用常规的机械搅拌、静电纺丝方法制备出含有 20% 微米二氧化硅和 5% 纳米二氧化硅的硅橡胶 [6]。

对不同方法制备的硅橡胶的性能进行了比较。采用热重分析法（TGA）测定其热分解特性，在 700℃下，在常规机械搅拌制备的试样热失重率为 35%，静电纺丝制备的试样热失重率为 31%。即使填料是相同的纳米二氧化硅，分散方法造成了 4% 的热分解的差异。通过对比分散法也证实了热分解的差异。

针对纳米分散方法也已经展开了大量的研究。据报道，由于分散方法的不同，纳米复合材料的耐热性能也不同。在纳米尺度上，纳米填料是否分散非常重要。

3.4.3　耐热性复合材料的实际应用

烷氧基硅烷溶胶 – 凝胶技术已经用于制备环氧树脂和二氧化硅纳米复合材料 [7]。烷氧基硅烷键合环氧树脂的基本结构如图 3.23 所示 [7]，烷氧基硅烷键合的二氧化硅杂化环氧树脂溶胶 – 凝胶固化后的结构图如图 3.24 所示 [7]。将烷氧基硅烷添加到热性能较弱的双酚基环氧树脂结构中，经溶胶凝胶法固化后得到了一种高耐热的环氧树脂和纳米二氧化硅的共混复合材料。

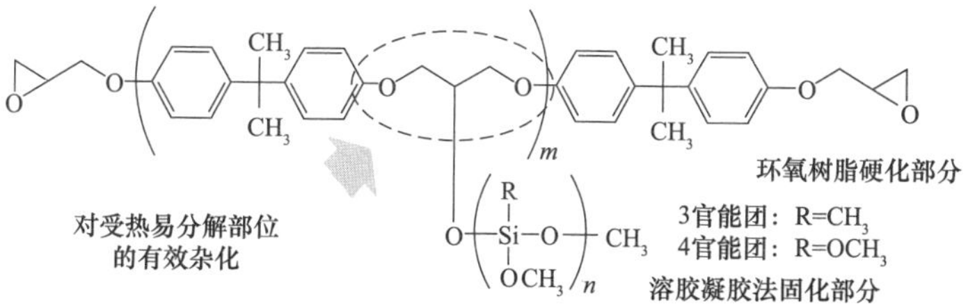

图 3.23　烷氧基硅烷键合环氧树脂

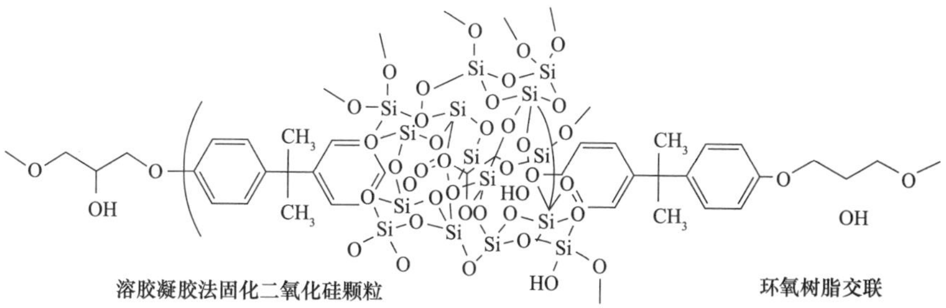

图 3.24　固化后环氧树脂 – 二氧化硅结构式

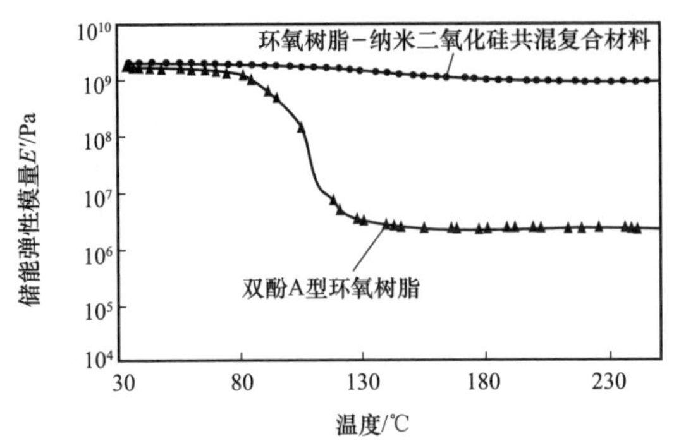

图 3.25　复合材料的动态黏弹性

固化后共混复合材料的动态黏弹性如图 3.25 所示[7]，玻璃化转变温度 T_g 已经消失，此外即使在 150℃以上的高温，储能弹性模量也没有降低，这表明纳米复合材料显著提高了高温下的储能模量。

这种纳米复合材料的制备技术已经应用到酚醛树脂、聚酰亚胺树脂、聚酰胺酰亚胺树脂、丙烯酸树脂、硅氧烷树脂和聚酰亚胺薄膜中，这些纳米复合材料已经实现了各种性能的改善，如耐热性和黏附性的提高、热膨胀系数的减小。

EVA（乙烯－醋酸乙烯酯共聚物）具有优异的透明性、柔性和黏合性，因此 EVA 被广泛用于太阳能电池、薄膜、片材、层压材料以及胶黏剂等领域。随着对 EVA 纳米复合材料研究的深入，一种高软化温度的 EVA 纳米复合材料被开发出来[8]。EVA 纳米复合材料的结构如图 3.26 所示，动态黏弹性测试数据如图 3.27 所示。EVA 纳米复合材料提高了 EVA 的储能模量和软化点温度。

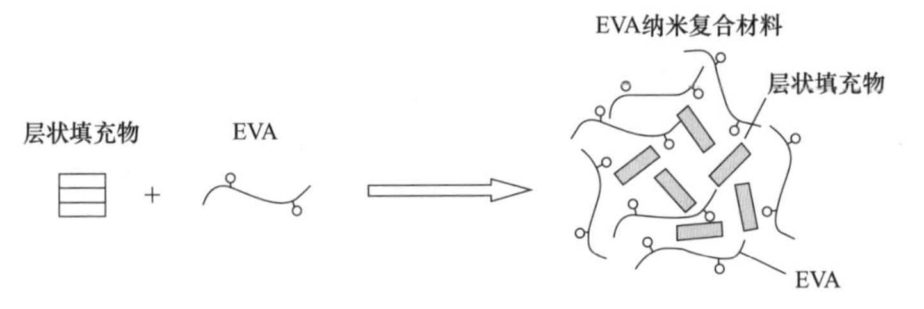

图 3.26　EVA 纳米复合材料的结构

目前已经开发出尼龙 6 的纳米复合材料[9]，这种复合材料是使用层状硅酸盐制备的。层状硅酸盐能够被剥离而形成更多片，然后将层状硅酸盐分散到尼龙里再进行聚合。以这种方式，能够获得比尼龙 6 耐热性能更加优良的聚合物。与普通尼龙相比，在高温时纳米复合尼龙的强度、储能模量、弯曲强度和弯曲模量均有所提高，普通尼龙在 100℃和 1000h 时拉伸强度会下降 25%，而纳米复合尼龙的拉伸强度几乎没有下降。

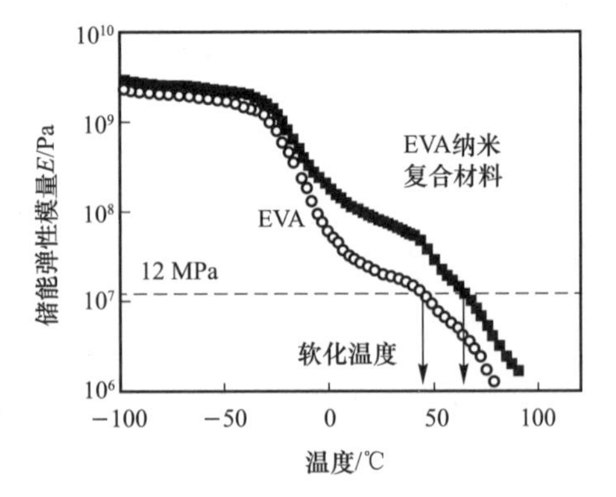

图 3.27　储能弹性模量与温度的关系
（乙酸乙烯酯含量 28 %）

通过添加少量层状硅酸盐能够提高环氧树脂的耐热性。环氧树脂纳米复合材料的TEM照片及其示意图如图3.28[10]，结果发现树脂能够浸渍到层状硅酸盐之间，其动态力学分析（DMA）的结果如图3.29所示[10]。环氧树脂纳米复合材料比纯环氧树脂具有更高的储能弹性模量和玻璃化转变温度，这表明利用纳米复合技术可以改善树脂的特性。由于这种技术的应用，电力设备绝缘材料已经得到很大进步。

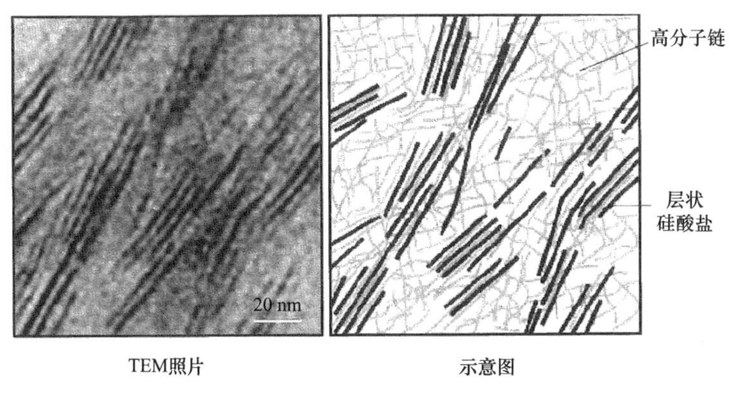

图3.28 制备的纳米复合材料

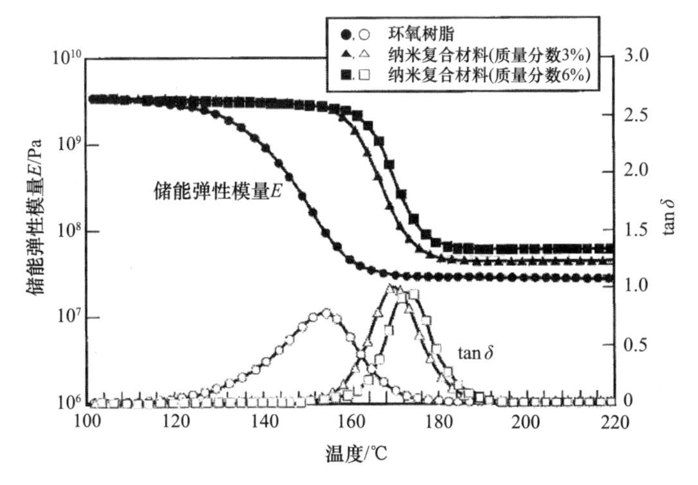

图3.29 动态力学分析（DMA）测量的储能弹性模量和损耗角正切的热依赖性与温度的关系

近年来，电子器件的耐热性要求越来越高。与硅功率器件相比，碳化硅（SiC）功率器件具有优异的性能。因此，应用碳化硅技术可以开发出小型高性能电力设备。硅器件极限运行温度为150℃，而碳化硅器件能够在400℃甚至更高的温度下运行。因此使用碳化硅器件制成的模块可以在高于200℃的温度下运行。

因此，为了保护碳化硅器件需要用到具有更高耐热性的树脂，纳米复合材料被认为是可以提高树脂耐热性的一种方法。Nippon Shokubai开发了一种能够发生有机金属化合物水解缩合反应的硅烷纳米材料，通过给热固性树脂中的纳米复合材料赋予高亲和官能团，使热固性树脂和纳米材料间形成化学键，从而开发出一种以热固性树脂作为基体的纳米掺杂树脂[11, 12]。

具有这种结构的环氧树脂纳米复合材料的耐热性得到显著改善。此外，纳米掺杂方法涉及分子，适用于各种热固性树脂，如环氧树脂或酚醛树脂。运用这种技术，可以使得高结晶环氧树脂实现低熔点和液化，因此该技术可以应用于液态浇注化合物的开发，并提出实现纳米水平的内部渗透网络结构的可能性。图 3.30 给出了纳米复合材料中 Si 元素的分布，可以看出 Si 以纳米水平均匀地分散在纳米掺杂的树脂中。图 3.31[11] 给出了纳米掺杂树脂中的纳米级形态，纳米材料呈现葡萄状形态，环氧树脂呈现带状。

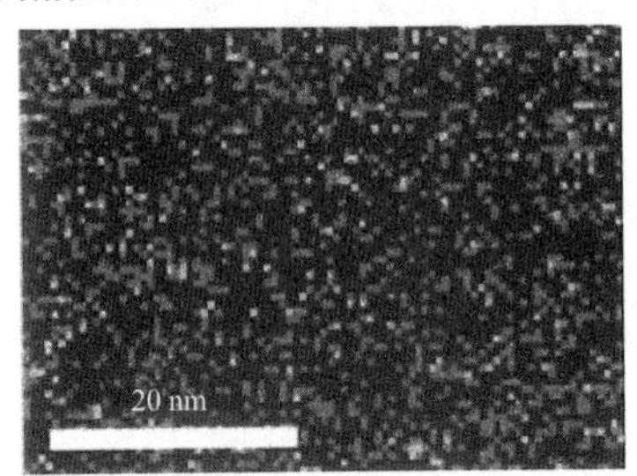

图 3.30　纳米复合材料的 Si 元素分布图

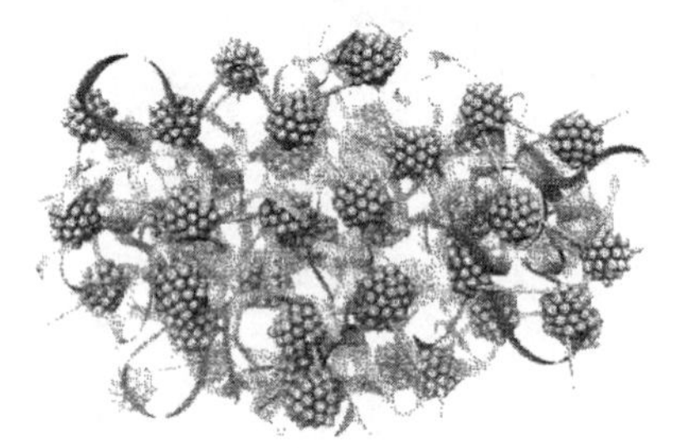

图 3.31　纳米复合材料的概念图

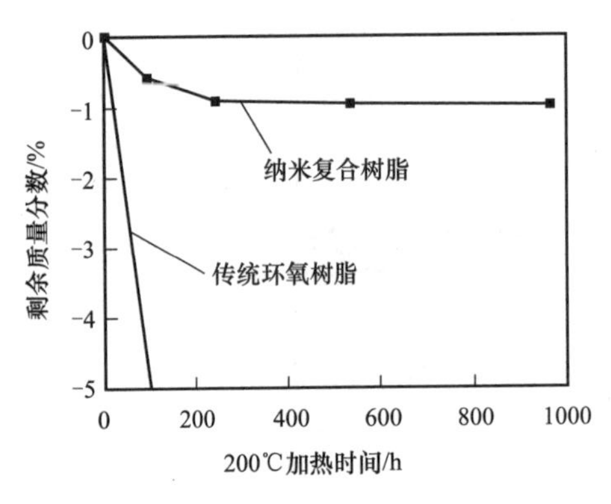

图 3.32　纳米掺杂树脂的长期耐热性

纳米材料和环氧树脂的相互作用形成了一种非常紧密的网状结构，这样的结构大大提高了耐热分解特性。环氧树脂在空气中加热至 200℃的热失重数据如图 3.32 所示[11]，这里环氧树脂被用作纳米掺杂树脂的基体。

利用这种技术能够提高耐热分解性能，并获得了在温度高于 200℃下的长期耐热稳定性。采用这种方法，Nippon Shokubai 开发了更高的耐热浇注材料和印刷电路板材料等[12]。

这里举几个通过使用纳米复合技术开发耐热性聚合物的例子：通过使用纳米复合材料，许多公司已经进行了提高聚合物耐热性的实用研究；通过使用纳米复合材料，可以增加玻璃化转变温度、提升树脂材料软化点、提高热弹性模量，进而改善耐热性。

纳米复合材料有望应用到浇注材料、电工材料和电子材料等领域，这些特性的提高依赖于纳米分散方法。因此，分散技术是纳米复合材料的一个重要发展方向，纳米复合材料不仅帮助树脂材料提高了物理性能，而且提高了它们的热分解温度。就环氧树脂而言，有望开发出 200℃甚至更高温度下具有更好耐热特性的纳米复合材料。

参考文献

[1] Ochi, M. （2004）. Epoxy Resin Nanocomposite, *J. Adhes. Soc. Japan*, 40（4）, pp. 37-41 （in Japanese）.

[2] Gondo, Y., Noguchi, K., Maeno, T. （2010）. Research on Thermal and Electrical Specification of SiO_2 Nanofiller Added XLPE, *Proc. IEEJ Natl. Convention*, 2（2-033）, pp. 38-39 （in Japanese）.

[3] Ramirez, I., Cherney, E. A., Jayaram, S., et al. （2008）. Thermo-gravimetric and Spectroscopy Analyses of Silicone Nanocomposites, *Proceedings of the IEEE CEIDP*, pp. 249-252.

[4] Nguyen, A., Vaughan, A. S., Lewin, R. L., et al. （2011）. Stoichiometry and Effects of Nano-sized and Micro-sized Fillers on an Epoxy Based System, *Proc. IEEE CEIDP*, 1（3B-1）, pp. 302-305.

[5] Hase, Y., Kosako, M., Ootuka, S., et al. （2009）. Making of Epoxy/Almina Nanocomposite and Observation of T_g, *Proc. IEEJ Natl. Convention*, 2（2-028）, p. 35 （in Japanese）.

[6] Bian, S., Jayaram, S., Cherney, E. A. （2012）. Electrospinning as a New Method of Preparing Nanofilled Silicone Rubber Composites, *IEEE Trans. Dielectr. Electr. Insul.*, 19（3）, pp. 777-785.

[7] Arakawa Chemical Industries, LTD. （2012）. *COMPORACEN Technical Data*, pp. 1-13 （in Japanese）.

[8] Senba, M., Mori, K., Yukioka, S. （2010）. Characteristics of EVA Nanocomposite, *TOSOH Res. Technol. Rev.*, 54, pp. 41-46 （in Japanese）.

[9] UNITIKA LTD. （2012）. *Nanocomposite Nylon 6, Technical Data.*

[10] Ozaki, T., Imai, T., Shimizu, T. （2004）. Functional Insulating Materials Using Nanoparticle Dispersion Technique, *TOSHIBA Rev.*, 59（7）, pp. 48-51.

[11] Nippon Shokubai Co., LTD,（2013）. *High Heat Resistant Nano-hybrid Resin, Technical Data*, p. 1.

[12] Nippon Shokubai Co., LTD. （2012）. *Molding Compound for SiC Power Device, Technical Data*, pp. 1-2.

3.5　高介电常数、低介电常数复合材料

在电子工业领域，对小型化和高密度安装的需求不断上升，这就是为什么高介电常数（高 κ）和低介电常数（低 κ）材料作为大规模集成电路元件和大规模集成电路材料急切需要发展的原因。目前材料的发展主要集中在高介电无机材料，如铪（Hf）的氧化物高 κ 材料、多孔材料、低 κ 材料，但聚合物复合材料从加工性和柔性两方面正在引起人们关注[1]。

3.5.1　为什么需要高介电常数、低介电常数复合材料

本节将介绍为什么缩小大规模集成电路的规模和高密度安装需要高介电常数材料（高 κ 材料）和低介电常数材料（低 κ 材料），以及它们是如何实际运用的。

1. 高介电常数材料

高介电常数材料被用作半导体栅电极的绝缘膜。氧化膜将栅电极与半导体隔离开来，电信号通过静电感应传输。如果两片氧化膜具有相同的厚度，那么具有较高介电常数的氧化物膜可以以更快速度传输电信号。由于漏电流限制了氧化膜的薄度，因此需要开发高 κ 材料。

直到今天，硅基大规模集成电路性能的改进仍对信息处理技术的迅速发展有着巨大贡献。通过对大规模集成电路的基本结构构件——金属氧化物（MOS）晶体管（图 3.33）[2] 的小型化实现了高性能。随着 MOS 晶体管越来越小型化，它们的栅绝缘厚度相应逐渐变薄。由于小型化，单位面积电容 C_1 变大，晶体管的驱动电流增加，当栅绝缘的介电常数和薄膜厚度分别为 ε 和 d 时，C_1 由以下公式给出：

$$C_1 = \frac{\varepsilon}{d} \tag{3.5}$$

应当注意到介电常数 ε 是相对介电常数 ε_r 和真空绝对介电常数 ε_0 的乘积，相对介电常数表示为 ε_r 或 κ，在大规模集成电路领域，通常使用 κ。

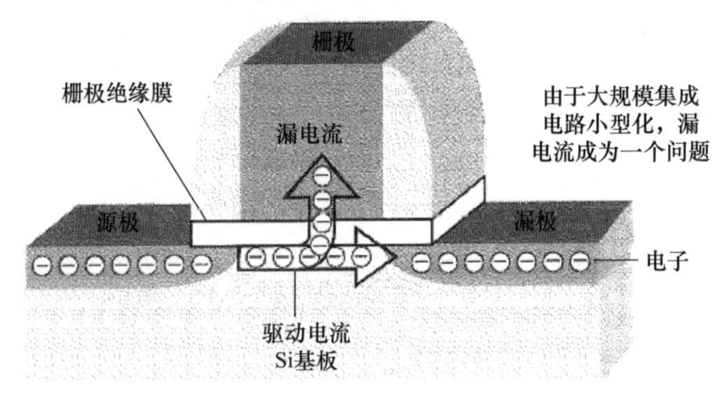

图 3.33　MOS 晶体管结构

当薄膜厚度为 1nm 或更薄时，二氧化硅栅极绝缘由于量子隧道效应而产生了泄漏电流，使其失去绝缘性能，这将导致大规模集成电路的功耗超过允许值。该问题的一种解决办法是使用高介电常数栅极绝缘膜技术。使用具有比 SiO_2 更大的 ε 值的绝缘薄膜材料可以在不减小 d 的情况下增大 C_1，从而增加驱动电流同时减小漏电流。

根据国际半导体技术发展路线图（ITRS，该路线图预测了半导体产品技术每一代的发展规律），铪基氧化物（如硅酸铪 HfSiO 和掺氮硅酸铪 HfSiON）作为高 κ 栅绝缘膜应用于大规模集成电路板芯片。铪基氧化物具有高耐热性且与传统大规模集成电路工艺兼容，且铪基氧化物可以满足这一代产品小于 1nm 等效氧化物厚度（EOT）的要求。

另外，用于大规模生产的半导体栅极绝缘膜在 2016 年前后做到了等价氧化物厚度（EOT）达到 0.5nm 或更小，因此需要更高介电常数的材料（图 3.34）[2]。

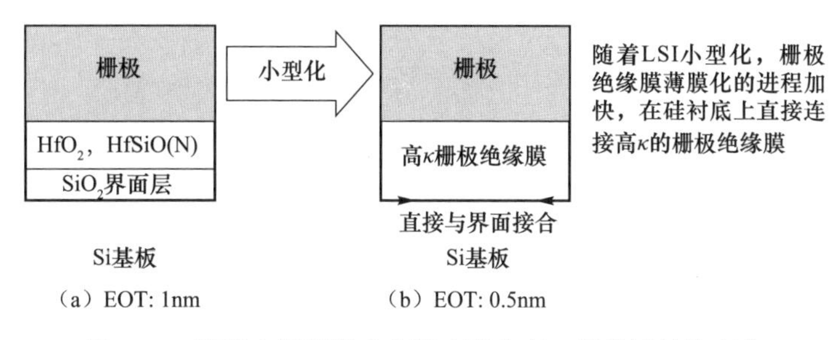

图 3.34　随着大规模集成电路小型化高 κ 栅绝缘结构变化

2．低介电常数材料

低介电常数材料常被用作大规模集成电路芯片的层间绝缘介质，这是因为需要较低介电常数材料来抑制静电感应，并提升每一层的独立性。这些材料可以减小信号传播延迟，这在小型化过程中是个很大问题。自从 130nm 高速逻辑器件问世以来，在每一代大规模集成电路芯片的多层布线工艺中都采用了一种新材料。作为布线材料，已经开始用铜（Cu）取代在 130nm 这一代及以前所使用的铝（Al），同时从 90nm 这一代开始，相对介电常数小于等于 3.0 的低介电常数薄膜（低 κ 薄膜）已经被用于层间绝缘。此后，层间介电薄膜的相对介电常数持续降低，在 65nm 这一代及之后，那些薄膜具有微空洞且介电常数小于等于 2.5。图 3.35[3] 给出了其示意图。

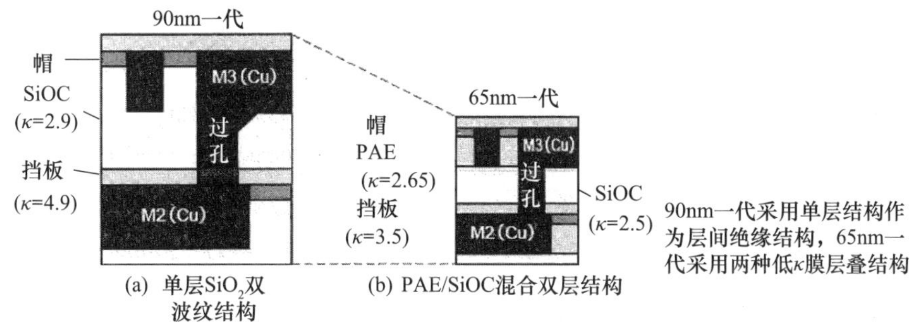

图 3.35　90nm 和 60nm 层代多层互连结构

正如上面所讨论的，大规模集成电路的小型化和高密度安装需要材料具有更高/更低的介电常数，因此，不仅需要改善现有材料，而且需要从全新的角度去创新材料。作为一个新颖的想法，许多人期待出现各种类型树脂和纳米填料（纳米颗粒）组合的纳米复合材料。

3.5.2　添加高介电常数纳米填料能否提高介电常数

增加树脂介电常数的常用方法是向树脂中添加一种选定的高介电常数填料。下面给出了添加纳米填料（纳米颗粒）增加树脂介电常数的具体案例。

制备纳米级钛酸钡的方法。如图 3.36 所示[4]，第一步，在大气中将 $BaTiO(C_2O_4)_2$ 加热至 500℃后，其分解为 $BaCO_3$ 和 TiO_2；第二步，反应产物在高温（630 ～ 830℃）真空加热生成 $BaTiO_3$ 纳米颗粒，颗粒尺寸可由温度条件（630 ～ 830℃）变化控制。

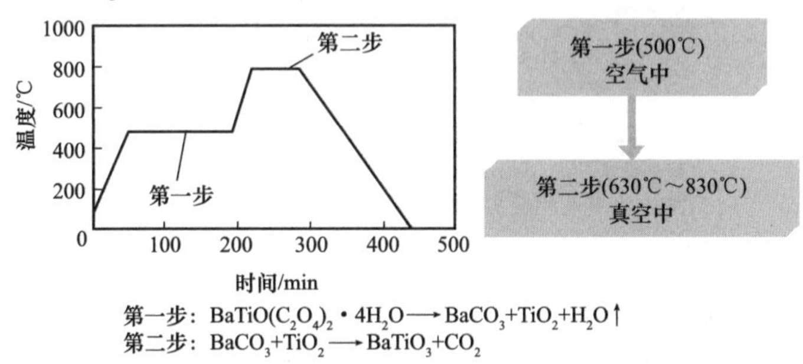

图 3.36　钛酸钡（$BaTiO_3$）颗粒产生条件

不同条件下制备的 $BaTiO_3$ 纳米颗粒的 TEM 图像和晶粒尺寸如图 3.37 所示[4]。根据第二步中的加热温度和条件，可以制备直径在 17 ～ 68nm 范围内的纳米颗粒。注意图中 A-4 和 A-5 在第二步加热温度相同（830℃）但氛围不同，分别是在真空中和大气中，因而生成了 68nm 和 102nm 不同直径的纳米颗粒。

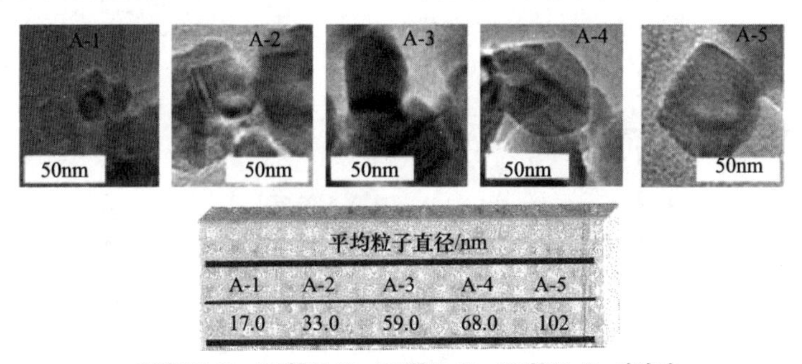

平均粒子直径/nm				
A-1	A-2	A-3	A-4	A-5
17.0	33.0	59.0	68.0	102

630℃(A-1)，730℃(A-2)，810℃(A-3)，830℃(A-4)；真空中
830℃(A-5)；空气中

图 3.37　制备的钛酸钡颗粒的直径

利用有限元方法（FEM）分析了不同粒径钛酸钡的相对介电常数，结果显示，相对介电常数随着粒径减小而增高，当晶粒尺寸大约为 68nm 时达到最大值 15 000（图 3.38）。通过一种叫超支化酞菁的材料（该材料具有如图 3.39 所示的树枝状结构）对 68nm 钛酸钡纳米颗粒进行表面改性，然后将这些纳米颗粒分散到体积分数高达 70% 的聚酰胺（PA）中，尽管制成的是一种聚合物复合材料，但这种材料在 1MHz 时相对介电常数达到 80（图 3.40）[4]。

该成果归功于钛酸钡的相对介电常数（本质上具有高介电常数）可以通过将其颗粒减小到纳米尺寸得到进一步提高，并通过改变纳米颗粒的表面状态使其能够分散到高浓度的聚合物中，从而成功开发出纳米复合材料。

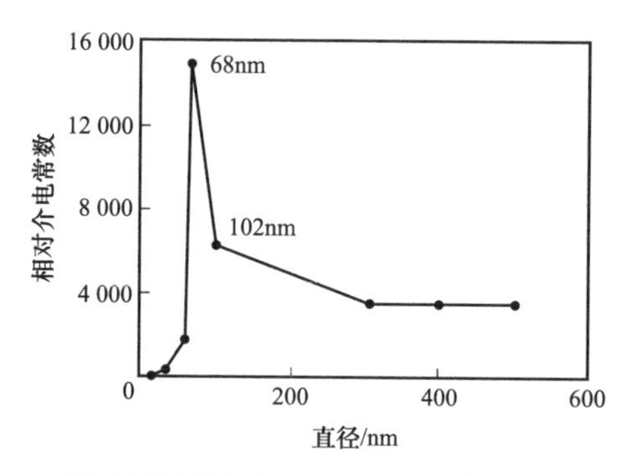

图 3.38　采用有限元法得到的颗粒直径与介电常数的关系

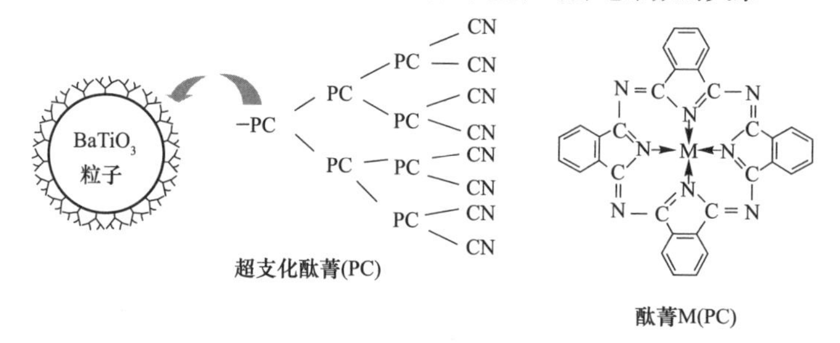

· $BaTiO_3$中的Ba^{2+}和Ti^{2+}与酞菁进行复合
· 表面由氰基覆盖

改良矩阵金属和金属的亲和性

图 3.39　通过超支化酞菁的表面改性

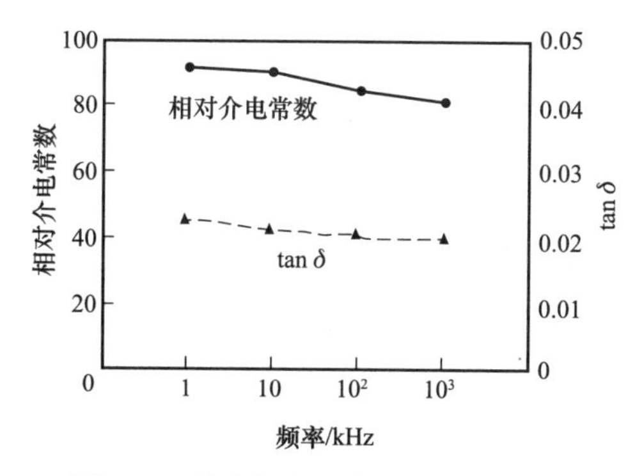

图 3.40　纳米复合材料的相对介电常数

3.5.3　添加低介电常数纳米填料以降低介电常数

通常来说，用作填料的材料具有高介电常数，如果这样的填料分散进聚合物，聚合物的介电常数将变高。基于这个原因，人们试图利用空心填料来降低介电常数，这里空心填料内部是空隙（空气的介电常数为 1）。

将直径 4nm 的介孔二氧化钴（MCM−41）掺杂进聚酰亚胺（PI），制成的纳米复合材料的介电常数取决于纳米颗粒的数量。当加入质量分数为 3% 的 MCM−41，介电常数最低达到 2.58（在 10^3Hz 和 25℃的条件下），相比聚酰亚胺的相对介电常数 2.94 显著降低（图 3.41）[5]。考虑纳米填料中的空隙，计算得到的纳米复合材料相对介电常数的理论值高于实验值，这说明除了中空颗粒结构之外还有一些其他因素导致介电常数的降低。

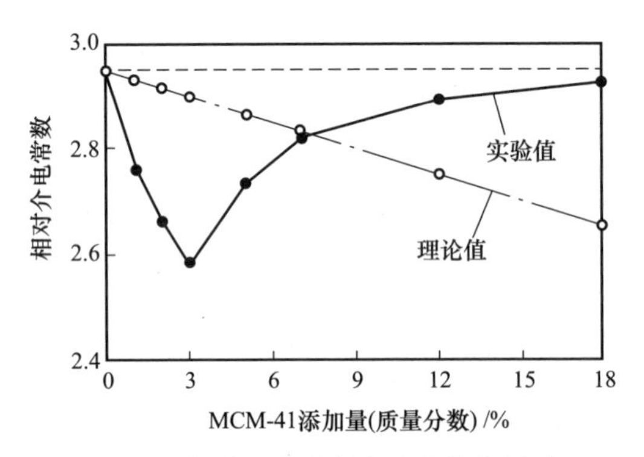

图 3.41　纳米复合材料降低介电常数的例子（1）

同时，与氧化铝微米颗粒（粒径 10μm）掺杂的环氧树脂复合材料相比，相同质量分数的纳米颗粒掺杂的环氧纳米复合材料具有更低的介电常数。随着添加颗粒含量的增加，两种复合材料介电常数的差距减小（图 3.42）[6]。

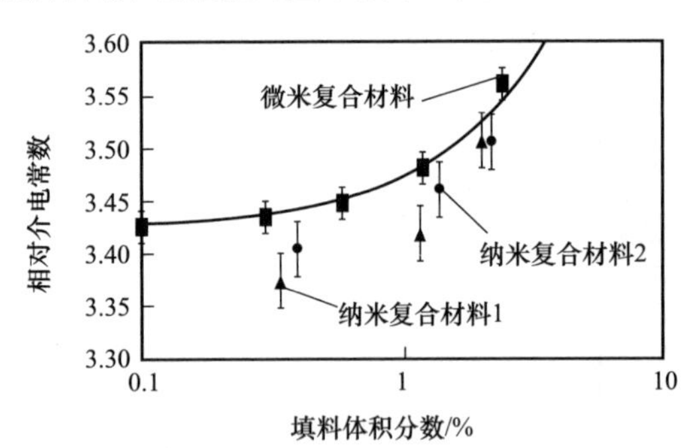

图 3.42　纳米复合材料降低介电常数的例子（2）

纳米复合材料的使用降低了介电常数，这被认为是由于低介电常数层分子链限制的区域对纳米颗粒界面的强粒子基键的作用。利用基于有限元的电流分析法，计算模型（图 3.43[7]）中流过的电容电流。在该模型中，氧化铝纳米颗粒分散在环氧树脂中，在纳米颗粒界面上形成一个低的介电常数的C层，电容器（C）的电容值由图中所示的公式获得，人们计算出纳米复合材料的相对介电常数，并研究了介电常数的理论下限。

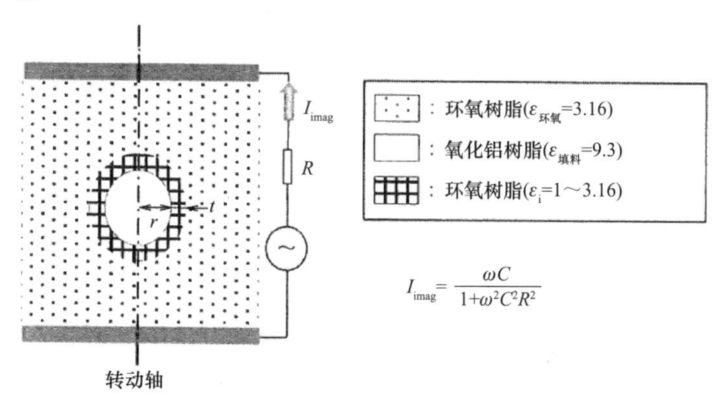

图 3.43　电流分析模型

结果显示，当低介电常数层的厚度 t 与颗粒半径 r 之比为1.5时，纳米颗粒掺杂质量分数达到16%，$\varepsilon_{纳米颗粒}/\varepsilon_{环氧}$达到0.87时，有可能使纳米复合材料的介电常数比纯环氧树脂低13%，如图3.44所示[7]。

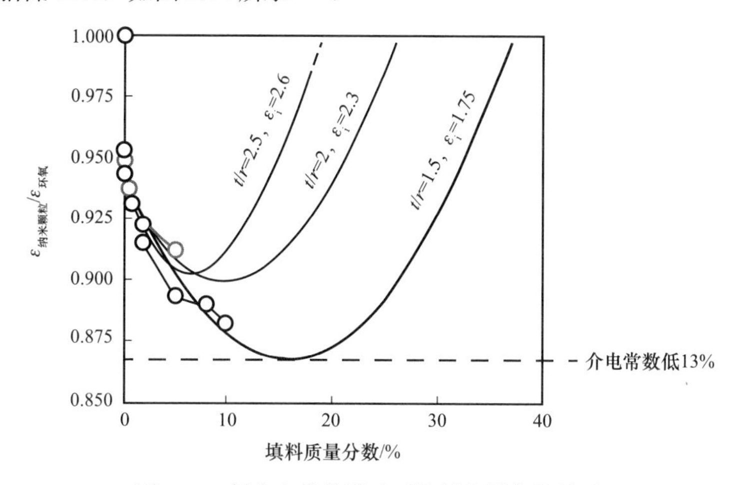

图 3.44　低介电常数影响对填料含量依赖关系

参考文献

[1] Tanaka, T.（2009）. Suggested Study on Advanced Composite Materials: Super Composites-Development of Technology for Dielectric Isolation Materials, *Proc. the 40th IEEJ ISEIM*, No. B-l, pp. 33-38.

[2] Suzuki, M., Yamaguchi, T., Koyama, M.（2007）. Lanthanum Aluminate Gate Dielectric Technology with Direct Interface, *Toshiba Rev.*, 62（2）, pp. 37-41（in Japanese）.

[3] Yoda, T., Hasunuma, M., Miyajima, H.（2004）. Advanced BEOL Technology, *Toshiba Rev.*, 59（8）, pp. 17-21 （in Japanese）.

[4] Takahashi, A., Kakimoto, M., Tsurumi, T., et al. （2006）. Polymer-Ceramic Nanocomposites Based on New Concepts for Embedded Capacitor, *IEEJ Trans. Fundamentals Mater.*, 126（11）, pp. 1160-1166.

[5] Dang, Z., Song, H., Lin, Y., et al. （2008）. High and Low Dielectric Permittivity Polymer-Based Nanohybrid Dielectric Films, *Proc. IEEJ ISEIM*, No. Pl-33, pp. 315-318.

[6] Kurimoto, M., Kai, A., Watanabe, H., et al. （2008）. Evaluation of Relative Permittivity of Epoxy/Alumina Nanocomposites Based on Grain Boundary Area, *Proc. IEEJ ISEIM*, 2（2-052）, p. 61.

[7] Nakano, T., Hayakawa, N., Hanai, M., et al. （2012）. Thoughts about Lower Limit of Relative Permittivity of Epoxy/Alumina Nanocomposites, *Proc. IEEJ ISEIM*, 2（2-077）, p. 93.

第 4 章　聚合物纳米复合材料的制备

4.1　反应沉淀法：溶胶－凝胶法

溶胶是将固体材料分散在液体介质中形成的一种胶体，凝胶是溶胶固化后形成的明胶状材料。在溶胶－凝胶法中，溶液由溶胶转变为凝胶，玻璃状细微颗粒将合成并分散在聚合物中。相较于填料共混法，溶胶－凝胶法能够更均匀地分散纳米填料（纳米颗粒）。通过溶胶－凝胶法制备的聚合物纳米复合材料广泛应用于黏合剂、涂层剂和电子材料。

4.1.1　溶胶－凝胶法能够很好地实现纳米填料在聚合物中的分散[1，2]

通常用溶胶－凝胶法制备玻璃，即加热溶液后溶胶将转化为凝胶而制成。因为溶胶是一种由固态材料分散在液态介质中获得的胶体，故溶胶又称为胶状溶液。溶胶通过颗粒用缩聚、沉积和反应使其长大的方法而获得，也可以通过机械、电或化学过程将粗粒变成细粒获得。

凝胶是由溶胶固化后得到的，虽然凝胶含有空隙或者类似水的液体成分，由于整个系统内部的支撑结构，其形状可以保持得很好，琼脂、明胶、豆腐和硅凝胶都是凝胶的例子。因为溶胶中胶体颗粒之间的相互吸引，大部分溶胶都拥有结构黏度。随着溶胶密度的不断增大，内部的颗粒相互连接形成三维（3D）网络状或蜂窝状结构，最终分散系统变为固体状凝胶。

采用溶胶－凝胶法，纳米填料（纳米颗粒）能够被合成并分散在聚合物中，从而制备出聚合物纳米复合材料。基本反应方程式如图 4.1 所示[3]，特别是金属醇盐（如烷氧基硅烷）需要以氯为催化剂进行水解和缩合反应。通常采用四乙氧基硅烷（TEOS）或四甲氧基硅烷（TMOS）作为金属醇盐和二氧化硅纳米颗粒一起在聚合物中合成。虽然溶胶－凝胶法需要大量的水和乙醇，相较于共混法其优点是纳米颗粒可以更均匀地分散。

4.1.2　溶胶－凝胶法的制备方法和注意点

有很多方法可以制备聚合物纳米复合材料。本节将首先介绍由聚二甲基硅氧烷（PDMS）制备具有优异的力学性能和耐热性能的聚合物纳米复合材料的方法[4]，该方法中使用平均分子量为 20 000 并具有硅醇端链的液态 PDMS 作为有机成分的前驱体、

TEOS［Si（OC_2H_5）$_4$］作为无机成分的前驱体。

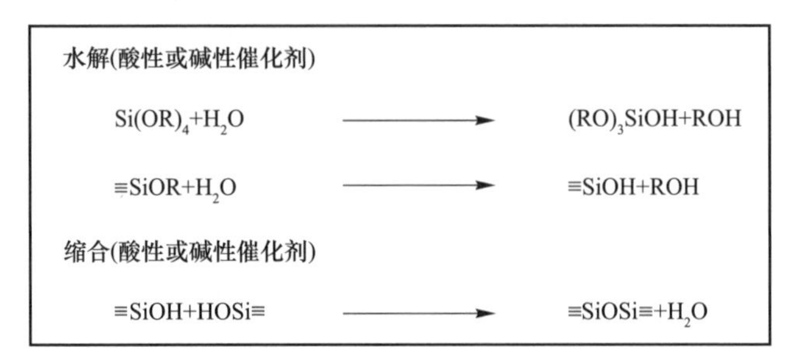

图 4.1　溶胶－凝胶法的基本反应方程式

一种制备溶胶的方法如图 4.2 所示。液体 A 通过混合 PDMS、TEOS 和 2- 乙氧基乙醇（$C_4H_{10}O_2$）获得，摩尔比见表 4.1；液体 B 通过将乙酸（CH_3COOH）、水（H_2O）和 $C_4H_{10}O_2$ 混合获得，摩尔比见表 4.1。液体 A 采用热搅拌加热至 90℃，然后逐滴加入液体 B，溶液在 90℃下混合 30min，然后将混合溶液冷却到室温。

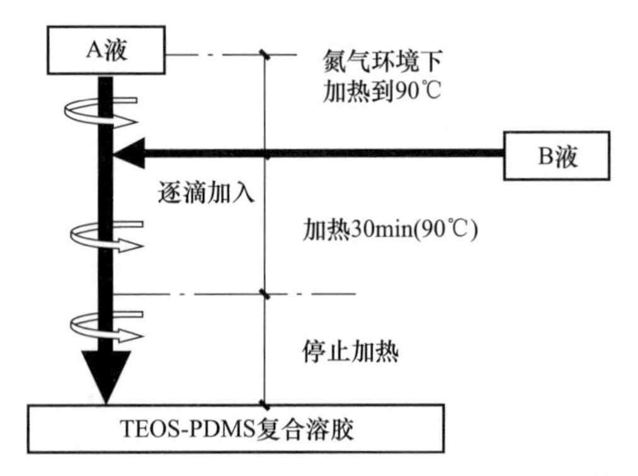

图 4.2　TEOS-PDMS 复合溶胶的实验制备流程

表 4.1　用于制备混合溶胶的材料的摩尔质量和摩尔比

液体	材料	化学式	摩尔质量	摩尔比
A	PDMS	—	20 000	0.1，0.2，0.5，1
	TEOS	Si（OC_2H_5）$_4$	20 833	1
	2- 乙氧基乙醇	$C_4H_{10}O_2$	90.1	2
B	水	H_2O	18	4
	乙酸	CH_3COOH	60.65	0.05
	2- 乙氧基乙醇	$C_4H_{10}O_2$	90.1	1

上述制备过程需在手套箱中进行。通过干燥的氮气置换空气的方法，将手套箱的相对湿度控制在 20% 左右，随后溶液倒入聚四氟乙烯有机培养皿中并覆盖上铝箔。溶液先后在 150℃和 250℃温度下固化，具体的加热时间见图 4.3［4］。在此方法中，100℃左右的凝胶条件是影响固化后聚合物纳米复合材料力学性能的因素之一［5］。

下面介绍由聚丙烯（PP）制备聚合物纳米复合材料的研究进展。之前存在的主要问题是纳米填料在PP中容易团聚，这主要是由于PP为非极性聚合物且PP与纳米填料之间的界面连接较弱。为了在PP中构建网络体系，使用超临界二氧化碳（CO_2）在PP中浸渍SiO_2前驱体，然后通过溶胶－凝胶法生成纳米填料[6]。由于超临界CO_2可以将SiO_2的前驱体分散在PP的非晶区，同时溶胶－凝胶过程可以产生彼此分离的纳米填料，该方法被认为可以有效地制备SiO_2/PP纳米复合材料。TMOS、TEOS或者四丙氧基硅烷（TPOS）被用作SiO_2的前驱体，为了增加SiO_2前驱体的浸润含量，采用结晶度更低的无规PP（分子质量：160 000，乙烯含量：2.5%）作为基体，通过热压PP颗粒制备PP薄膜（厚度0.1mm），采用超临界CO_2将SiO_2前驱体浸润到非晶态PP中，再通过酸性催化剂使前驱体发生溶胶－凝胶反应，以此来制备SiO_2/PP纳米复合材料。

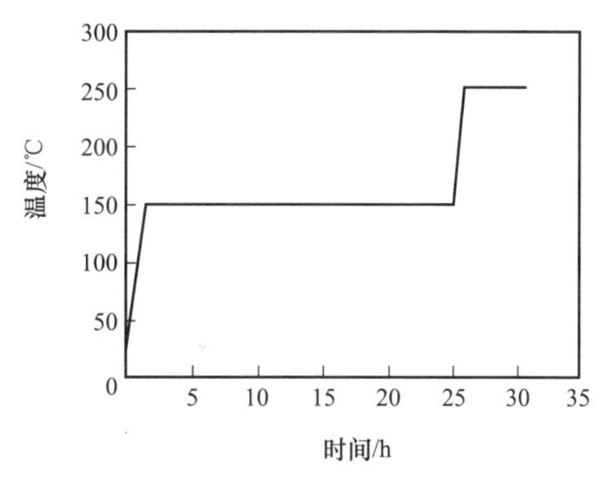

图 4.3　TEOS-PDMS 纳米复合材料固化温度

4.1.3　哪些机理使聚合物纳米复合材料产生不同的特性

聚合物纳米复合材料的各种性能已在其他章节中详细介绍了，本节仅简单介绍聚合物纳米复合材料的力学、热学和电学性能。

相较于原始聚合物，聚合物纳米复合材料具有超强的力学性能[5-8]。例如，在SiO_2/聚酰亚胺（PI）纳米复合材料中，拉伸强度和断裂延伸率随着SiO_2含量的增加而增加，并且在SiO_2质量分数为3%的时候达到最大值，高于此值则随着SiO_2含量的增加而降低，如图4.4所示[7]。

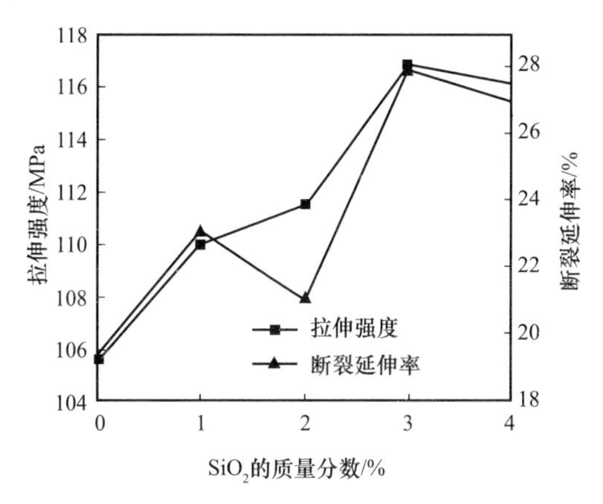

图 4.4　PI/SiO_2 纳米复合材料力学特性

可能的原因：当 SiO_2 的质量分数低于 3% 的时候，SiO_2 纳米填料在 PI 基体中能够很好地分散，且 PI 与 SiO_2 的界面之间存在强的键合；但是当 SiO_2 含量更高的时候，比如质量分数为 30%，很多 SiO_2 填料将发生团聚，此时 PI 和 SiO_2 之间的界面连接将变弱，如图 4.5 所示[7]。

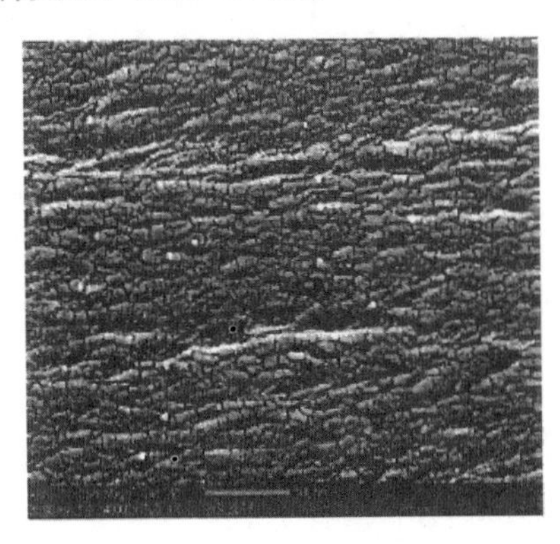

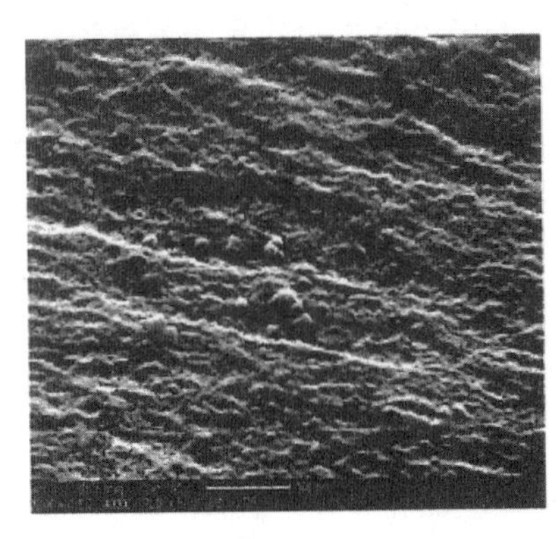

图 4.5　不同 SiO_2 含量 SiO_2/PI 纳米复合材料的断面 SEM 照片

对比原有聚合物，聚合物纳米复合材料具有更高的耐热性[4, 8]。例如，图 4.6 中给出了 TEOS-PDMS 纳米聚合物的性能[4]，该图显示了 200℃下老化 480h 后失重和 TEOS 与 PDMS 摩尔比的关系。随着 TEOS 含量上升，质量损失减小可能是由于降解和缩聚反应的促进造成的。因此，可以认为在 PDMS 中加入 TEOS 可以抑制 PDMS 自由链的气化。

对比原始聚合物，聚合物纳米复合材料具有超强的电气绝缘性能[4-9]。例如，图 4.7 给出了 TEOS/PDMS 纳米复合材料的性能，该图显示了 200℃下老化 480h 前后材料的电阻和 TEOS 与 PDMS 摩尔比的关系，老化之后材料的电阻比老化之前高，同时纳米复合材料的电阻比 PDMS 高，可能的原因是在高温下 TEOS 与 PDMS 发生反应造成了离子载流子浓度的下降。

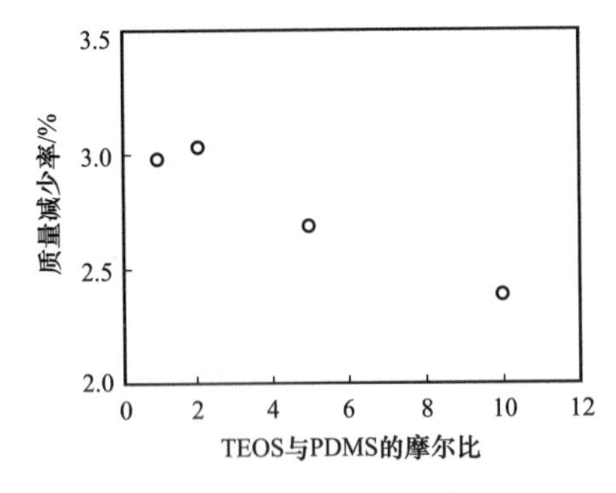

图 4.6　空气中 200℃等温老化 480h 后 TEOS-PDMS 纳米复合材料失重的变化

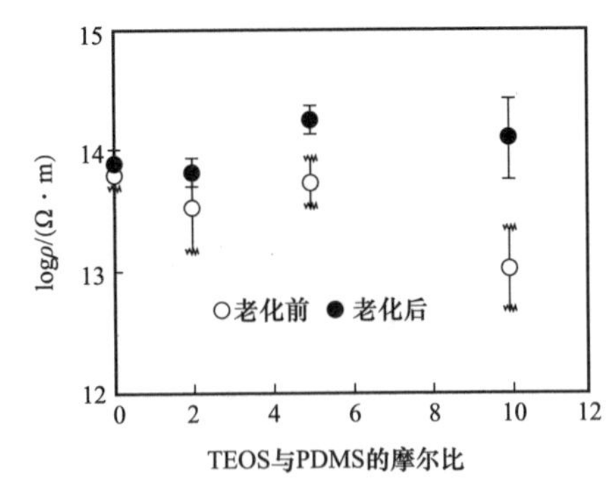

图 4.7　空气中 200℃等温老化 480h 前后 TEOS/PDMS 纳米复合材料的体积电阻率

4.1.4　溶胶－凝胶法制备的复合材料在日常生活中的应用

虽然溶胶－凝胶法难以制备厚膜产品，但最近已经开发了一些新的制备方法。一些商业化制备聚合物纳米复合材料的例子见表4.2[10]。丙烯酸、聚氨酯、环氧树脂和聚酰亚胺被用作基体聚合物，制备的聚合物纳米复合材料应用于功能涂层、黏合剂和电子材料中。

表4.2　通过溶胶－凝胶法实现商业化生产的聚合物纳米复合材料

公司	结构	制备方法	应用例子	注释
JSR公司	①陶瓷类（侧链修饰类）烷基三烷氧基硅烷浓缩物 ②聚合物复合材料类二氧化硅/丙烯酸聚合物	①烷基三烷氧基硅烷的溶胶－凝胶反应 ②烷基硅氧烷和具有烷氧基甲硅烷基官能团的丙烯酸聚合物的溶胶－凝胶反应	外部建筑材料的涂层	1993年实现工业化；产品名称“GLASCA”；于1996年荣获日本化学会化学技术奖
荒川化学工业公司	聚氨酯、环氧树脂、聚酰胺酰亚胺、聚酰亚胺/聚烷氧基－聚硅氧烷浓缩物	聚合物与包含功能官能团的烷氧基聚硅氧烷的低聚物的溶胶－凝胶反应	黏合剂，功能涂层，电子材料	2000年实现工业化；产品名称“COMPOC-ERAN”
汉斯化学集团	环氧树脂等/二氧化硅纳米填料（质量分数少于50%）	通过钠－硅酸盐水溶液的溶胶－凝胶反应在聚合物中合成二氧化硅纳米填料	电气和电子材料	2001年实现工业化

参考文献

[1] Nagakura, S., Iguchi, H., Esawa, H., et al.（1999）. *Iwanami Physics and Chemistry Dictionary*, 5th ed.（Iwanami Shoten, Japan）（in Japanese）.

[2] Investigating R&D Committee on Technology and Application of Polymer Nanocomposites as Dielectric and Electrical Insulation （2006）. *Technology and Application of Polymer Nanocomposites as Dielectric and Electrical Insulation*, Technical Report of IEEJ, No. 1051, p. 13 （in Japanese）.

[3] Fukuda, T., Fujiwara, T., Fujita, H., et al.（2005）. Characteristics of Organic/Inorganic Nano-Hybrid Prepared by Site-Selectively Molecular Hybrid Method, *Seikei-Kakou*, 17（2）, pp. 109-205（in Japanese）.

[4] Okamoto, T., Imasato, F., Shindo, T., et al. （2006）. Electrical Insulating and Heat Resistive Properties of TEOS-PDMS Hybrid Materials, *Proceedings of the 37th Symposium of the Electric and Electronic Insulating Material System*, pp. 117-120 （in Japanese）.

[5] Nakamura, S., Imasato, F., Kanamori, A., et al. （2007）. Influence of Gelation Conditions on Mechanical and Heat Resistive Properties of PDMS-TEOS hybrid material, *2007 National Convention Record IEEJ*, 2（2-015）, p. 16 （in Japanese）.

［6］Takeuchi, K., Terano, M., Taniike, T. （2014）. Sol-Gel Synthesis of Nano-Sized Silica in Confined Amorphous Space of Polypropylene: Impact of Nano-Level Structures of Silica on Physical Properties of Resultant Nanocomposites, *Polymer*, 55, pp. 1940-1947.

［7］Zhang, M. Y., Niu, Y., Chen, A. Y., et al. （2007）. Study on Mechanical and Corona-Resistance Property of Polyimide/Silica Hybrid Films, *Proceedings of the International Conference on Solid Dielectrics*, pp. 353-356.

［8］Liu, L., Weng, L., Zhu, X., et al. （2009）. The Effect of SiO_2/Al_2O_3 Weight Ratio on the Morphological and Properties of Polyimide/SiO_2-Al_2O_3 ternary hybrid films, *Proceedings of the 9th International Conference on Properties and Applications of Dielectric Materials*, pp. 777-780.

［9］Shindo, T., Hishida, M., Sugiura, M., et al. （2004）. Electrical Properties of Organic-Inorganic Hybrid Films Prepared by Sol-Gel Method （Ⅲ）, *2004 National Convention Record IEEJ*, 2（2-082）, p. 91 （in Japanese）.

［10］Chujo, K. （2003）. Recent Situation of Polymer Nanocomposites Prepared by the Sol-Gel Method. *Plastics*, 54（2）, pp. 71-78 （in Japanese）.

4.2 类球形填料的分散技术（热塑性和热固性树脂）

聚合物大致分为热塑性树脂和热固性树脂两种，热塑性树脂在高温下发生熔融，而热固性树脂由于经过固化而不在高温下熔融。聚合物纳米复合材料是添加纳米尺寸的无机材料制成的各种聚合物，这些无机化合物（如金属氧化物）填料是类球形的。聚合物纳米复合材料是兼具有机化合物和无机化合物特性的新型材料，未来可能会在各个领域得到应用。聚合物纳米复合材料的研究正在广泛进行，本节将介绍类球形纳米填料添加到聚合物中制备聚合物纳米复合材料的方法。

4.2.1 所用的类球形纳米填料是超精细的

类球形填料包括直径为 1 ～ 100nm 的细小无机颗粒，这些颗粒由金属氧化物、氮化物和碳化物等构成，典型的例子有二氧化硅（SiO_2）、二氧化钛（TiO_2）、氧化锆（ZrO_2）、氧化铝（Al_2O_3）、勃姆石（AlOOH）、钛酸钡（$BaTiO_3$）、氮化硼（BN）、碳化硅（SiC）和氧化镁（MgO）等。

过去，采用固相法制备颗粒状填料，其中颗粒状材料是被粉碎的，但这种颗粒状填料的颗粒直径超过 100nm。随着研究的进展，可以通过液相法合成直径小于 100nm 的纳米填料，这是将纳米尺寸颗粒制成溶液状态，通过冷却高温蒸气或利用气相反应法来制成的。

4.2.2　各种树脂用于制备聚合物纳米复合材料

热塑性树脂和热固性树脂（或非热固性树脂）用作聚合物纳米复合材料的基体树脂。基体热塑性树脂包括聚乙烯（PE）、聚丙烯（PP）、聚酰胺（PA）、乙烯－乙酸乙烯酯（EVA）等，基体热固性树脂（或非热固性树脂）包括环氧树脂（EP）、交联聚乙烯（XLPE）、硅橡胶（SR）、聚酯酰亚胺（PEI）、聚酰胺酰亚胺（PAI）、聚酰亚胺（PI）等。尤其是环氧树脂（EP）在许多情况下用作基体聚合物。

4.2.3　通过分散类球形纳米填料到聚合物中制备聚合物纳米复合物

可以通过将纳米填料（纳米级类球形颗粒的填料）分散到聚合物中直接制得聚合物纳米复合材料。然而，聚合物和颗粒状纳米填料混合后会因填料颗粒之间的内聚而引起强烈的团聚，从而导致分散状态不佳。因此，为了增加纳米颗粒和聚合物之间的亲和力，并避免纳米颗粒之间的团聚，纳米颗粒的表面常通过硅烷偶联剂和表面处理剂进行改性。

在许多情况下，为了分散填料必须机械地提供高剪切力。可以使用的各种分散装置，如高压均化器、超声波均质器、行星式搅拌装置和双轴螺杆挤出机。

以下小节给出了用于制备聚合物纳米复合材料的方法的实例。

1．*在热塑性树脂中分散类球形纳米填料*

使用干燥法（火焰水解）制备粒径为12nm的亲水性气相SiO_2，然后将亲水性气相SiO_2分散到环氧树脂中，图4.8给出了环氧树脂/SiO_2纳米复合材料的扫描电子显微镜SEM照片，其中SiO_2填料颗粒是均匀分散的直径小于20nm的颗粒[1]。

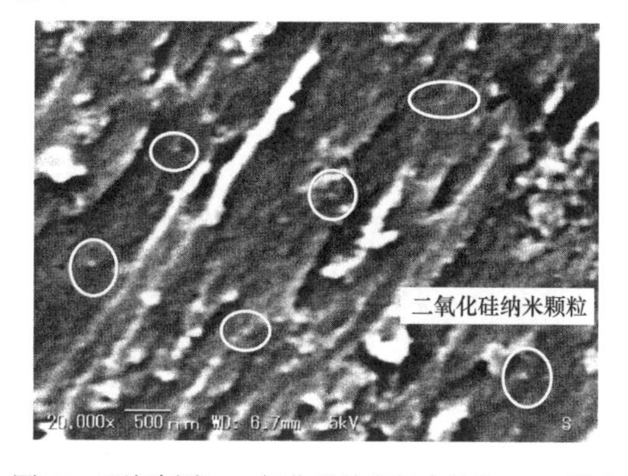

图4.8　环氧树脂/二氧化硅纳米复合物的SEM照片

比较两种环氧树脂/SiO_2复合材料分散体：一种是分散体是粒径为12nm的SiO_2填料的纳米复合物；另一种是分散体是粒径为1.6μm的SiO_2填料的微米复合物。其中纳米填料使用图4.9所述流程制备[2]，环氧树脂/SiO_2纳米复合物的SEM照片如图4.10所示。在微米复合物中，SiO_2粒径为μm级，膜厚为1mm时不透明；在纳米复合物中，二氧化硅颗粒直径为20～80nm的范围，膜是透明的，且分散性良好。

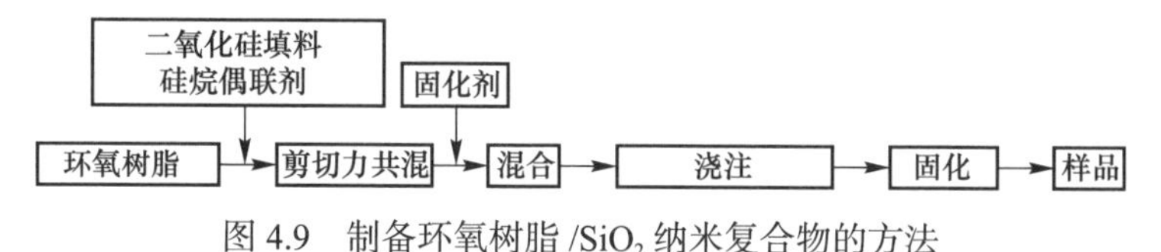

图4.9　制备环氧树脂/SiO_2纳米复合物的方法

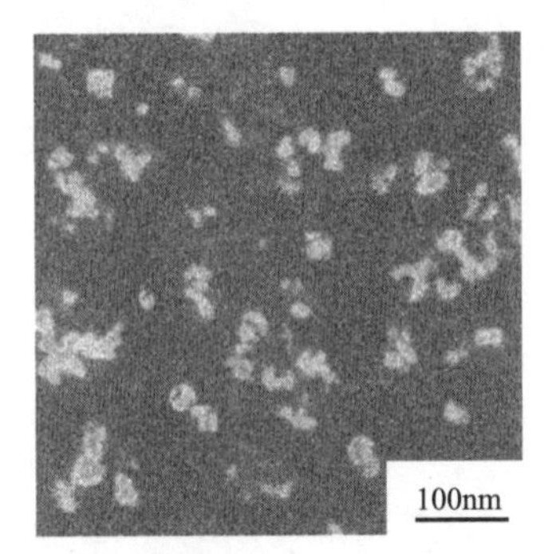

（a）纳米复合材料

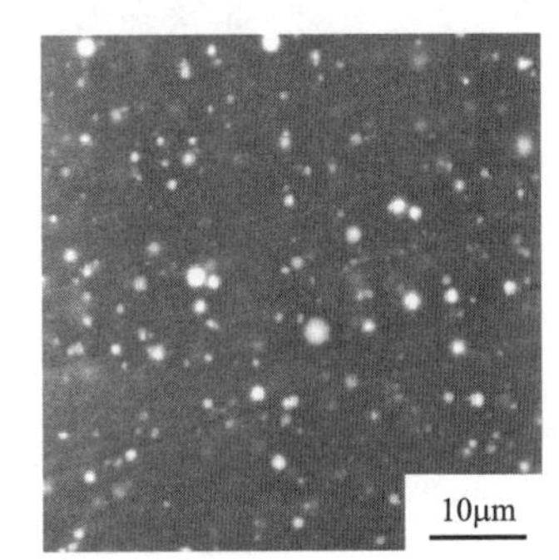

（b）微米复合材料

图 4.10　环氧树脂 /SiO_2 纳米复合材料和微米复合材料的 SEM 照片

2．在热固性树脂中分散类球形纳米填料

本小节描述了一种分散在热塑性树脂中的类球形纳米填料的纳米复合材料，是将 5 份氧化镁均匀分散在百份低密度聚乙烯（LDPE）中的一种聚合物纳米复合材料。复合材料的透射电子显微镜 TEM 照片如图 4.11 所示，表明是粒径小于 200nm 的 MgO 纳米填料均匀分散在 LDPE 中[3]。

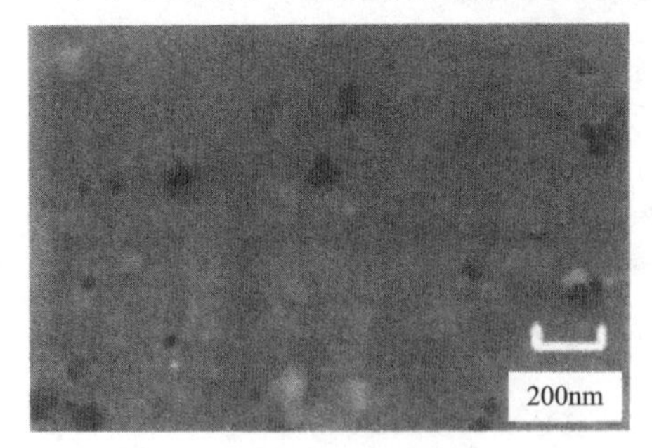

图 4.11　MgO/LDPE 纳米复合材料的 TEM 照片

3．通过二氧化硅胶体制备聚合物纳米复合材料

通常，将聚合物和类球形纳米填料混合来制备聚合物纳米复合材料。这里提出了一种利用胶体二氧化硅制备聚合物纳米复合材料的新方法，将平均粒径为 20nm 的硅溶胶混合到聚酯酰亚胺或聚酰胺酰亚胺中，并在相对较弱的搅拌下分散。

使用常用的直接分散方法，纳米颗粒会产生内聚力，并且颗粒形成微米（μm）尺度的团聚物，如图 4.12 的 TEM 照片所示[4, 5]，由胶体二氧化硅制备纳米复合材料制成的聚合物纳米复合材料不会形成团聚。由此方法，可以获得用于漆包线的绝缘膜。

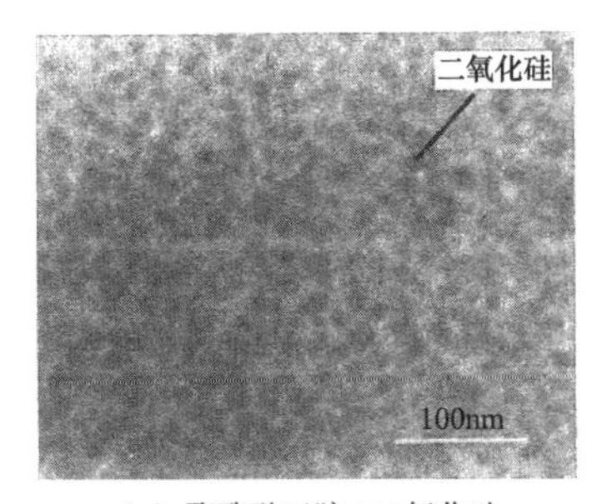

(a) 聚酯酰亚胺 / 二氧化硅

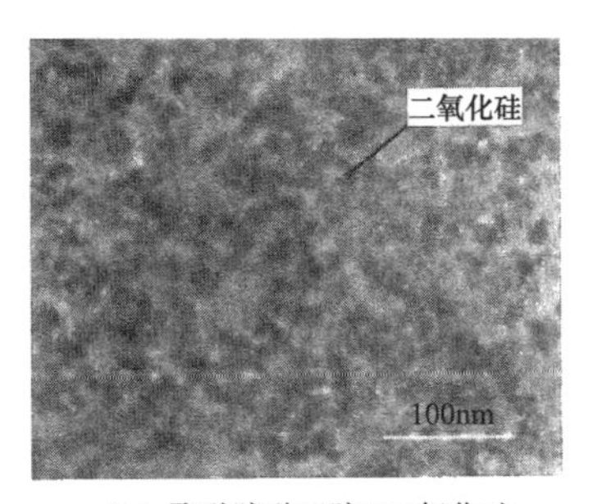

(b) 聚酰胺酰亚胺 / 二氧化硅

图 4.12 由胶体制成的聚合物纳米复合材料的 TEM 照片

4. 通过超声波和离心力分散纳米颗粒

近年来，超声波和离心力技术被用作一种新型纳米颗粒分散技术，如图 4.13 所示[6]。这种方法可以降低颗粒在材料中的团聚，制备出性能优异的材料。

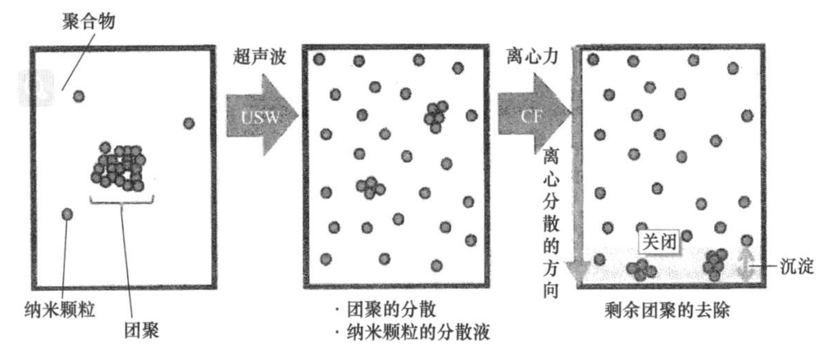

图 4.13 经过超声波（USW）和离心力（CF）处理的氧化铝颗粒 / 环氧材料分散效果示意图

利用超声波打破纳米颗粒之间的团聚，并且通过离心技术可以除去绝大多数剩余的团聚，从而获得优异的分散性。聚合物纳米复合材料的 SEM 照片如图 4.14 所示[6]，其基体树脂是环氧树脂，填料是平均直径为 31nm 的球形氧化铝颗粒，最大团聚颗粒直径为 180nm。

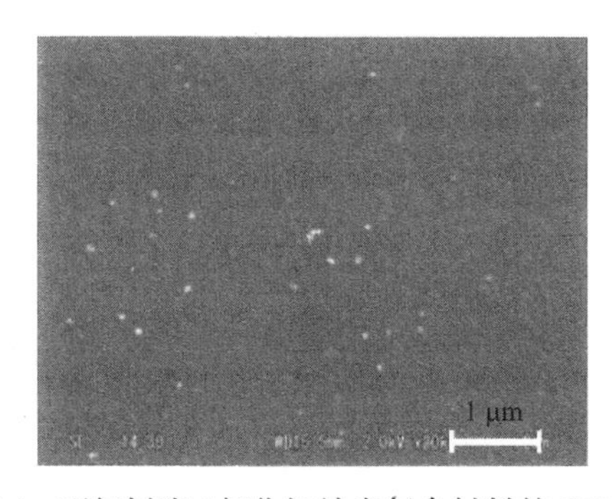

图 4.14 环氧树脂 / 氧化铝纳米复合材料的 SEM 照片

4.2.4　纳米填料粒径的控制是制备性能优异的纳米复合材料的关键

在使用小直径颗粒的纳米填料时，会发生团聚，这可能导致材料性能的大幅度降低。由于类球形纳米填料颗粒之间有非常强的内聚力，需要控制和抑制这种团聚。

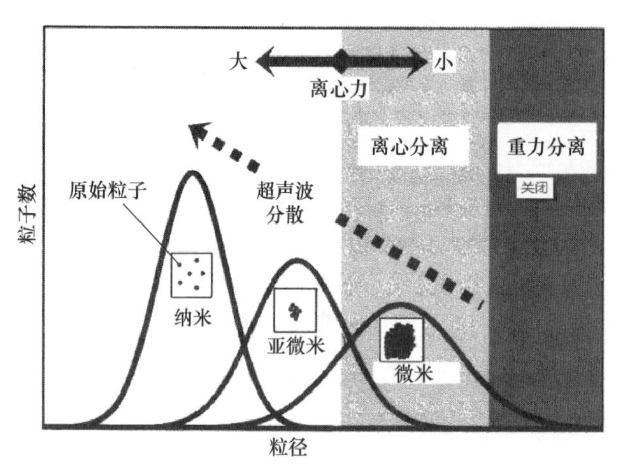

图 4.15　使用超声波和离心力改善分散性的图示

图 4.15 介绍了通过超声波和离心力的方法改善了分散性[7]。在以前的方法中，由于存在团聚，分布的颗粒尺寸在微米级。然而，当使用超声波和离心力作为分散方法时，粒度分布向较小的尺寸移动，并且粒径与初级纳米颗粒的直径相似。粒度分布的差异对性能有很大的影响，因此控制粒径大小对获得稳定的材料特性非常重要。

参 考 文 献

[1] Iizuka, T., Uchida, K., Tanaka, T. （2009）. Voltage Endurance Characteristics of Epoxy/Silica Nanocomposites, *IEEJ Trans. Fundamentals Mater.*, 129（3）, pp. 123-127 （in Japanese）.

[2] Imai, T., Sawa, F., Ozaki, T., et al.（2006）. Effects of Epoxy/Filler Interface on Properties of Nano- or Micro-composites, *IEEJ Trans. Fundamentals Mater.*, 126（2）, pp. 84-91.

[3] Okuzumi, S., Masuda, S., Yoshinobu, M., et al.（2007）. *Electrical Breakdown Characteristic of MgO/LDPE Nanocomposite*, IEEJ, the 38th symposium on electrical and electronic insulating materials and applications in systems, F-3, pp. 141-146 （in Japanese）.

[4] Kikuchi, H., Asano, K. （2006）. Development of Organic/Inorganic Nano-composite Enameled Wire, *IEEJ Trans. Power Energy*, 126（4）, pp. 460-465 （in Japanese）.

[5] Kikuchi, H., Hanawa, H., Honda, Y. （2012）. Development of Polyamide-imide/Silica Nanocomposite Enameled Wire, *IEEJ Trans. Fundamentals Mater.*, 132（3）, pp. 263-269 （in Japanese）.

[6] Kurimoto, M., Watanabe, H., Hayakawa, N., et al. （2009）. Dispersibility and Dielectric Characteristics of Epoxy/ Alumina Nanocomposite with Ultrasonic Wave and Centrifugal Force, *Proc. Tokai-Section Joint Conference on Electrical, Electronics, Information and Related Engineering*, pp. 0-409 （in Japanese）.

[7] Kurimoto, M., Watanabe, H., Kato, K., et al. （2008）. Dielectric Properties of Epoxy/Alumina Nanocomposite Influenced by Particle Dispersibility, *Annual Report, IEEE CEIDP*, No. 8-1, pp. 706-709.

4.3　层状结构填料的反应共混方法

具有层状结构的填料通常被称为“黏土”。这种“黏土”和红土网球场中的黏土是一样的，而且黏土是世界上第一个被使用在纳米复合材料中的。为什么黏土会用来制备纳米复合材料呢？因为黏土具有层状结构且层之间包含有金属离子，这些离子可以交换成与聚合物有亲和力的有机化合物，这种特性对于制备纳米复合材料至关重要。

4.3.1　层状结构填料的单层厚度是 1nm

黏土是一种水合铝硅酸盐，由角隅为 SiO_4 四面体片和 $Al(OH)_6$ 八面体片的三维层状材料组成。它们被划分为四种典型的类别：蒙脱土类、高岭土类、绿泥石类和伊利石类，尤其是蒙脱土类（包含蒙脱石、绿脱石和皂石等）适合用于黏土纳米复合材料的增强。一种黏土（蒙脱土）的结构如图 4.16 所示[1]，它是由硅酸盐层状结构单元组成：长 100nm、宽 100nm、厚 1nm，该层状结构由 SiO_4 四面体片和 $Al(OH)_6$ 八面体片以四面体片 / 八面体片 / 四面体片的顺序叠加构成，这种黏土（蒙脱土）的性能见表 4.3[2]。

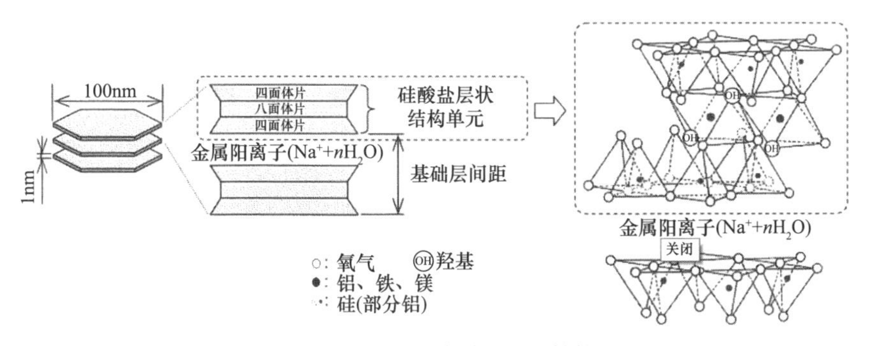

图 4.16　黏土（蒙脱土）的结构

表 4.3　黏土（蒙脱土）的性能

性能	单位	数值
膨胀	l/g	32.5×10^{-3}
pH 值（2% 水分散体）	—	10.2
电导率	S/m	675×10^{-3}
黏度（4% 水分散体）	Pa · s	280×10^{-3}
可见光透射率（1% 水分散体）	%	1
颗粒直径	nm	100 ～ 200
比表面积（N_2,BET）	m^2/kg	20×10^{-3}
（亚甲基蓝）吸收量	mol/kg	1.30
阳离子交换量	mol/kg	1.086

续表

性能		单位	数值
阳离子沉淀量	Na^+	mol/kg	1.141
	K^+	mol/kg	2.8×10^{-2}
	Mg^{2+}	mol/kg	3.4×10^{-2}
	Ca^{2+}	mol/kg	18.2×10^{-2}
化学成分	SiO_2	%	64.4
	Al_2O_3	%	25.9
	Fe_2O_3	%	3.5
	MgO	%	2.4
	CaO	%	0.7
	Na_2O	%	2.3
	K_2O	%	0.1

4.3.2　有机化合物可以被带入到相邻层之间

在这种黏土中，用 Al^{3+} 离子替换四面体片中的 Si^{4+} 离子，或者用二价金属离子替换八面体片中的三价金属离子，以产生一个负电荷。存在于硅酸盐层之间的阳离子（如钠离子）正好抵消掉了上述的负电荷，这种结构赋予黏土的阳离子交换能力。黏土的该特性用阳离子交换量（CEC）来表示，通常具有大约 1mol/kg 的阳离子交换量的黏土适合用于制备黏土纳米聚合材料。如表 4.3 所示，蒙脱土的 CEC=1.086mol/kg。

阳离子交换反应使黏土可以通过有机改性剂（例如烷基胺离子）进行硅酸盐层之间的有机改性。图 4.17 给出了烷基胺离子交换金属离子（钠离子）对黏土进行有机改性的原理，这种有机改性的过程叫作“插层”。由于层之间金属离子的存在，原始的黏土表现为亲水性且与聚合物的相容性差，因此为了能够在聚合物中均匀分散，必须对黏土进行有机改性。层与层之间烷基胺离子的存在能够使黏土具有疏水性，从而与聚合物有很好的相容性。

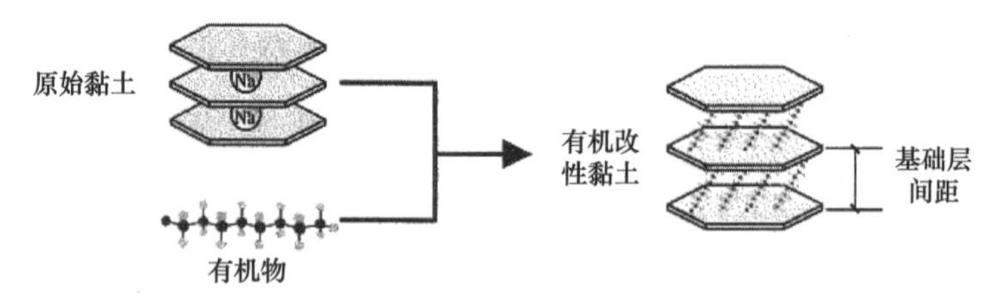

图 4.17　黏土的有机改性

烷基胺离子是改性黏土最常用的离子，表 4.4 总结了典型的烷基胺离子，其中季烷基胺离子特别适合作为纳米复合材料中黏土的改性剂，一些用季烷基胺离子改性的黏土已经被黏土制造商实现了商业化。

表 4.4　黏土的有机改性剂

有机改性剂		例子
伯烷基铵离子	$H_2N^+—R$ （R：烷基官能团）	$H_2N+—(CH_2)_{n-1}—CH_3$（n=8,11,12,18 etc.） $H_2N+—(CH_2)_{n-1}—COOH$（n=8,11,12,18 etc.）
叔烷基铵离子	R_1 | $HN^+—R_2$ | R_3 （R：烷基官能团）	CH_3 　　　　　　　　　CH_3 | 　　　　　　　　　　| $HN^+—(CH_2)_{11}—CH_3HN^+—(CH_2)_{17}—CH_3$ | 　　　　　　　　　　| CH_3 　　　　　　　　　CH_3
季烷基铵离子	R_1 | $R_4—N^+—R_2$ | R_3 （R：烷基官能团）	CH_3 | $CH_3—N^+—(CH_2)_{17}—CH_3$ | $(CH_2)_{15}—CH_3$ $(CH_2)_7—CH_3$ | $CH_3—N^+—(CH_2)_7—CH_3$ | $(CH_2)_7—CH_3$ T 　　　　　　$(CH_2)_2—OH$ | 　　　　　　　| $CH_3—N^+—T$　$CH_3—N^+—T$ | 　　　　　　　| CH_3 　　　　　$(CH_2)_2—OH$ CH_3 | $CH_3—N^+—CH_2—$（苯环） | HT （T：脂，HT：氢化脂）

X 射线衍射（XRD）和热重分析（TGA）提供了黏土有机改性的测试数据。XRD 测试了黏土中硅酸盐层之间的距离，该距离被称为基础层间距（d_{001} 间距），黏土改性前后基底层间距的差异比较如图 4.18（a）所示，改性后的黏土比原始黏土具有更大的基础层间距，这是由于在层之间烷基胺离子替代了钠离子造成的。同时，黏土改性前后的热失重曲线对比如图 4.18（b）所示，改性后黏土的热失重比改性前的大，这是由于加热导致有机改性剂的含量减少造成的，因此可以通过 TGA 中热失重的差异来估算有机改性剂的比率。

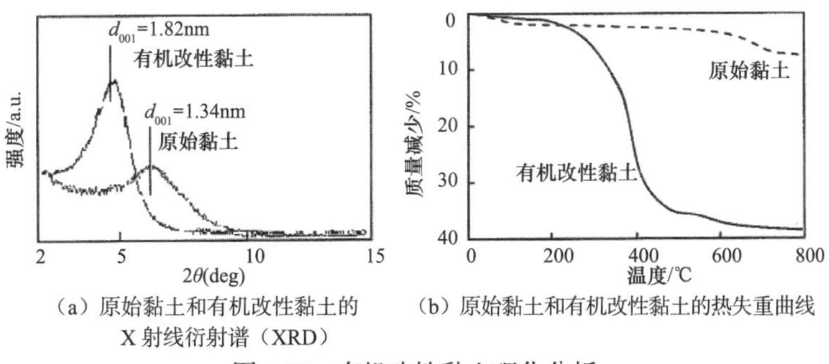

（a）原始黏土和有机改性黏土的 X 射线衍射谱（XRD）　（b）原始黏土和有机改性黏土的热失重曲线

图 4.18　有机改性黏土理化分析

4.3.3 层状结构填料的剥离和分散

1987 年，人们利用原位聚合技术制备出了第一个黏土纳米复合材料[3]。聚酰胺基黏土纳米复合材料的制备方法如图 4.19 所示[4]。第一步，原始黏土通过在酸性溶液中与 12- 氨基十二烷酸（$H_2N—(C_{11}H_{11})—COOH$）进行阳离子交换反应实现有机改性；第二步，将通过改性的黏土和 ε- 己内酰胺（熔点 70℃）进行熔融共混使 ε- 己内酰胺插入黏土层；第三步，将 ε- 己内酰胺在 250℃进行开环聚合反应，随着聚合反应的进行，黏土的基底层间距不断增大，最终制备出层状黏土得到有效分散的聚酰胺基黏土纳米复合材料。

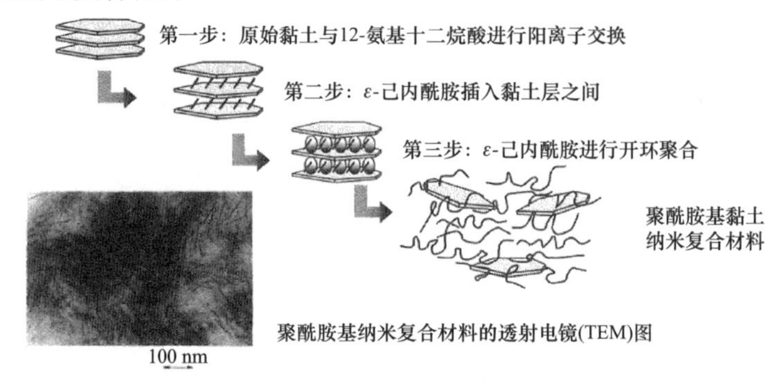

图 4.19 聚酰胺基黏土纳米复合材料的制备方法

用同样的方法可制备出环氧基黏土纳米复合材料。将二甲脂烷基铵离子（参见表 4.4）改性的黏土分散在丙酮溶液中，然后将该黏土 / 丙酮的混合物与环氧树脂进行共混，再用真空加热的方式去除丙酮；之后用聚胺固化剂对含有黏土的环氧树脂进行固化，最终得到环氧基纳米复合材料。图 4.20 给出了在纳米复合材料中完全剥离的黏土 TEM 图[5]。此外，用聚苯乙烯、聚丙烯、聚乳酸树脂或丙烯酸树脂为基底树脂，制备出含有完全剥离黏土的纳米复合材料[6-9]

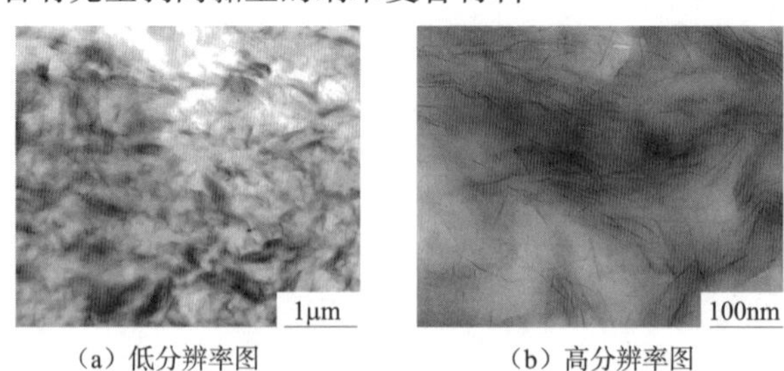

（a）低分辨率图 （b）高分辨率图

图 4.20 在环氧基纳米复合材料中完全剥离的黏土的 TEM 图

4.3.4 纳米填料的分散状态受到多种因素影响

在纳米复合材料的制备过程中，影响黏土剥离和分散的因素很多，涉及材料和剥离方法等，表 4.5 总结了其中主要的因素。在制备黏土纳米复合材料时仔细地考虑这些因素是非常重要的，因为充分的剥离和均匀的分散能够提高纳米聚合材料的性能。目前黏土纳米复合材料有两种制备方法：聚合法和熔融共混法，如图 4.21 所示。

表 4.5　影响黏土剥离和分散效果的主要因素

类别		主要因素
材料	单体	化学结构等
	聚合物	化学结构
		分子量
		极性
		官能团等
	黏土	形状
		尺寸
		长径比
		阳离子交换量
		纯度等
材料	有机改性剂（烷基铵离子）	烷基铵离子种类（伯、叔和季）
		烷基链的长度和分支
		黏土中有机改性剂的比率（Na^+ 残留率）等
	溶胀剂	极性
		溶解参数
剥离方法	聚合法	聚合催化剂
		固化剂种类
	熔融共混法	混合设备
		混合时间
		混合温度等

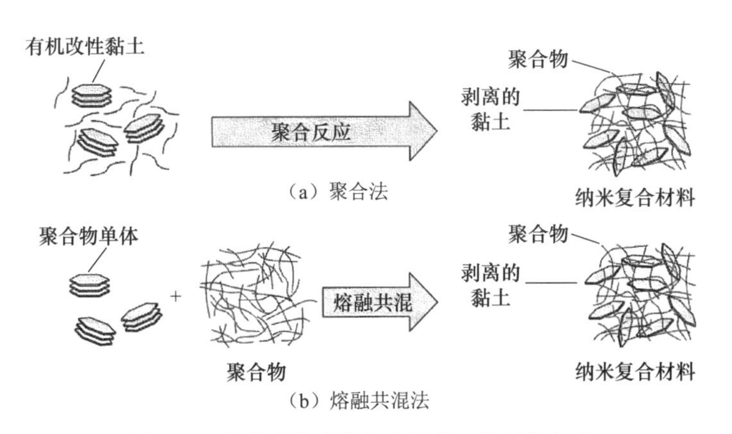

图 4.21　在聚合物中有机改性黏土的剥离方法

对于聚酰胺基黏土纳米复合材料，采用聚合法是将有机改性的黏土分散在聚合物单体中，然后通过聚合得到黏土纳米复合材料，这里聚合反应成为剥离黏土的驱动力。采用熔融共混法是通过将有机改性黏土和熔融聚合物共混获得黏土纳米复合材料，通过机械剪切力共混可以促进黏土的分散或剥离。

通常聚合法需要在化工厂聚合用的有机改性黏土分散的聚合物单体，而熔融共混法的优势是可以使用热塑性树脂相对容易地制备黏土纳米复合材料，然而在熔融共混法中要使黏土完全剥离相对更加困难。通过这些方法制备的聚酰胺基黏土纳米复合材料的力学性能和耐热性见表 4.6 [2]，该表表明相较于熔融共混法，通过聚合法制备的聚酰胺基黏土纳米复合材料具有更加优异的弯曲强度、弯曲模量和热变形温度（HDT），这些结果是由聚酰胺中黏土剥离程度的差异造成的。

表 4.6　聚合法和熔融共混法制备聚酰胺基黏土纳米复合材料的比较

性能	单位	聚胺 [a]（PA6）	PA6/ 黏土纳米复合材料	
			聚合方法	熔融共混法
黏土含量（质量分数）（Nanomer1.24TC [b]）	%	0	5.5	5.5
挠曲强度	MPa	97.5	143.3	124.3
挠曲模量	MPa	2420	4247	3740
热畸变温度（HDT,264psi）	℃	59.8	131.9	116.4

a　Capron 8202 35FAV 由 Allied Sigma 公司生产。
b　有机改性黏土由 Nanocor 公司生产。

此外，人们还研究了胺类固化剂的种类、环氧树脂与有机改性黏土的混合时间等对环氧基纳米复合材料中黏土剥离性能的影响。

固化剂的反应性对纳米复合材料结构的影响如图 4.22（a）所示，在使用十八烷基铵离子（$H_2N^+—(CH_2)_{17}—CH_3$）有机改性黏土的纳米复合材料中，每个基础层间距都由固化剂的种类决定。使用 PACM 固化的黏土纳米复合材料的衍射峰显示基础层间距为 3.7nm，而使用 DDDHM 固化后基础层间距扩大到 4.0nm。这表明用 DDHM 固化的纳米复合材料比用 PACM 固化的纳米复合材料有更多的黏土剥落。

环氧树脂与黏土的混合时间对纳米复合材料结构的影响如图 4.22（b）所示。将环氧树脂与十八烷基铵离子改性的黏土分别进行 6h、12h、18h 和 24h 的混合，每次混合后使用聚醚二胺（Jeffamine D230）进行固化。对纳米复合材料进行广角 X 射线衍射谱测试表明，随着混合时间的增加，黏土的基层间距由 2.1nm 扩大到了 3.4nm。经 24h 混合后，黏土层状结构的衍射峰从纳米复合材料中消失了，这表明该纳米复合材料含有完全剥离的黏土。

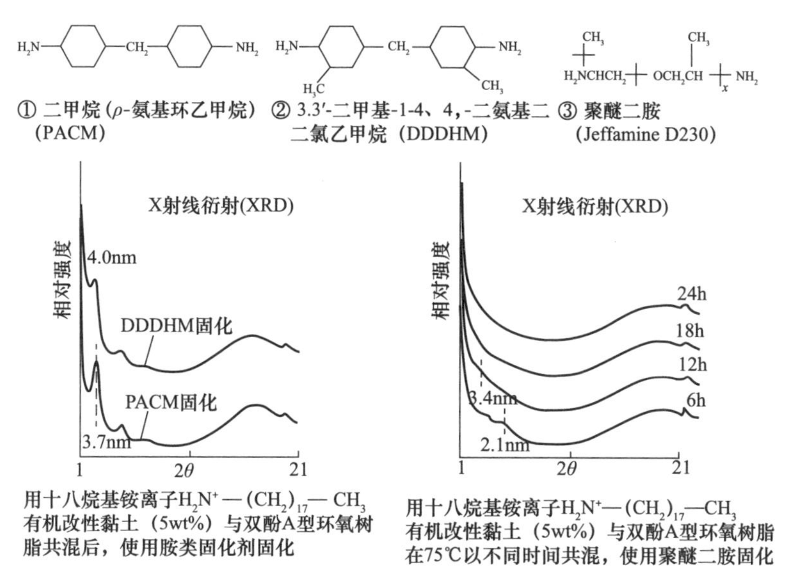

图 4.22　胺类固化剂的种类、环氧树脂和黏土混合时间对环氧基纳米复合材料中黏土剥离料性能的影响[10]

4.3.5　已开发的各种均匀分散技术

黏土的剥离和分散方法正在不断改进。在此简要介绍四种具体的剥离和分散方法。

1．有机溶剂膨胀黏土分散法

使用膨胀黏土和固化促进剂分散黏土的方法如图 4.23 所示。有机改性黏土具有膨胀的特性，一种极性机溶剂［如 *N,N*- 二甲基乙酰胺（DMAc）］被插入黏土的夹层以扩大黏土的基础层间距[11]。

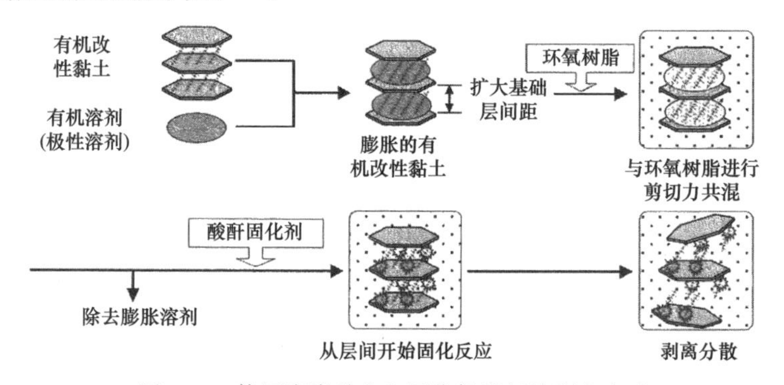

图 4.23　使用膨胀黏土和固化促进剂的剥离方法

通常环氧树脂与酸酐固化剂之间的固化反应是比较慢的，常使用促进剂来加速该过程。叔胺离子作为一种促进剂被插入黏土层，将通过叔胺离子改性的黏土分散到环氧树脂中，然后在固化剂作用下固化得到黏土纳米复合材料。在该体系中，固化反应从存在促进剂的黏土层之间开始，因此环氧树脂的交联从黏土层的内部开始形成，黏土层间固化反应的开始促进了黏土的剥落。

2．外施交流电压分散黏土法

外施交流电压剥离黏土的方法如图 4.24 所示[12]。用质量分数为 1% 的二甲基苄基氢化脂季铵离子改性的黏土分散到环氧树脂中，在相距 40mm 的平行电极上施加交流电促进黏土的剥离。随着外施电流的迅速增加，在过程②中发生黏土的剥离，在过程③中剥离的黏土分散到环氧树脂中。

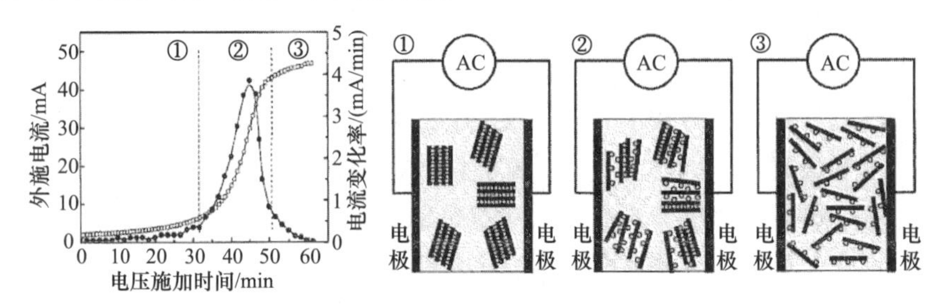

图 4.24　使用外施交流电压分散黏土法

3．固相高剪切力混炼分散黏土法

使用固相高剪切力混炼分散黏土的方法如图 4.25 所示[13]。在混合过程中逐渐增加剪切速率，由于聚合物黏度不断下降，含黏土的聚合物表现出了非牛顿流体的特性，因此通过挤压机在固相进行高剪切力混炼能够有效地均匀分散黏土。

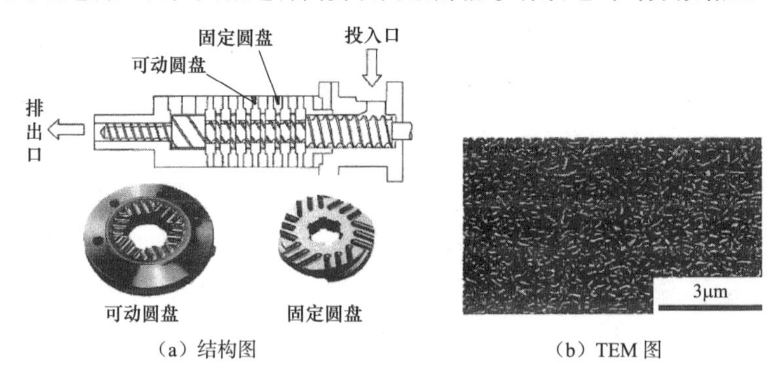

（a）结构图　（b）TEM 图

图 4.25　使用固相高剪切力混合的方法

含有质量分数为 4% 的有机改性黏土的固态酚醛（M_n=1600，M_W=7400）在挤压机中进行高剪切力混合，通过挤压机进行四轮混炼能够均匀地分散黏土，再加入固化剂固化即可获得黏土 / 酚醛树脂纳米复合材料。

4．未有机改性黏土的分散方法

未有机改性黏土的分散方法如图 4.26 所示[14]。通常黏土的有机改性被认为是纳米复合材料制备的必要过程，然而现在已经开发出一种使用未改性黏土的低成本分散方法。

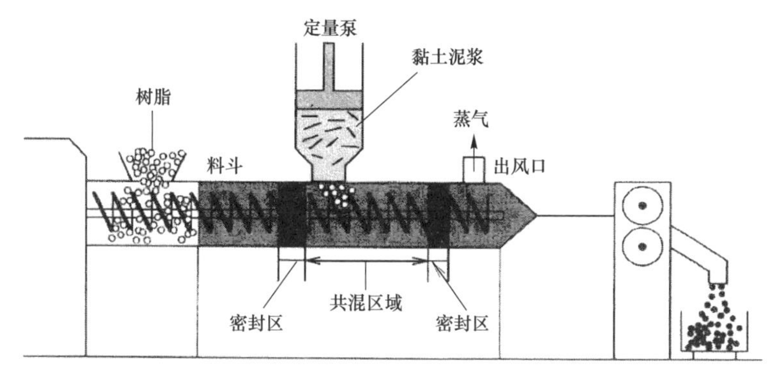

图 4.26　使用未改性黏土的分散方法

采用水泥浆技术将未改性的黏土分散在聚酰胺中。聚酰胺树脂从挤出机的料斗进料，黏土泥浆从定量泵中注入，在混合过程中黏土进行了剥离，蒸气从挤出机的末端出风口排出，黏土 / 聚酰胺纳米复合材料最终被加工成球状，这种未改性黏土的纳米复合材料性能不如有机改性黏土的纳米复合材料，但从工业化制造的角度来说，这种黏土未经有机改性的制备方法似乎是一种创新的方法。

如上所述，本节介绍了层状填料（黏土）的特性和黏土纳米复合材料的制备方法。通过阳离子交换反应（插层）实现黏土的有机改性从而均匀分散黏土是最重要的纳米复合材料制备方法之一。

参考文献

[1] Imai, T., Sawa, F., Ozaki, T., et al. （2004）. Partial Discharge Resistance Enhancement of Organic Insulating Materials by Nano-Size Particle Dispersion Technique, *IEEJ Paper of Technical Meeting on Dielectrics and Electrical Insulation*, No. DEI-04-78, pp. 35-38 （in Japanese）.

[2] Chujo, K., Abe, K.（2001）. *Technological Trend of Polymer Nano-Composites*, CMC Publishing Co., Ltd., p. 17, 46, 48 （in Japanese）.

[3] Fukushima, Y., Inagaki, S. （1987）. Synthesis of an Intercalated Compound of Montmorillonite and 6-Polyamide, *J. Inclusion Phenom.*, 5, pp. 473-482.

[4] Kato, M. （2009）. Engineering Materials, 57（7）, pp. 31-35 （in Japanese）.

[5] Brown, J. M., Curliss, D., Vaia, R. A. （2000）. Thermoset-Layered Silicate Nanocomposites. Quaternary Ammonium Montmorillonite with Primary Diamine Cured Epoxies, *Am. Chem. Soc. Chem. Mater.*, 12（11）, pp. 3376-3384.

[6] Zhu, J., Morgan, A., Lamelas, F., et al. （2001）. Fire Properties of Polystyrene-Clay Nanocomposites, *Am. Chem. Soc. Chem. Mater.*, 13（10）, pp. 3774-3780.

[7] Okamoto, M., Nam, P., Maiti, P., et al. （2001）. Biaxial Flow-Induced Alignment of Silicate Layers in Polypropylene/Clay Nanocomposite Foam, *Am. Chem. Soc. Nano Letters*, 1（9）, pp. 503-505.

[8] Krikorian, V., Pochan, D. （2003）. Poly（L-Lactic Acid）/Layered Silicate Nanocomposite: Fabrication, Characterization and Properties, *Am. Chem. Soc. Chem. Mater.*, 15（22）, pp. 4317-4324.
[9] Yeh, J., Liou, S., Lin C, et al. （2002）. Anticorrosively Enhanced PMMA-Clay Nanocomposite Materials with Quaternary Alkylphosphonium Salt as an Intercalating Agent, *Am. Chem. Soc. Chem. Mater.*, 14（1）, pp. 154-161.
[10] Kornmann, X., Lindberg, H., Berglund, L. A. （2001）. Synthesis of Epoxy-Clay Nanocomposites. Influence of the Nature of the Curing Agent on Structure, *Polymer*, 42, pp. 4493-4499.
[11] Harada, M., Aoki, M., Ochi, M. （2008）. *J. Network Polymer, Japan*, 29（1）, pp. 38-43 （in Japanese）.
[12] Park, J., Lee, J. （2010）. A New Dispersion Method for the Preparation of Polymer/Organoclay Nanocomposite in the Electric Fields, *IEEE Trans. Dielectr. Electr. Insul.*, 17, pp. 1516-1522.
[13] Matsumoto, A., Otsuka, K., Kimura H, et al. （2009）. *Proceedings of the 59th the Network Polymer Symposium Japan*, pp. 233-234 （in Japanese）.
[14] Hasegawa, N., Usuki, A. （2001）. Development of polyamide-clay nanocomposites, *Proceedings of the Annual Meeting of the Japan Society of Polymer Processing,* （*JSPP*）, pp. 153-154 （in Japanese）.

4.4　纳米填料表面改性有助于填料均匀分散

许多研究报道过分散在树脂中的纳米填料（纳米颗粒）改善了树脂性能，但小尺寸的颗粒往往造成二次团聚，这可能会阻碍颗粒在树脂中的分散，反而会导致树脂性能更差。这种影响可以通过纳米颗粒表面的改性来避免，从而可以制造出具有更好特性的纳米复合材料。本节将讨论纳米颗粒的表面修饰及其影响。

4.4.1　表面改性的重要性

纳米颗粒是纳米技术中的基本材料之一，纳米颗粒通常是直径为 0.1μm（100nm）或更小的颗粒。近年来，随着用户对高性能、多功能、小型化设备及电子器件资源节约的需求增长，促使传统绝缘材料的性能得到提高。

近几年人们对纳米颗粒分散在各种树脂基体的纳米复合材料进行了大量的研究，其中力学、电学、热学、光学和化学性能已有广泛报道[1]。

这些性能的改进主要归功于直径非常小的纳米颗粒有非常大的接触表面，或由于树脂基体单位体积内颗粒数较大使空间位阻增大了电子或光子的路径长度。使用直径小于可见光波长（1 ～ 10nm）的纳米颗粒，也可以在不牺牲透明性的前提下改善力学性能。

此外，小的颗粒尺寸意味着高的表面活性，有利于颗粒的二次团聚形成粗块，这导致在纳米颗粒制备和纳米颗粒与树脂的混合中产生严重问题。解决这个问题的一种方法是利用特定有机化合物处理纳米颗粒表面，以防止二次团聚的发生，并提高颗粒表面与树脂的亲和力，使其更容易分散。

经过和未经过硅烷偶联剂处理的层状硅酸盐（黏土）分散在环氧树脂中的透射电子显微镜（TEM）对比图像如图 4.27 所示[2]，经过和未经过硅烷偶联剂处理的二氧化硅在脂环族环氧树脂中分散情况的 TEM 对比图像如图 4.28 所示[2, 3]。很明显，经过处理的黏土和二氧化硅颗粒分散得比未处理的更均匀、团聚体更少。

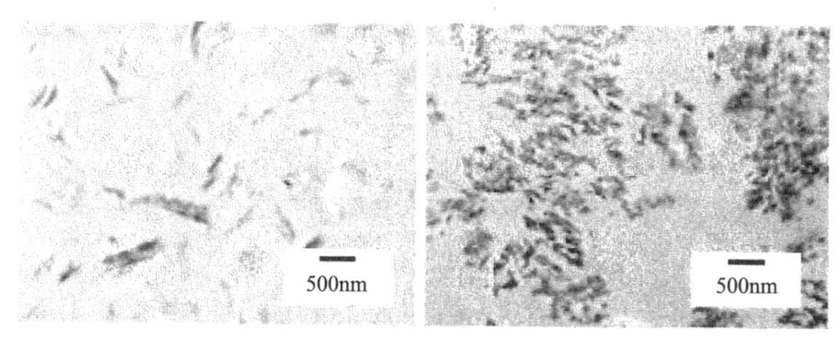

（a）经处理的　　（b）未处理的

图 4.27　黏土 / 环氧树脂复合材料的 TEM 图

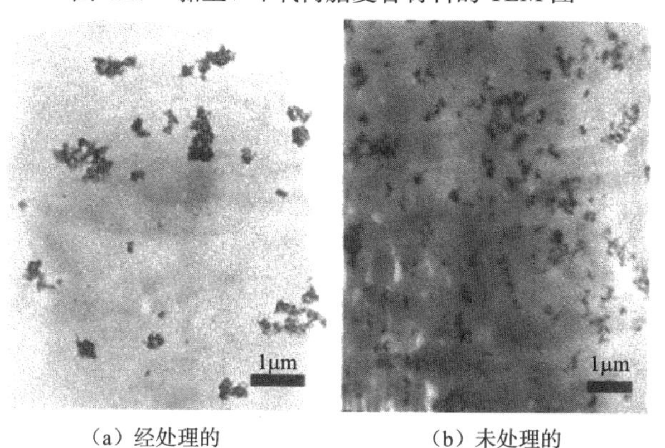

（a）经处理的　　（b）未处理的

图 4.28　纳米复合材料中二氧化硅纳米颗粒分散情况的 TEM 图

因此，纳米颗粒的表面改性是获得具有预期性能纳米复合材料的一项重要技术。

4.4.2　表面改性的几种可行方法

如上所述，表面改性是混合纳米颗粒与树脂时必不可少的，一种常用的表面改性方法是用硅烷偶联剂处理无机颗粒以提高其与树脂的亲和力[3, 4]。

硅烷偶联剂与二氧化硅的反应如图 4.29 所示[3]，通过在二氧化硅表面接枝有机硅烷化合物，可以提高二氧化硅表面有机反应的亲和力。

图 4.30[4] 给出了在 2mm 厚度的交联聚乙烯样品中水树枝长度的韦布尔分布，其中外施交流电压为 5kV、频率为 1.5kHz，样品在室温下经 1 mol/L NaCl 溶液处理 45 天。样品 LDPE-200、LDPE-O、LDPE-D 分别为添加了表面未处理的二氧化硅纳

米颗粒（Aerosil 200）、添加了经辛基三甲氧基硅烷表面处理的 Aerosil 200、添加了经二甲基二氯硅烷表面处理的 Aerosil 200。纳米复合材料中水树枝的生长取决于不同硅烷偶联剂制备的二氧化硅纳米颗粒的表面情况[4]。

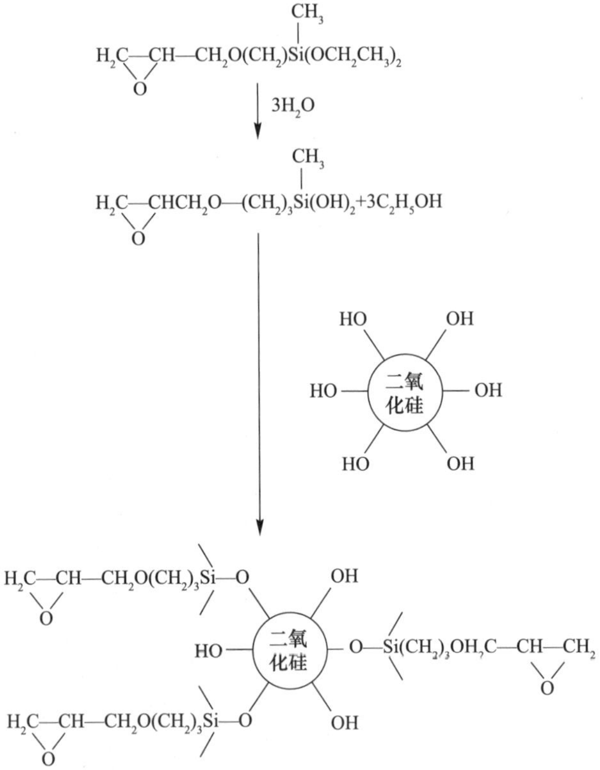

$$\mathrm{H_2C\!\!-\!\!\underset{O}{\diagdown\!\diagup}\!\!-\!\!CH\!-\!CH_2O(CH_2)\overset{CH_3}{\overset{|}{Si}}(OCH_2CH_3)_2}$$

$$\downarrow 3H_2O$$

$$\mathrm{H_2C\!\!-\!\!\underset{O}{\diagdown\!\diagup}\!\!-\!\!CHCH_2O\!-\!(CH_2)_3\overset{CH_3}{\overset{|}{Si}}(OH)_2 + 3C_2H_5OH}$$

（二氧化硅颗粒，表面带 HO、OH 基团）

$$\downarrow$$

二氧化硅颗粒表面：$H_2C—CH—CH_2O(CH_2)_3Si—O$（两处）、$O—Si(CH_2)_3OH_2C—CH—CH_2$、HO、OH、OH

图 4.29　二氧化硅与硅烷反应的示意图

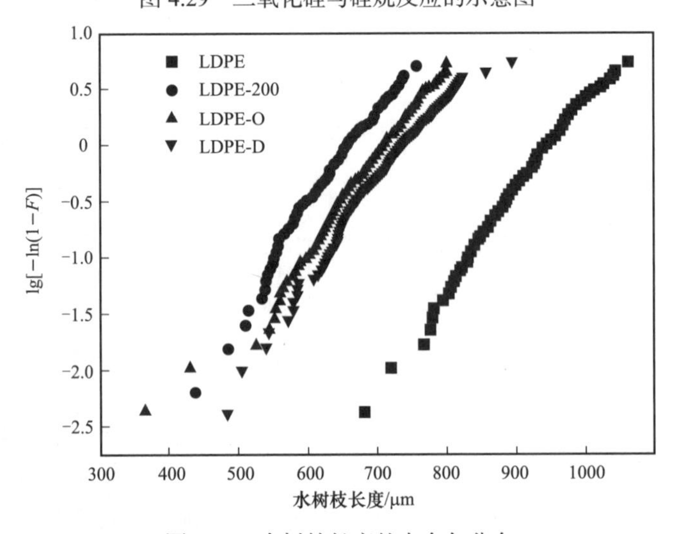

图 4.30　水树枝长度的韦布尔分布

除了硅烷偶联剂以外的其他表面改性剂也有报道，表 4.7 总结了不同纳米颗粒和处理剂组合及其效果。

表 4.7　纳米颗粒处理剂的种类及效果

聚合物	颗粒	处理剂	效果	参考文献
环氧树脂	氮化铝 氮化硼	含多糖亲水基团的 硅烷偶联剂	导热系数 抗水树枝	[5-8]
环氧树脂	碳纳米管 碳化硅	二乙烯三胺硅烷偶联剂	导热系数	[9]
聚偏氟乙烯	碳纳米管	硝酸 / 硫酸	导电性 介电常数	[10]
乙烯－醋酸乙烯 共聚物	黏土	铵盐	空间电荷	[11]

聚丙烯（PP）基纳米复合材料并不总是用经硅烷偶联剂来处理纳米颗粒以获得足够的力学特性，也可以采用在纳米颗粒表面接枝聚丙烯链的方法[12, 13]。

二氧化硅和聚丙烯接枝二氧化硅 / 聚丙烯纳米复合材料的 TEM 对比图如图 4.31 所示[12]，聚丙烯接枝二氧化硅 / 聚丙烯纳米复合材料的力学性能如图 4.32 所示。很显然，在这两种填料的分散性大致相同的情况下，聚丙烯接枝二氧化硅填充的复合材料具有更好的力学性能。

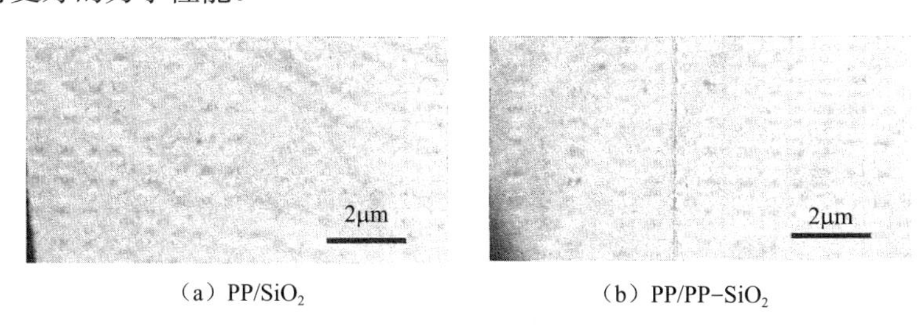

（a）PP/SiO_2　　（b）$PP/PP-SiO_2$

图 4.31　纳米复合材料的 TEM 图

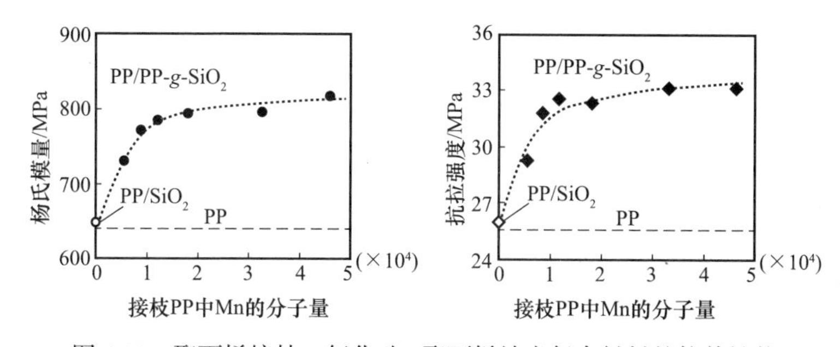

图 4.32　聚丙烯接枝二氧化硅 / 聚丙烯纳米复合材料的拉伸性能

对溶液等离子体（在液体中产生的等离子体）处理的碳纳米球（CNB）的研

究发现，经溶液等离子体处理的直径为 800nm 的 CNB（图 4.33）[14]，可以均匀分散在水中，且具有亲水性（图 4.34），使尼龙 -6 复合材料的力学性能得到改进[14]。

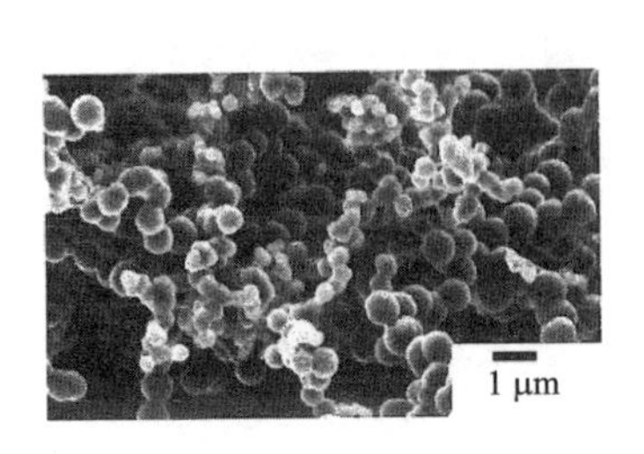

（a）CNB　SEM 图

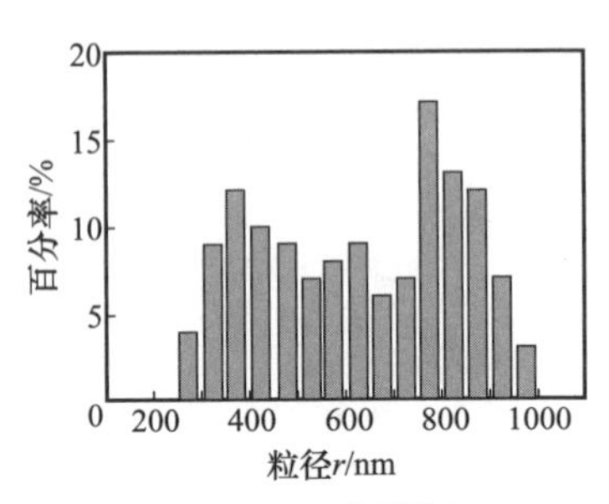

（b）CNB 粒径分布

图 4.33　碳纳米球 SEM 图和粒径分布

（a）改性前

（b）改性后

图 4.34　加入碳纳米球改性前后的溶液的照片

4.4.3　使用纳米填料表面改性大填料颗粒

静电吸附纳米复合材料是一种新型的表面改性技术：通过在聚甲基丙烯酸甲酯颗粒上静电吸附细小的氧化铝颗粒可以制备复合颗粒（图 4.35）[15]。

图 4.35　PMMA- 氧化铝颗粒的 SEM 图

研究者还试图将氧化铝纳米颗粒包覆在导电颗粒上，使之变成具有绝缘性的纳米颗粒[16]。用氧化铝纳米颗粒包覆的球形石墨粉末的 SEM 图像如图 4.36 所示[16]，其中图 4.36（b）是纳米氧化铝包覆石墨的图像，图中清楚地表明氧化铝颗粒均匀、致密地附着在核表面。

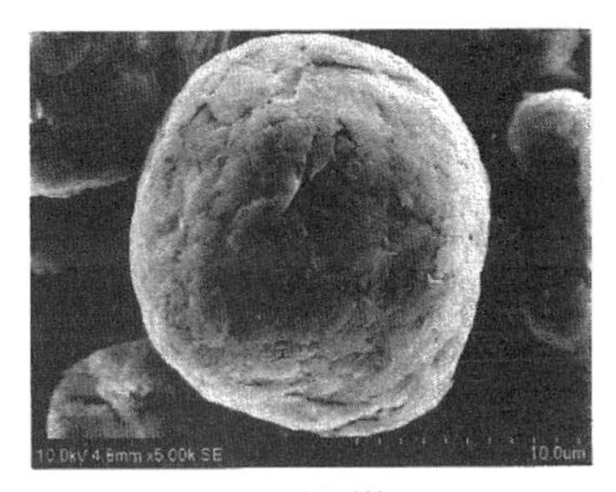

（a）包覆前

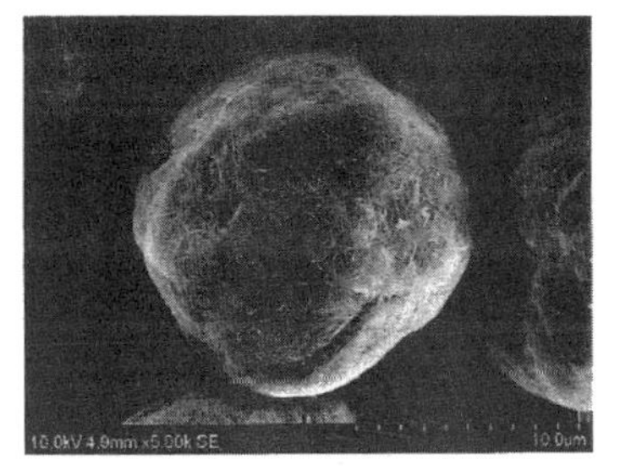

（b）包覆后

图 4.36　Al_2O_3 包覆前后的石墨颗粒的 SEM 图

氧化铝纳米颗粒包覆球形铝颗粒的 TEM 图如图 4.37 所示[16]，该图表明在核的表面形成了厚度为 10 ～ 20nm 的氧化铝膜。已证实用氧化铝纳米颗粒包覆各种芯材能够在不影响热导率的情况下将导电颗粒转变为绝缘颗粒。

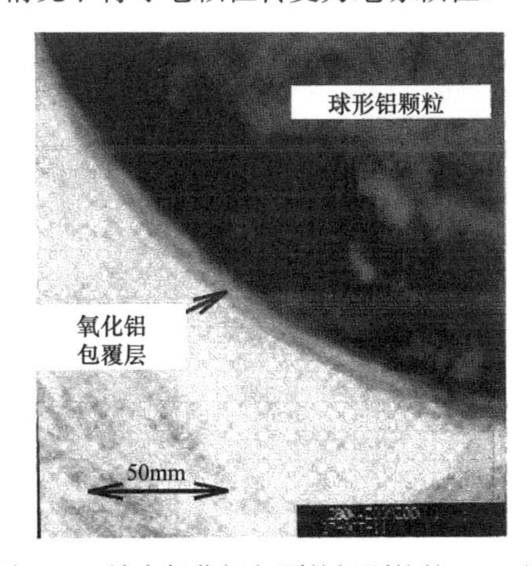

图 4.37　纳米氧化铝包覆的铝颗粒的 TEM 图

参 考 文 献

［1］Investigating R&D Committee on Technology and Application of Polymer Nanocomposites as Dielectric and Electrical Insulation.（2006）. Technology and Application of Polymer Nanocomposites as Dielectric and Electrical Insulation, *IEEJ Technical Report*, No. 1051.

［2］Yamazaki, K., Imai, T., Ozaki, T., et al.（2010）. Characteristics of Epoxy/Silane-treated Clay Nanocomposites, *Proceedings of the Technical Society Conference*（*Fundamentals and Materials*）, No. XV-9, p. 348.

［3］Huang, X., Zheng, Y., Jiang, P.（2010）. Influence of Nanoparticle Surface Treatment on the Electrical Properties of Cycloaliphatic Epoxy Nanocomposites, *IEEE Trans. Dielectr. Electr. InsuL*, 17（2）, pp. 635-643.

[4] Huang, X., Ma, Z., Jiang, P., et al. （2009）. Influence of Silica Nanoparticle Surface Treatments on the Water Treeing Characteristics of Low Density Polyethylene, *Proceedings of the IEEE ICPADM*, No. H-7, pp. 757-760.

[5] Hirano, H., Hasegawa, K., Agari, Y., et al. （2009）. *Proceedings of the 59th Symposium on Network Polymer*, No. PO-26, pp. 269-270 （in Japanese）.

[6] Okazaki, Y., Ohki, Y., Tanaka, T., et al. （2008）. *IEE Kyusyu Branch Preprints*, No. 05-2A-06 （in Japanese）.

[7] Hanagasaki, H., Ohashi, T., Suenaga, H. （2006）. Research on the Properties of Treated BN Filler as Material of Heat Releasing Resin, *Bull. West. Hiroshima Prefecture Ind. Res. Inst.*, No. 49-19, pp. 1-4.

[8] Xu, Y., Chung, D. D. L. （2000）. Increasing the Thermal Conductivity of Boron Nitride and Aluminum Nitride Particle Epoxy-Matrix Composites by Particle Surface Treatments, Composite Interfaces, *Composite Interfaces*, 7（4）, pp. 243-256.

[9] Yang, K., Gu, M. Y. （2010）. Enhanced Thermal Conductivity of Epoxy Nanocomposites Filled with Hybrid Filler System of Triethylenetetramine-functionalized Multi-walled Carbon Nanotube/Silane-modified Nano-sized Silicon Carbide, *Composites Part A-Appl. Sci. Manufacturing*, 41, pp. 215-221.

[10] Dang, Z. （2006）. High Dielectric Constant Percolative Nanocomposites Based on Ferroelectric Poly (vinylidene fluoride) and Acid-Treatment Multiwall Carbon Nanotubes, *Proceedings of the IEEE ICPADM*, No. P3-16,pp. 782-786.

[11] Montanari, G. C., Cavallini, A., Guastavino, F., et al. （2004）. Microscopic and Nanoscopic EVA Composite Investigation: Electrical Properties and Effect of Purification Treatment, *Ann. Rept. IEEE CEIDP*, No. 4-3, pp. 318-321.

[12] Umemori, M., Taniike, T., Terano, M., et al.（2009）, Synthesis of Polypropylene-Based Nanocomposites Using Silica Nano Composites Chemically Modified with the Matrix Polymer Chains, *Polymer Preprints, Japan*, No. 2D06, p. 702.

[13] Toyonaga, M., Umemori, M., Taniike, T., et al. （2012）. Relationship of Grafted Chain and Reinforcements on Polypropylene/Polypropylene Grafted Silica Nanocomposite, *Polym. Preprints, Japan*, No. 3Pcl01, p. 1015.

[14] Hieda, J., Shirafuji, T., Noguchi, Y., et al. （2009）. Solution Plasma Surface Modification for Nanocarbon-Composite Materials, *J Japan Inst. Metals*, 73（12）, pp. 938-942.

[15] Hirota, S., Murakami, Y., Hakiri, N., et al.（2011）. Experimental Production of NanocompositeInsulating Material Using Electrostatic Adsorption Method, *Proceedings of the Technical Society Conference, Fundamentals and Materials*, No. XIX-10, p. 409.

[16] Sato, G., Sato, M., Nakamura, T., et al. （2011）. Fundamental Examination on Insulation Performance of Conductive Fillers Using Nano-Alumina Hydrate Coating Technique, *IEEJ, The Paper of Technical Meeting on Dielectrics and Electrical Insulation*, No. DEI-11-087, pp. 59-64.

第 5 章　纳米复合技术极大提高了材料的介电性能

5.1　介电常数和介质损耗：介电谱

纳米复合技术导致材料内部原子与分子的运动和结构的改变，可以通过纳米复合材料的介电特性来表征。不同条件下纳米复合材料的介电常数会增高或者降低，可以作为评价纳米复合物介电特性的指标。在聚合物中添加纳米颗粒导致其介电常数降低是纳米复合物独有的现象。本节将介绍纳米颗粒界面和体积分数对纳米复合材料介电性能的影响。

5.1.1　用温度介电谱和频率介电谱评价介电常数和介质损耗

当电压施加在绝缘体两端时几乎测不到电流的流动，然而由于外施电场的作用，材料中由正、负极性电荷组成的原子和分子会产生位移。当自由移动的离子存在于材料中时，正、负离子被分开，导致电荷的位移，该现象称为介质极化。例如，环氧树脂和水分子具有极性，并沿电场方向克服热运动产生整齐排列，诱导材料产生电位移，如图 5.1 所示。

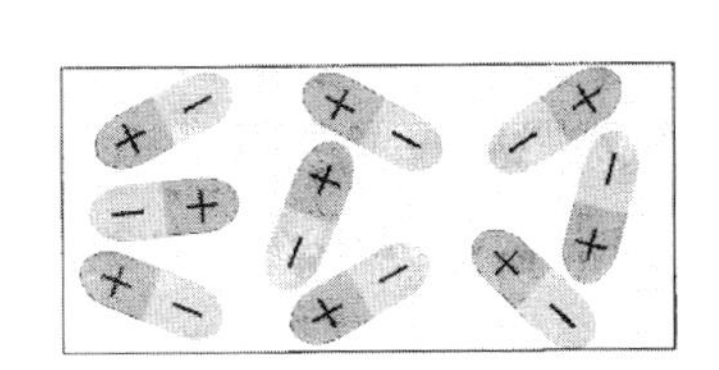

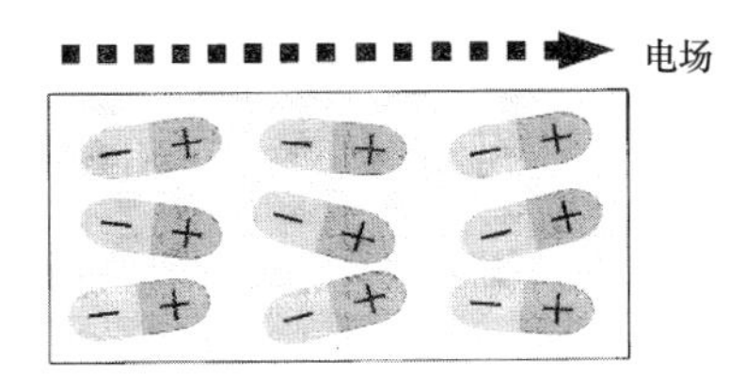

图 5.1　材料中的电位移（偶极子极化）

通常，介质极化程度可以通过平行板电容器的电容值（C）进行表征。假设相同尺寸的真空电容器的电容值是 C_0，则有

$$\frac{C}{C_0}=\varepsilon_r \tag{5.1}$$

其中，不管电容器极板中间是何种绝缘材料，其 ε_r 总是大于等于 1。因为介质极化发生在电容器极板间的绝缘材料中，导致许多电荷的储存及电容的增加。ε_r 为相对介电常数，其大小与材料的种类相关。表 5.1 给出了典型绝缘材料的相对介电常数，其中：介电常数 ε 是真空介电常数 ε_0 与相对介电常数 ε_r 的乘积，即 $\varepsilon=\varepsilon_0\varepsilon_r$。

表 5.1　典型绝缘材料的相对介电常数

绝缘材料	相对介电常数
空气	1.0003
油	2.2 ～ 2.4
蒸馏水	81
聚乙烯	2.2 ～ 2.3
环氧树脂	3.0 ～ 4.5
二氧化硅	3.7 ～ 4.5
氧化镁	9 ～ 10
氧化铝	9 ～ 10
二氧化钛（锐钛矿型）	30 ～ 50
二氧化钛（金红石型）	90 ～ 120

介质极化的类型有很多种，包括电子极化、原子极化、偶极子极化、空间电荷极化以及界面极化。其基本定义如下：

（1）电子极化：由原子核和电子云在电场方向上的位移引起的极化。

（2）原子极化：在离子晶体中由于离子对之间的距离变化引起的极化。

（3）偶极子极化：在外电场作用下，极性分子克服热运动的阻力沿电场方向取向排列而引起的极化。

（4）空间电荷极化：添加到材料中的物质变成自由离子，在电极附近积聚形成空间电荷而引起的极化。

（5）界面极化：在两种不同材料的界面处形成电荷积累而引起的极化。

当直流电压施加在绝缘材料时，所有类型的介质极化都会产生，同时其相对介电常数会增高。然而，当交流电压施加在绝缘材料时，因电场强度和方向随频率的变化率不同呈现不同的介质极化的类型。介电常数和介质损耗的频率特性如图 5.2 所示。

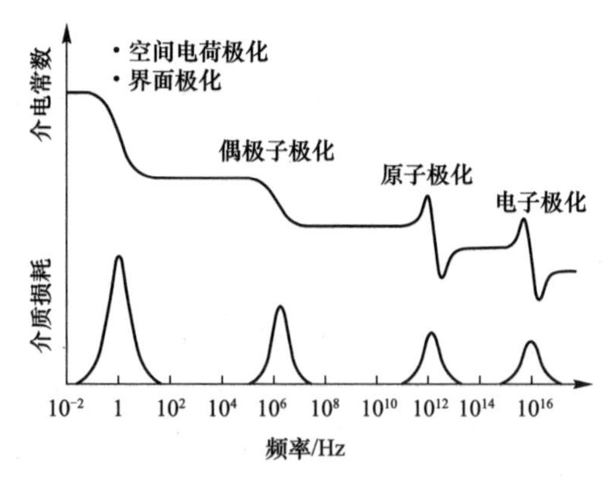

图 5.2　介电常数和介质损耗的频率特性

对于常规绝缘材料，当频率大于几千赫兹时，不会产生空间电荷极化和界面极化，只会产生偶极子极化、原子极化和电子极化，从而导致介电常数降低。当频率在红外或紫外范围时，只产生原子极化和电子极化，这意味着随着电场的频率或变化率的增加，某些类型的极化由于太慢而不能跟随变化，这种现象称为介电色散。例如，在偶极子极化时，极化弛豫时间是由分子间的碰撞和周围分子的约束引起的，并在材料中产生热能消耗掉，这种能量耗散称为介质损耗，其在特定的频率范围内存在一个极值，在该频率范围内的能量吸收称为介电吸收。

介电常数和介质损耗的频率特性受原子和分子运动和分子结构显著影响，它们的温度特性也同样受到显著影响，这些特性可以通过介电谱来表征。

介电谱是如何测量的呢？介电谱的测量方法与测量所用的电压频率有关。通常，频率小于 10^8Hz 的介电特性是通过测量试样的交流阻抗值（电容和介电损耗角）得到的。如图 5.3 所示，用绝缘材料平板或薄片作为试样，在两侧分别加上金属圆形电极构成一个电容器。为了避免试样和电极之间存在气隙，在试样上通过金属气相沉积或金属浆料涂覆形成电极结构。虽然保护电极通常用来避免电容器边缘电场畸变造成的影响，但当电极表面面积相对于试样厚度足够大时，可以不需要使用保护电极。在该测量中，主要用西林电桥、电感电容电阻计（LCR）以及阻抗分析仪。

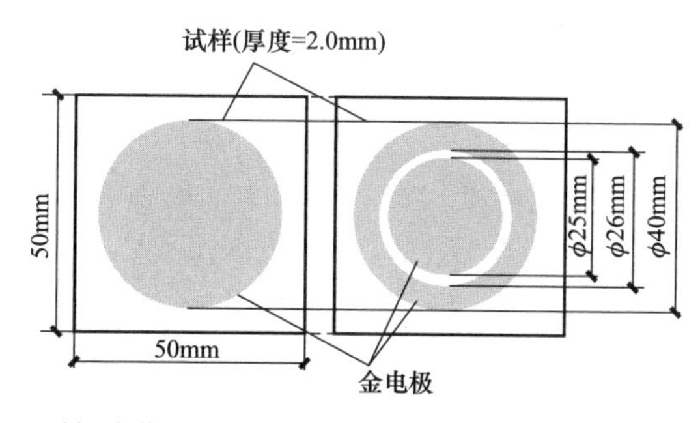

图 5.3　平板或薄片绝缘材料试样夹在圆形电极中间形成电容器

当频率在 10^8 ～ 10^{11}Hz 范围时，其介电特性通过测量电磁波的传播特性（反射和透射）来得到，有时也使用网络分析仪进行测量。当频率更高时，其介电特性通过测量电磁波的吸收谱和试样的折射率得到，常采用傅里叶变换红外光谱仪（FT-IR）和椭偏仪进行测量。

5.1.2　微米复合材料的介电常数由组成比决定

在聚合物中添加微米级陶瓷填料后，复合材料的相对介电常数如何随添加量变化？利用聚合物的相对介电常数和陶瓷填料及其组成比（体积分数）可以粗略估算复合材料的相对介电常数，该计算值与实验数据相当吻合。严格来说，它也受到材料中界面的极化态、形状以及分布的影响。相关研究工作已经开展了很多年，下面介绍一下计算复合材料相对介电常数的一般理论，这里以高相对介电常数的陶瓷填料添加到低相对介电常数的聚合物中组成复合材料为例说明。

当在聚合物和填料界面处没有出现界面极化时，可以将这两种材料模拟成电容器来计算复合材料的相对介电常数，由这两种材料组成的复合材料的相对介电常数为

$$\varepsilon_a^k = V_p \cdot \varepsilon_p^k + (1-V_p) \cdot \varepsilon_m^k \tag{5.2}$$

式中，ε_a 为复合材料的相对介电常数；ε_p 为陶瓷填料的相对介电常数；ε_m 为聚合物的相对介电常数；V_p 为填料相对于整个复合材料的体积分数。

当材料中没有发生明显的界面极化时，利用该方程可以有效预测复合材料的高频介电特性。复合材料的组成比以 k 表示，k 值是由理论方程和实验数据确定。在平行板电容器模型中，当 k=1 时，相对介电常数取得最大值；在串联电容器模型中，当 k=−1 时，相对介电常数取得最大值。通过典型模型计算得到的相对介电常数和填料的体积分数的关系曲线如图 5.4 所示，这里假定聚合物和填料的相对介电常数分别是 3 和 9。随机排列模型是并联电容器模型和串联电容器模型的几何平均值，用随机排列模型得到的相对介电常数是在两模型中取 $-1<k<1$ 的中间值，因此随机排列模型的方程与所使用材料的种类无关。此外，还提出了考虑到复合材料内部几何结构的各种经验方程，典型的经验方程包括 Lichtenecker-Rother 和 Bruggeman 方程。在任何一个模型中，当填料的相对介电常数大于聚合物基体的相对介电常数时，复合材料的相对介电常数都会随填料体积分数的增大而增高。

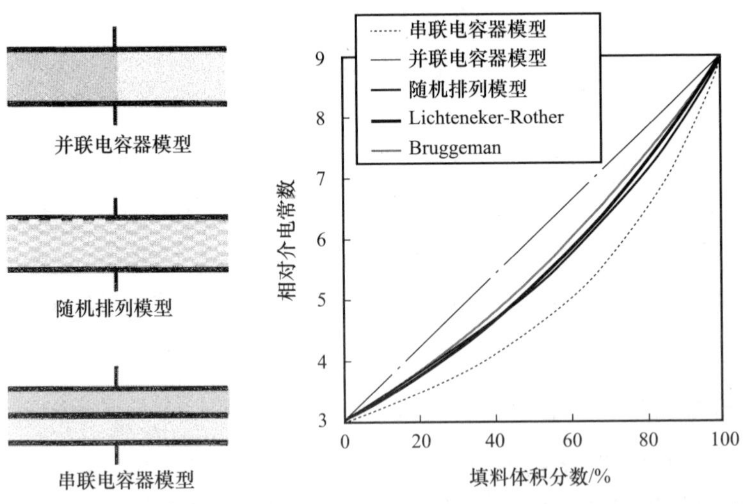

图 5.4　基于典型模型方程计算得到的相对介电常数和填料体积分数的关系曲线

当聚合物和填料的界面处产生界面极化时，复合材料的相对介电常数可以通过填料和聚合物的电导率和相对介电常数及其体积分数来估算。特别地，当少量的规则球形颗粒分散在介质中时，在存在界面极化的情况下，可用 Maxwell-Wagner 理论预测复合材料在低频范围的介电特性。

对于电气绝缘体来说，到底相对介电常数高还是低会更好呢？答案是这取决于绝缘材料在何种类型的设备中使用。当绝缘材料使用在电容器中，高的相对介电常数会更好，因为电容器可以储存更多的电荷；然而，当用作高压导体（如电动机绕组和气体绝缘断路器）周围的绝缘涂层和隔离垫片时，较低的相对介电常数更好一些，因为气体的相对介电常数要低于固体绝缘材料，因此会导致电场在气体附近集中，进而引起放电，因此选择与气体相对介电常数最接近的固体绝缘材料会更适合。

5.1.3　纳米填料的添加影响介电常数的高低

当有不同质量分数的纳米填料添加到聚合物时，复合材料的相对介电常数有时会增高，有时会降低。在不同类型环氧基体中添加质量分数为 5% 的纳米黏土得到的纳米复合材料的相对介电常数如图 5.5 所示[1]。

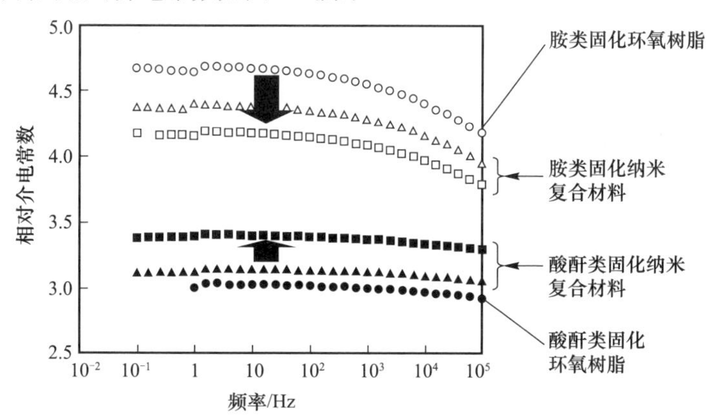

图 5.5　在不同类型环氧基体中添加质量分数为 5% 的纳米黏土得到的纳米复合材料的相对介电常数

对于用酸酐类固化剂的环氧树脂，随着纳米填料的添加，其纳米复合材料的相对介电常数是增高的，相比之下，对于用胺类固化剂的环氧树脂，纳米填料的添加会使其纳米复合材料的相对介电常数降低。这个发现表明了即使添加相同的纳米黏土，环氧树脂使用不同固化剂会导致纳米复合材料相对介电常数的不同。纳米黏土颗粒之间大量界面的存在被认为是影响环氧基体介电特性的因素，纳米填料界面对于聚合物介电特性的影响机制见表 5.2，其中除了环氧树脂外，发现纳米填料对介电特性的影响与聚合物（如聚乙烯、聚丙烯）的种类有关。

表 5.2　纳米填料界面对于聚合物介电特性的影响机制 [1]

聚合物介电常数的提高（极化增强）	聚合物介电常数的降低（极化抑制）
杂质离子的引入 [2]	分子运动的抑制 [5]
分子对称结构的破坏 [3]	离子运动的抑制 [6]
界面缺陷处电荷积聚 [4]	界面处高导电层效应 [7]

当填料的添加量相同时，纳米复合材料的相对介电常数要低于微米复合材料的介电常数。纳米复合材料（在低密度聚乙烯中添加氧化镁纳米填料）和微米复合材料（在低密度聚乙烯中添加氧化镁微米填料）的相对介电常数如图 5.6 所示，两种复合材料均为在每百份聚合物中添加 0.5 ～ 10 份填料。由于氧化镁的相对介电常数为 9.8，大于低密度聚乙烯的相对介电常数 2.2，因此，纳米复合材料的相对介电常数随着氧化镁纳米填料的增加而增高，这是因为具有高相对介电常数填料的体积分数增大，相关解释请见 5.2 节。在微米复合材料中也有类似的现象 [9]。然而在相同填料添加量的情况下，纳米复合材料的相对介电常数要低于微米复合材料的相对介电常数。这个例子说明了在纳米填料颗粒间形成很多界面，进而影响低密度聚乙烯的介电特性。

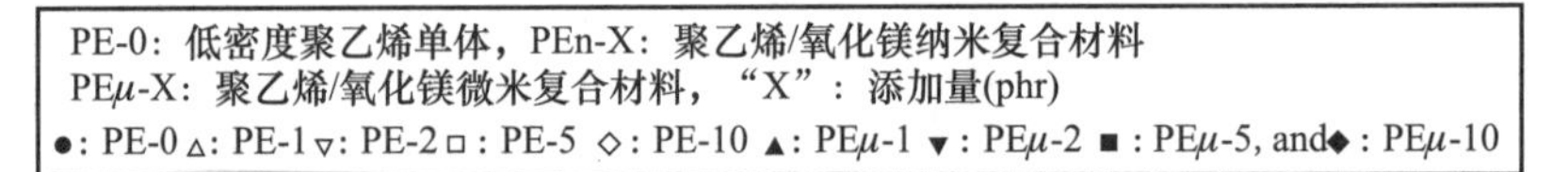

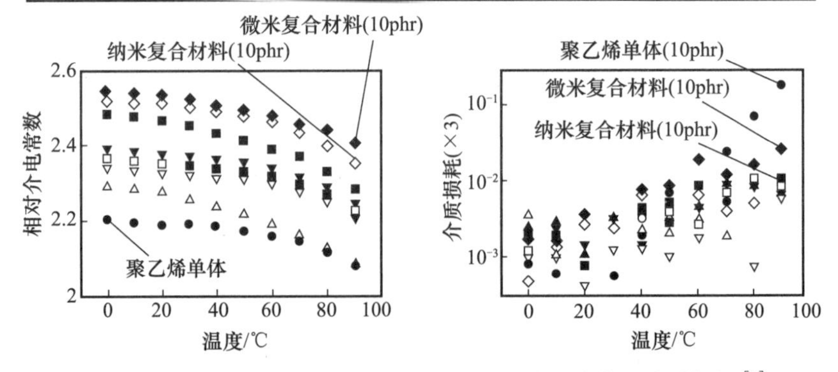

图 5.6　纳米复合材料和微米复合材料的相对介电常数和介质损耗 [8]

当纳米填料团聚体或者水分子在界面处被吸收时，复合材料的相对介电常数增高。在这种情况下，具有高的相对介电常数（如 80）的水分子在大量的纳米填料界面处入陷，导致纳米复合材料的相对介电常数增高 [10]。对于一些材料，需要在纳米填料表面进行湿度控制以及疏水性处理，因为湿度会降低材料的耐受电压。此外，大量界面的存在会使纳米填料易于团聚，而且团聚体是以水分子为核形成的。

图 5.7 给出了在 1MHz 时纳米复合材料的相对介电常数，其中在环氧树脂中仍存

在几十微米的氧化铝纳米填料的团聚体[11]。有纳米填料团聚体的纳米复合材料的相对介电常数要大于相应的微米复合材料，随着纳米填料团聚体数量的减少，纳米复合材料的相对介电常数接近微米复合材料。

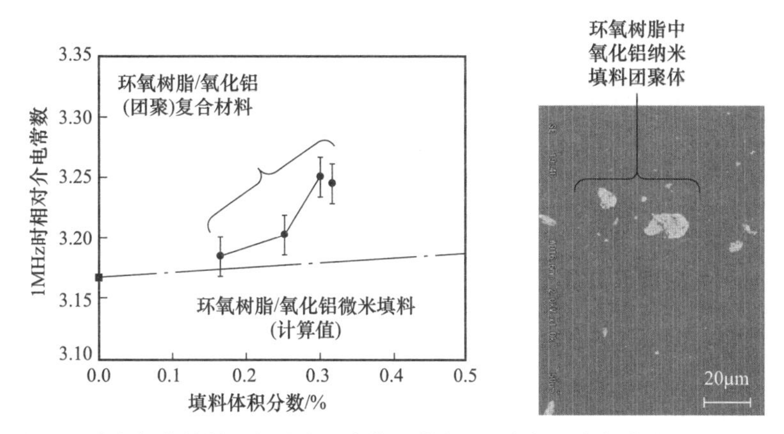

图 5.7　纳米复合材料的相对介电常数，其中在环氧树脂中仍存在几十微米的氧化铝纳米填料的团聚体

如上所述，大量的纳米填料界面不仅影响聚合物的介电特性，而且会因为水分子吸收和团聚体而产生绝缘缺陷，进而影响纳米复合材料的介电特性。因此，介电特性可作为评价纳米复合材料性能的指标。

5.1.4　介电常数的反常下降引起极大关注

在某些情况下，在聚合物中添加具有不同质量分数的高相对介电常数的纳米填料得到相应的纳米复合材料，其相对介电常数反而小于聚合物基体。在环氧树脂中添加质量分数为 2% 的纳米填料（如二氧化硅、氮化铝、氧化铝或氧化镁）获得的纳米复合材料的相对介电常数如图 5.8 所示[12]，尽管纳米填料的相对介电常数大于环氧基体，其纳米复合材料的相对介电常数却小于环氧基体，这个现象是纳米复合材料所独有的，无法用式（5.2）解释。对于纳米黏土 / 环氧复合材料[13]、二氧化钛 / 环氧复合材料[5, 14]、二氧化锆 / 环氧纳米复合材料[14]和纳米黏土 / 聚酰胺复合材料中也观察到类似的现象。因为在 1 ～ 10MHz 的高频范围内纳米复合材料的相对介电常数会降低，这说明了纳米填料可能会抑制由分子运动形成的偶极子极化效应。

随着纳米填料添加量的增加，相对介电常数由降低变为升高。在 1MHz 时添加不同质量分数纳米氧化铝的环氧复合材料的相对介电常数如图 5.9 所示[15]。随着纳米填料添加量的增加，相对介电常数出现最小值，之后再增高，这是因为纳米填料抑制了极化运动，随着纳米填料添加量的增加，聚合物层相互重叠。相对介电常数降低的情况仅出现在纳米复合材料中，因此认为是纳米填料的添加造成的，这种效应有助于确定纳米填料的添加量，然而，这种效应也并非总是出现在纳米填料和聚合物的复合材料中，这种效应受界面形式模式、固化条件以及填料分散度的影响。

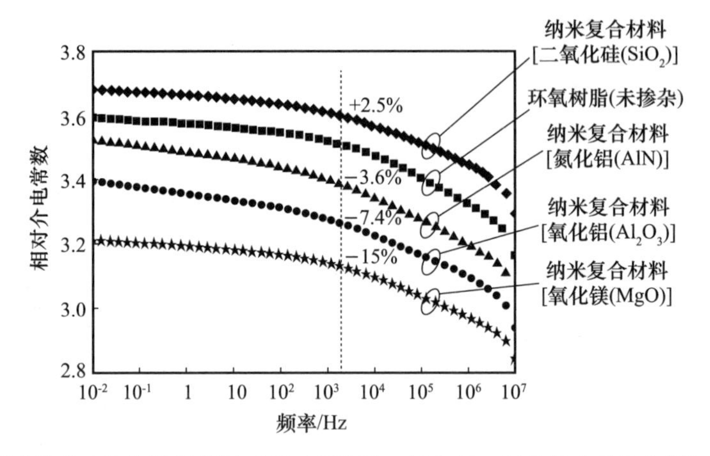

图 5.8　质量分数为 2% 的纳米填料（如二氧化硅、氮化铝、氧化铝或者氧化镁）添加到环氧基体中得到的纳米复合材料的相对介电常数

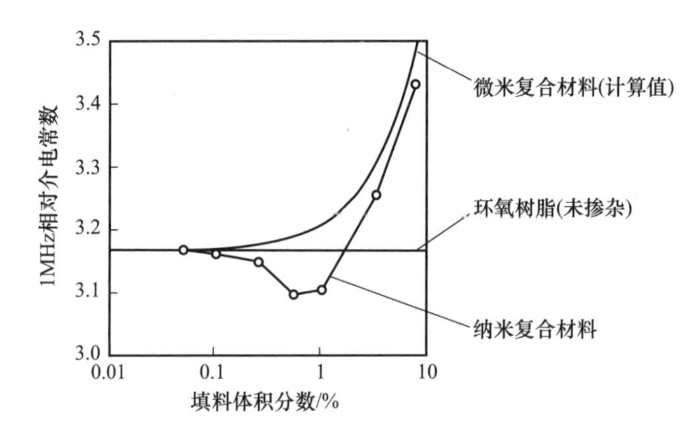

图 5.9　添加不同质量分数纳米氧化铝的环氧复合材料的相对介电常数

5.1.5　纳米填料如何影响复合材料的介电常数

如前节所述，在聚合物中添加纳米填料组成的纳米复合材料，其相对介电常数有时会增高，有时会减少。到目前为止，纳米填料的影响机制可归纳如下：

（1）由纳米填料体积分数的增大引起的相对介电常数的变化（体积效应）。

（2）由纳米填料界面效应引起的聚合物介电特性的变化（界面效应）。

纳米填料的体积效应主要依据式（5.2），而在表 5.2 中提出了纳米填料的界面效应，这两种效应都已有研究。特别的是，添加纳米填料导致聚合物相对介电常数降低是纳米复合材料所独有的，相关解释见 5.4 节所述，当前对该效应的认识如下。

纳米填料的添加降低聚合物相对介电常数的物理机制示意图如图 5.10。当纳米填料添加到聚合物中构成复合电介质，在纳米填料界面附近，形成的与纳米填料强结合的聚合物层发挥着重要作用。在纳米填料界面附近的聚合物层中，离子转移受到抑制，聚合物的分子运动也受到抑制。因此，在极化抑制的区域，出现了具有低相对介电常数的聚合物层。纳米复合材料是由三种材料组成的复合电介质，即纳米填料、聚合物、极化抑制的聚合物层，这三种材料的相对介电常数比较：纳米填料＞聚合物＞极化抑制。极化抑制的聚合物层的相对介电常数影响整个复合材料的相对介电常数，因此导致纳米复合材料出现特有的低介电常数的现象。

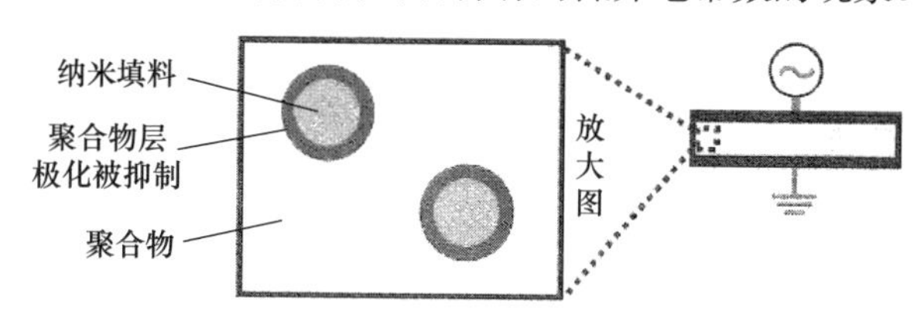

图 5.10　纳米填料的添加降低聚合物相对介电常数的物理机制示意图

参考文献

［1］Tagami, Y., Okada, M., Hirai, N., et al. （2007）. Effects of Curing and Filler Dispersion Methods on Dielectric Properties of Epoxy-Nanocomposites, *The Annual Meeting Record IEE Japan*, No. 2-20, p. 21（in Japanese）.

［2］Imai, T., Sawa, F., Ozaki, T., et al.（2006）. Influence of Temperature on Mechanical and Insulation Properties of Epoxy-Layered Silicate Nanocomposite, *IEEE Trans. Dielectr. Electr. Insul.*, 13（1）, pp. 445-452.

［3］Tagami, N., Okada, M., Hirai, N., et al. （2008）. Dielectric Properties of Epoxy Clay Nanocomposites-Effects of Curing Agent and Clay Dispersion Method, *IEEE Trans. Dielectr. Electr. Insul.*, 15（1）, pp. 24-32.

［4］Mingyan, Z., Tiequan, D., Shujin, Z., et al. （2005）. Synthesis and Electric Properties of Nano-Hybrid Polyimide/Silica Film, *Proc. IEEJ ISEIM*, No. Pl-27, pp. 397-400.

［5］Nelsons, J. K., Fothergill, J. C., Dissado, L. A., et al. （2002）. Towards an Understanding of Nanometric Dielectrics, *Annual Rept. IEEE CEIDP*, pp. 295-298.

［6］Roy, M., Nelson, J. K., Schadler, L. S., et al. （2005）. The Influence of Physical and Chemical Linkage on The Properties of Nanocomposites, *Annual Rept. IEEE CEIDP*, pp. 183-186.

［7］Fothergill, J. C., Nelson, J. K., Fu, M. （2004）. Dielectric Properties of Epoxy Nanocomposites Containing TiO_2, Al_2O_3 And ZnO Fillers, *Annual Rept. IEEE CEIDP*, pp. 406-409.

［8］Ishimoto, K., Tanaka, T., Ohki, Y., et al. （2008）. Comparison of Dielectric Properties of Low-Density Polyethylene/MgO Composites with Different Size Fillers, *Annual Rept. IEEE CEIDP*, pp. 208-211.

［9］Iyer, G., Gorur, R. S., Richert, R., et al. （2011）. Dielectric Properties of Epoxy Based Nanocomposites for High Voltage Insulation, *IEEE Trans. Dielectr. Electr. Insul.*, 18（3）, pp. 659-666.

［10］Zhang, C., Stevens, G. C.（2008）. The Dielectric Response of Polar and Non-Polar Nanodielectrics,

IEEE Trans. Dielectr. Electr. Insul., 15（2）, pp. 606-617.

[11] Kurimoto, M., Okubo, H., Kato, K., et al. （2010）. Dielectric Properties of Epoxy/Alumina Nano-Composite Influenced by Control of Micrometric Agglomerates, *IEEE Trans. Dielectr. Electr. Insul.*, 17(3), pp. 662-670.

[12] Kochetov, R., Andritsch, T., Morshuis, P. H. F., et al. （2012）. Anomalous Behaviour of The Dielectric Spectroscopy Response of Nanocomposites, *IEEE Trans. Dielectr. Electr. Insul.*, 19（1）, pp. 107-117.

[13] Imai, T., Hirano, Y., Hirai, H., et al. （2002）. Preparation and Properties of Epoxy-Organically Modified Layered Silicate Nano-Composites, Proc. *IEEE ISEI*, No. 1, pp. 379-383.

[14] Singha, S., Thomas, M. J. （2008）. Dielectric Properties of Epoxy Nano-Composites, *IEEE Trans. Dielectr. Electr. Insul.*, 15（1）, pp. 12-23.

[15] Hayakawa, N., Kurimoto, M., Fujii, Y., et al. （2010）. Influence of Dispersed Nanoparticle Content on Dielectric Property in Epoxy/Alumina Nanocomposites, Annual Rept. *IEEE CEIDP*, pp. 572-575.

5.2　低电场电导

为了解释纳米复合材料功能化对聚合物介电性能的影响，需要考虑聚合物和填料间的界面现象。虽然不同文献关于影响机理有不同解释，但这些解释有着本质上的相同或不同。有些文献认为纳米复合材料功能化导致电导率的增加，有些则是电导率的减小，这和 5.1 节中提到的相对介电常数的行为相同。本节将介绍纳米复合材料功能化的影响及低场强电导行为。

5.2.1　电导率是电气绝缘最重要的参数之一

当直流电压施加于平板电极间绝缘体上时，绝缘体内会流过非常小的电流。由于绝缘体的电阻比周围介质高得多，要评估绝缘体的电导率则需要精确的测量。因此，流过绝缘体表面的电流应该在测量中被排除。可依据 IEC（国际电工技术协会）和 ASTM（美国材料试验学会）标准进行电阻率 ρ 的测量。如图 5.11 所示，当直流电压施加到由两个平行平板电极中的绝缘体上时，大多数的电场线将会穿过两电极之间，在这种情况下，电场的方向是垂直于两电极的。然而，每个电极边缘周围会产生电场扰动，该扰动导致产生电场径向分量，使得电极边缘处的电场包含一个径向分量。因此，一部分电流将会流过电阻比体积电阻率低的绝缘体表面（图 5.11），造成体电流测量的误差。

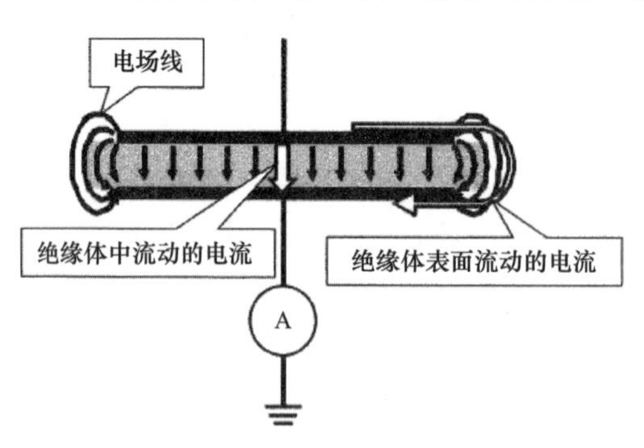

图 5.11　绝缘体与两平行平板电极的三明治结构

固体绝缘体的体积电阻率 ρ 的测量方法如图 5.12 所示。保护电极使得测量的电流值不包含流过试样表面的电流，提高了固体绝缘体体积电阻率测量的准确性。图 5.13 和表 5.3 推荐了按标准定义的体积电阻率测量中试样的设计，在这不进行详述。即使外施电压很低，体积电阻率也会受周围环境的影响（如温度和湿度）。因此，测量过程必须在一定的温度和湿度下进行。

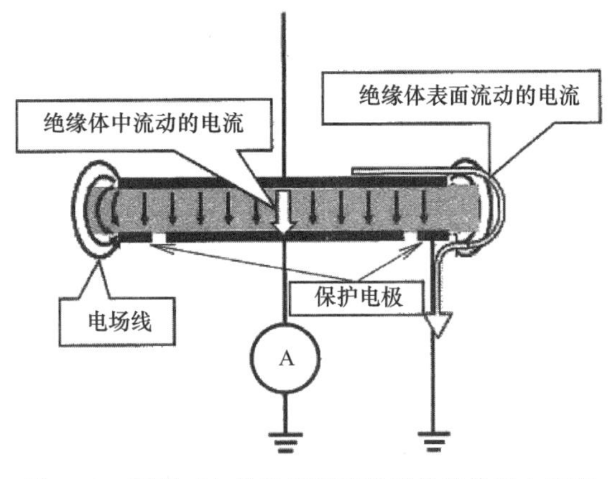

图 5.12　利用三电极系统测量绝缘体的体积电阻率

体积电阻是通过施加的电压与流过试样的电流得到，即 $R_V=V/I$。此外，体积电阻率也可以通过试样的厚度和公式获得，如下式所示：

$$\rho_V = R_V\left(\pi \frac{D_1^2}{4t}\right) \tag{5.3}$$

电导率 σ（单位：S/m）是体积电阻率 ρ_V（Ω · m）的倒数，如下式所示：

$$\sigma = \frac{1}{\rho_V} \tag{5.4}$$

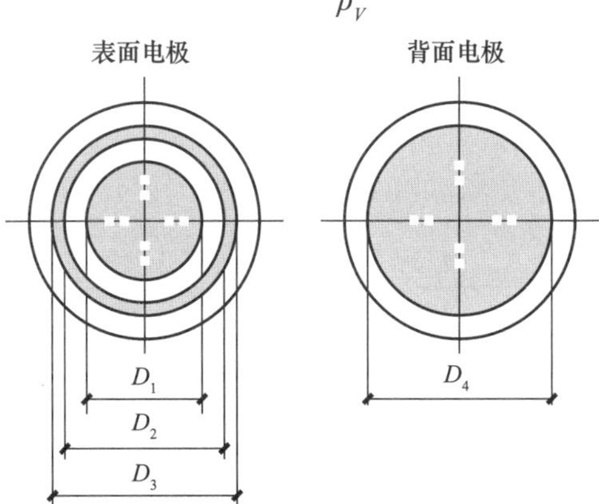

图 5.13　体积电阻率测量的推荐试样设计

表 5.3　试样与电极尺寸

标准	推荐尺寸		底部 /mm			顶部 /mm
	直径 D	厚度 t	D_1	D_2	D_3	D_4
ASTM	100	3	76	88	100	100
D257	50	3	25	38	50	50
JIS K 6911	100	2	50±0.5	70±0.5	80±0.5	83±2
IEC 60093	100	2.5	50±0.5	60±0.5	80±0.5	83±2

5.2.2　在某些情况下纳米填料的加入导致电导率增大

纳米填料加入聚合物导致电导率的增大是与期望不符的，但有些文献报道了这一情况并给出了相关机理。

例如，聚酰亚胺 / 氧化铝（PI/Al_2O_3）纳米复合物的电导率 σ 随着纳米填料含量的增加指数增加，如图 5.14 所示[1]。该 PI/Al_2O_3 纳米复合薄膜是利用溶胶－凝胶法用聚酰亚胺和氧化铝填料合成制备的。在图 5.14 中，纵坐标表示对数尺度下的电导率，可以看出，10% 纳米填料的加入将会造成电导率增加一个数量级。

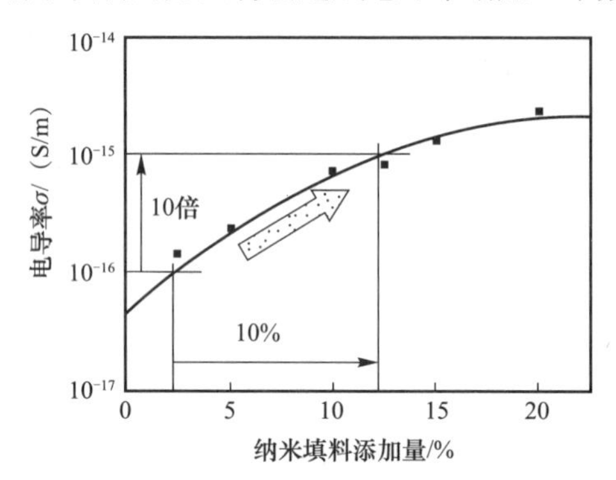

图 5.14　氧化铝含量对聚酰亚胺 / 氧化铝纳米复合物薄膜直流电导率的影响

此外有文献指出，EVA（乙烯醋酸乙烯酯）和 iPP（等规聚丙烯）中纳米黏土的加入会导致电导率的增大，尽管电场比之前略高。电导率 σ 可以表述为电荷密度 n 与迁移率 μ 的乘积。图 5.15[2] 所示给出了 EVA 和 iPP 的迁移率随时间变化曲线，可以清楚地看到纳米填料的加入增大了迁移率：EVA 增大 1 个数量级，iPP 增大 2 ～ 3 个数量级。

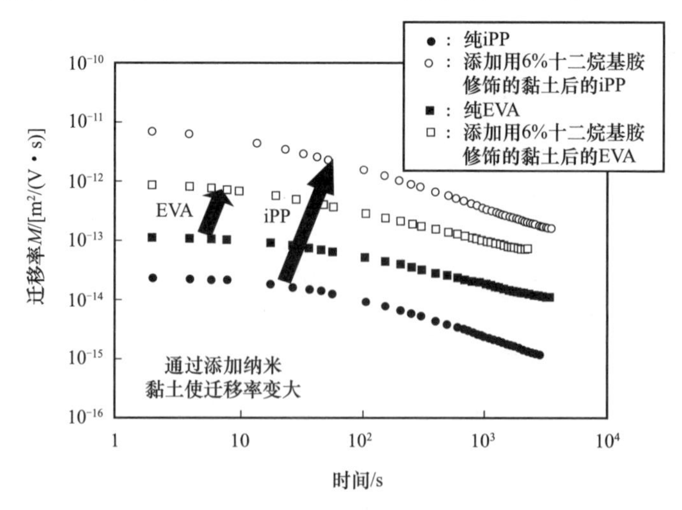

图 5.15　根据 iPP 和 EVA 的去极化特性估算的受控陷阱的视在迁移率，极化电场为 60kV/mm

图 5.16 [2] 给出了根据图 5.15 受控陷阱的视在迁移率得到的 EVA 和 iPP 陷阱深度分布特性。陷阱深度是一个与电荷密度 n 相关的物理特性，陷阱深度越浅，电荷密度 n 越大，将有助于电导率的增大。这里电导率的增大是由于纳米填料在聚合物中引入浅陷阱。

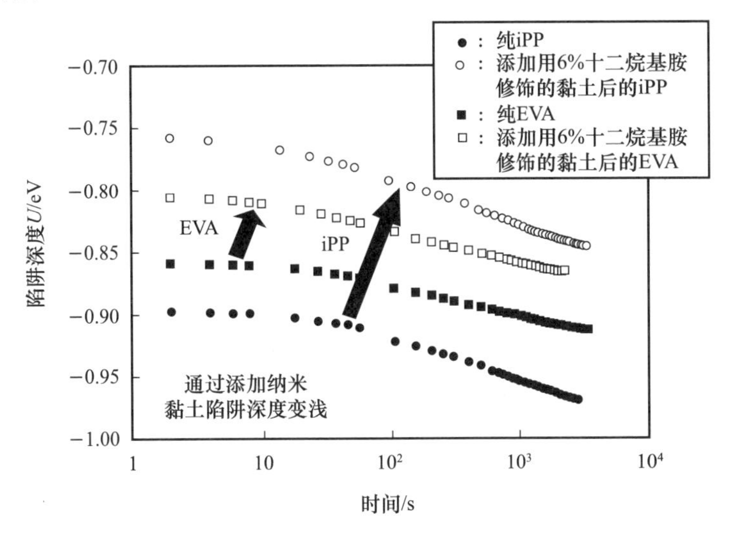

图 5.16　根据图 5.15 受控陷阱的视在迁移率特性得到的 EVA 和 iPP 陷阱深度分布

5.2.3　在某些情况下纳米填料的加入导致电导率减小

通常在绝缘材料中加入纳米填料来提高它的绝缘性能，主要通过减小电导率、提高电击穿场强和改善耐受局部放电性等方式。表 5.4 列出了一些聚合物 / 纳米复合电介质材料，纳米填料的加入减小了它们的电导率 [21]。

电导率减小的机理见表 5.4。例如，基于“能带理论”，禁带中的陷阱能级捕获载流子，导致电流密度减小，从而使得电导率减小；电导率剧烈变化可解释为纳米复合材料功能化形成了相互作用区以及逾渗效应。将填料的尺寸从微米减小到纳米，或者对填料表面进行化学处理（图 5.17）[8]，都将导致电导率显著变化，这意味着纳米填料和聚合物之间界面的物理性能强烈地影响纳米复合材料本身的物理性能，由此提出了“双层模型”和“多核界面模型”。为什么“界面”的物理性能如此重要？这个问题将从电导的角度进行解释。

表 5.4　纳米填料加入引起纳米复合材料电导率减小的机理

纳米复合物	机理	参考文献
PA/ 黏土	电导率减小：分子运动被抑制，产生势垒效应	[3–4]
PI/SiO_2	热刺激电流中温度升高：深陷阱的引入导致电导率减小	[5–6]
	电导率减小：结晶度减小	[2，7]

续表

纳米复合物	机理	参考文献
XLPE/SiO_2	填料表面附近存在高导电层；通过与功能化材料相关的增强耦合，改变了双层膜和 / 或水合作用的电导率	[8]
XLPE/MgO	引发空间电荷形成的杂质被氧化镁纳米填料吸附	[9-10]
LDPE/MgO	电导率减少的机理解释如下： （1）氧化镁纳米填料引入深陷阱，造成电极界面附近同极性空间电荷的积聚，削弱了电场 （2）分子运动和跳跃被抑制；新的热刺激电流表明纳米复合材料功能化引入陷阱	[11-16]
LDPE/ZnO	随着微米填料的加入，电导率下降很小；纳米填料的加入，对电子注入的影响没有得到证实；电导率抑制机制应该基于入陷过程进行讨论	[17]
LDPE/SiO_x	由于纳米填料的加入，会产生强烈的相互作用陷阱，同时会产生更多的可迁移的离子	[18-20]

注：PA：聚酰胺；PI：聚酰亚胺；XLPE：交联聚乙烯；LDPE：低密度聚乙烯。

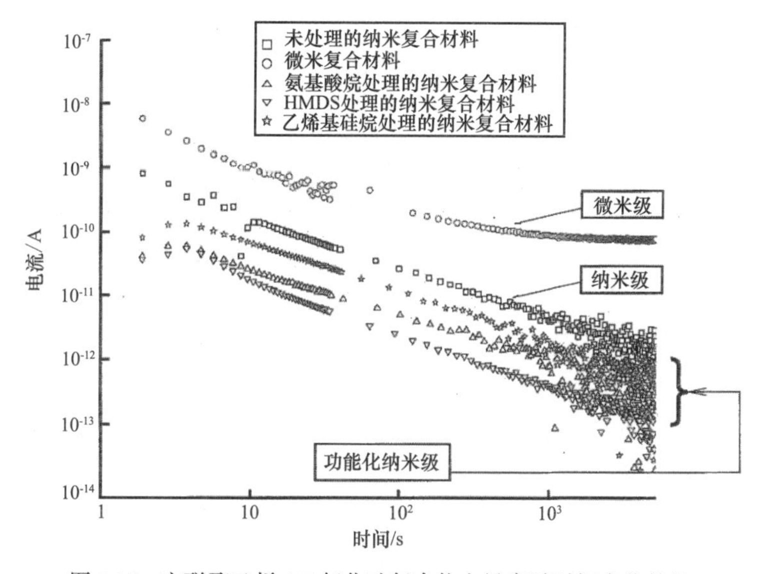

图 5.17　交联聚乙烯 / 二氧化硅复合物电导率随时间变化特性

我们利用“双层模型”进行解释。考虑如图 5.18 所示的球形微米颗粒，在微米颗粒和聚合物基体之间的界面处存在一个相互作用区。如果这些球形微米尺寸减小到相同量的球形纳米尺寸，尽管每个颗粒的尺寸减小了几个数量级，但数量增加了几个数量级，因此纳米颗粒之间的距离变短。虽然在相互作用区域内会形成一个通道［图 5.18（b）］，但电荷通过两个点的距离变长。在这个模型中，纳米颗粒阻碍了电荷的运动，导致电导率减小。

（a）微米填料

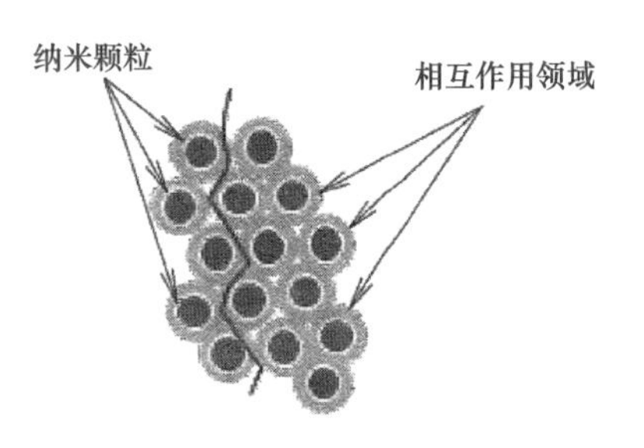

（b）纳米填料

图 5.18　微米填料和纳米填料之间的相互作用区

在纳米复合材料出现很早之前就已经提出了逾渗效应。例如将一种绝缘填料与一种导电填料均匀混合，当绝缘填料所占比例更大时，复合材料表现为绝缘性，当导电填料所占比例更大时，则表现为导电性。当导电填料的浓度超过一个确定值时，材料的体积电阻率的变化不再和填料浓度成比例，材料快速从绝缘体变为导体，反之亦然。

四氧化三铁和聚乙烯复合物电阻率 ρ 随四氧化三铁体积分数的变化情况如图 5.19 所示[22]。根据逾渗效应理论，体积电阻率 ρ 可由式（5.5）表示：

$$\rho \propto (p-p_c)^{-t} \tag{5.5}$$

式中，p、p_c 和 t 分别是体积分数、体积分数的阈值和临界指数。

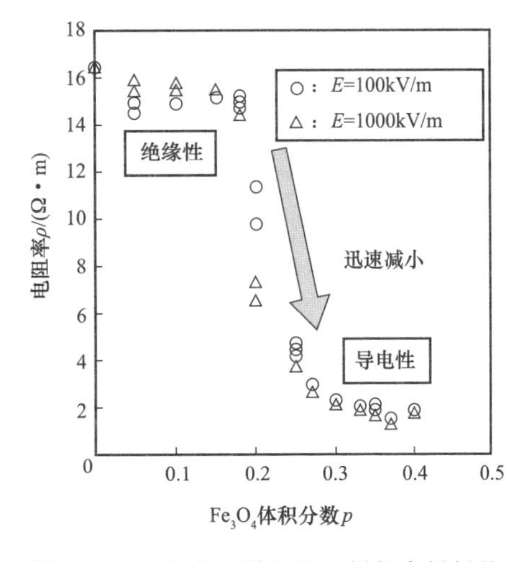

图 5.19　四氧化三铁和聚乙烯复合材料的电阻率 ρ 随四氧化三铁体积分数的变化

参考文献

[1] Peihong, Z., Gang, L., Lingyun, G., et al. （2006）. Conduction Current Characteristics of Nano-Inorganic Composite Polyimide Films, *Proc. 8th IEEE ICPADM*, pp. 755-758.

[2] Montanari, G. C., Fabiani, D., Palmieri, F. （2004）. Modification of Electrical Properties and Performance of EVA and PP Insulation through Nanostructure by Organophilic Silicates, *IEEE Trans. Dielectr. Electr. Instil.*, 11（5）, pp. 754-762.

[3] Fuse, N., Ohki, Y., Kozako, M., et al. （2008）. Possible Mechanisms of Superior Resistance of Polyamide Nanocomposites to Partial Discharges and Plasmas, *IEEE Trans. Dielectr. Electr. Insul.*, 15（1）, pp. 161-169.

[4] Fuse, N., Kikuma, T., Kozako, M., et al. （2005）. Dielectric Properties of Polymer Nanocomposites, *IEEJ the*

Paper of Technical Meeting on Dielectrics and Electrical Insulation, No. DEI-05-59, pp. 9-16 （in Japanese）.

[5] Cao, Y., Irwin, P. C., Younsi, K. （2004）. The Future of Nanodielectrics in the Eledtrical Power Industry, *IEEE Trans. Dielectr. Electr. Insul.*, 11（5）, pp. 797-807.

[6] Cao, Y., Irwin P C. （2003）. The Electrical Conduction in Polyamide Nanocomposite, *Annual Rept. IEEE CEIDP*, pp. 116-119.

[7] Mingyan, Z., Tiequan, D., Shujin, Z., et al.（2005）. Synthesis and Electric Properties of Nano-hybrid Polyimide/silica Film *Proc. IEEE ISEIM*, pp. 397-400.

[8] Roy, M., Nelson, J. K., Schadler, L. S., et al. （2005）. The Influence of Physical and Chemical Linkage on the Properties of Nanocomposites, *Annual Rept. IEEE CEIDP*, pp. 183-186.

[9] Murata, Y., Kanaoka, M. （2006）. Development History of HVDC Extruded Cable with Nano Composite Material, *Proc. 8th IEEE ICPADM*, pp. 460-463.

[10] Maekawa, Y., Yamaguchi, A., Hara, M., et al. （1992）. Research and Development of XLPE Insulated DC Cable, *IEEJ Trans. Power and Energy*, 112（10）, pp. 905-913 （in Japanese）.

[11] Murata, Y., Sekiguchi, Y., Inoue, Y., et al.（2005）. Investigation of Electrical Phenomena of Inorganic-Filler/LDPE Nanocomposite Material, *Proc. IEEJ ISEIM*, 3, pp. 650-653.

[12] Ishimoto, K., Kikuma, T., Tanaka, T., et al. （2007）. Effect of the Sheet Formation Method on the Electric Conduction Characteristics in Low-Density Polyethylene/MgO Nanocomposites, *IEEJ the Paper of Technical Meeting on Dielectrics and Electrical Insulation*, No. DEI-07-55, pp. 1-6 （in Japanese）.

[13] Ishimoto, K., Tanaka, T., Ohki, Y., et al. （2008）. Dielectric Properties of LDPE with MgO Fillers Different in Diameter, *IEEJ the Paper of Technical Meeting on Dielectrics and Electrical Insulation*, No. DEI-08-65, pp. 1-5 （in Japanese）.

[14] Murakami, Y., Nemoto, M., Kurnianto, R., et al. （2006）. Space Charge Characteristic of Nano-Composite Film of MgO/LDPE under DC Electric Field, *IEEJ Trans. Fundamentals Mater.*, 126（11）, pp. 1078-1083.

[15] Kikuma, T., Fuse, N., Tanaka, T., et al. （2006）. Filler-Content Dependence of Dielectric Properties of Low-Density Polyethylene/MgO Nanocomposites, *IEEJ Trans. Fundamentals Mater.*, 126（11）, pp. 1072-1077.

[16] Hinata, K., Fujita, A., Tohyama, K., et al. （2006）. Dielectric Properties of LDPE/MgO Nanocomposite Material under AC High Field, *Annual Rept. IEEE CEIDP*, pp. 313-316.

[17] Fleming, R. J., Ammala, A., Casey, P. S., et al.（2005）. Conductivity and Space Charge in LDPE/$BaSrTiO_3$ Nanocomposite, *IEEE Trans. Dielectr. Electr. Insul.*, 12（4）, pp. 745-753.

[18] Chen, J., Yin, Y., Li, Z., et al. （2005）. Study the Percolation Phenomenon of High Field Volt-Ampere Characteristic in the Composite of Low-density Polyethylene/Nano-SiO_x, *Proc. IEEJ ISEIM*, pp. 243-246.

[19] Yin, Y., Chen, J., Li, Z., et al. （2005）. High Field Conduction of the Composite of Low-Density Polyethylene/nano SiO_x and Low-Density Polyethylene/Micrometer SiO_2, *Proc. IEEJ ISEIM*, pp. 405-408.

[20] Yin, Y., Dong, X., Chen, J., et al. （2006）. High Field Electrical Conduction in the Nanocomposite of

Low-Density Polyethylene and Nano-SiO_x, *IEEJ Trans. Fundamentals Mater.*, 126（11）, pp. 1064-1071.

[21] Investigating R&D Committee on Polymer Nanocomposites and Their Applications as Dielectrics and Electrical Insulation （2009）. Characteristics Evaluation and Potential Applications of Polymer Nanocomposites as Evolutional Electrical Insulating Materials, *IEEJ Technical Report*, No. 1148, pp. 19-21.

[22] Okamoto, T., Kawahara, M., Yamada, T., et al. （2006）. Percolation Phenomena of the Composites Made with Two Kinds of Filler and a New Potential Grading Materials, *IEEJ Trans. Fundamentals Mater.*, 126（10）, pp. 1004-1012 （in Japanese）

5.3　高电场和空间电荷积聚下的传导电流

在高电场作用下，绝缘材料中的传导电流增大，有时会造成绝缘体内空间电荷的积聚，积聚的空间电荷畸变电场，可能引起材料劣化从而导致严重的电击穿。为解决这个问题，可以采用纳米复合材料技术来提高绝缘材料性能。

5.3.1　击穿是否不可预知

在固体绝缘材料上施加直流高电压时，材料体内将流过很小的电导电流。测量电导电流的电路如图 5.20 所示，在加压初始阶段，有很大的瞬态电流 I_0（$=V_0/R$），如果材料被看作理想电容器，随着加压时间的延长，该电流逐渐减小至零（图 5.21）。但对于实际的绝缘材料，长时加压后该电流并没有减小至零，而是稳定在一个很小的值，这个稳态的电流称为“直流泄漏电流”[1]。

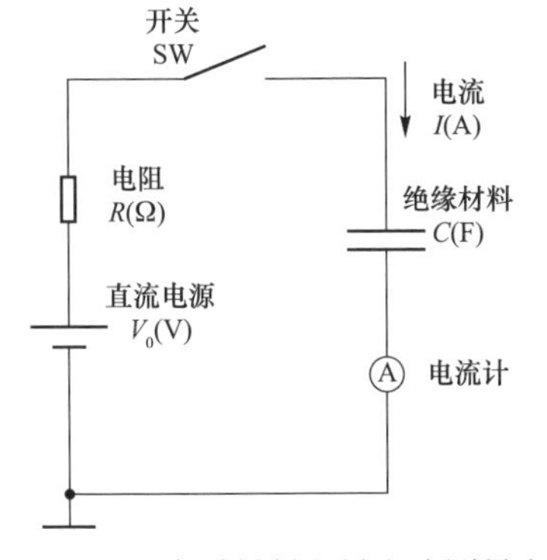

图 5.20　电介质材料电导电流测量电路

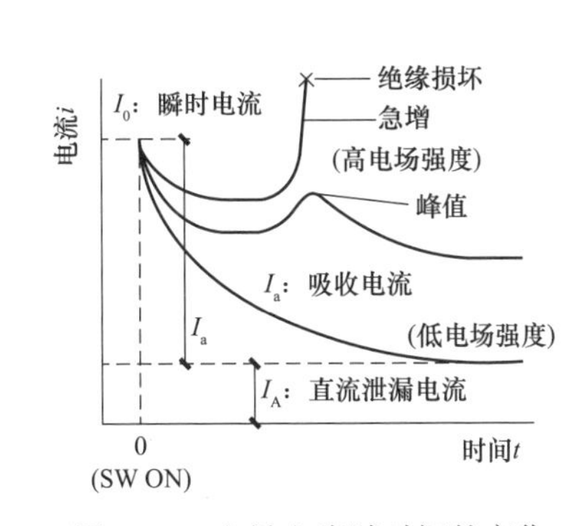

图 5.21　电导电流随时间的变化

当施加的电压较低时，直流泄漏电流的电流密度 J（单位面积电流，A/m^2）与电场强度 E（施加在材料单位厚度上的电压，V/m）成比例，该比例关系称为“欧姆定律”，比例系数称为“电导率”σ（S/m），它们之间的关系可表述为 $J=\sigma E$（图 5.22）。对于绝缘材料，欧姆定律适用的电场区域定义为“低电场”。

当施加的电压升高时，电流密度增大，偏离了欧姆定律，这种偏离欧姆定律的电流密度对应的电场强度区域通常称为高电场。低场强和高场强之间的临界值与材料有关。高场强下材料中电流偏离欧姆定律的一个原因是所谓的“空间电荷”积聚。低电场和高电场强度下电荷（图上部）、电场强度（图中部）和电势（图下部）分布的示意模型如图 5.23 所示。在绝缘材料上外施电压时，材料体内的电场沿体内均匀分布，如图 5.23（a）所示；当材料体内有空间电荷积聚时，积聚的电荷导致电场畸变，使得材料中有些区域电场强度大于或小于平均电场，如图 5.23（b）所示。在材料中，电荷被“困在”所谓的“陷阱”之中。当入陷的电荷数量增大时，有些区域的电场强度畸变也增强，导致电导电流增大从而偏离欧姆定律。

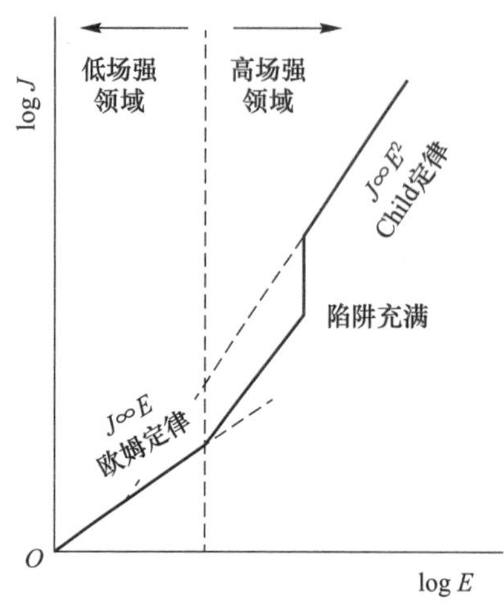

图 5.22　电导电流（J）与施加电场（E）的关系

我们通常认为空间电荷的积聚需要一定的

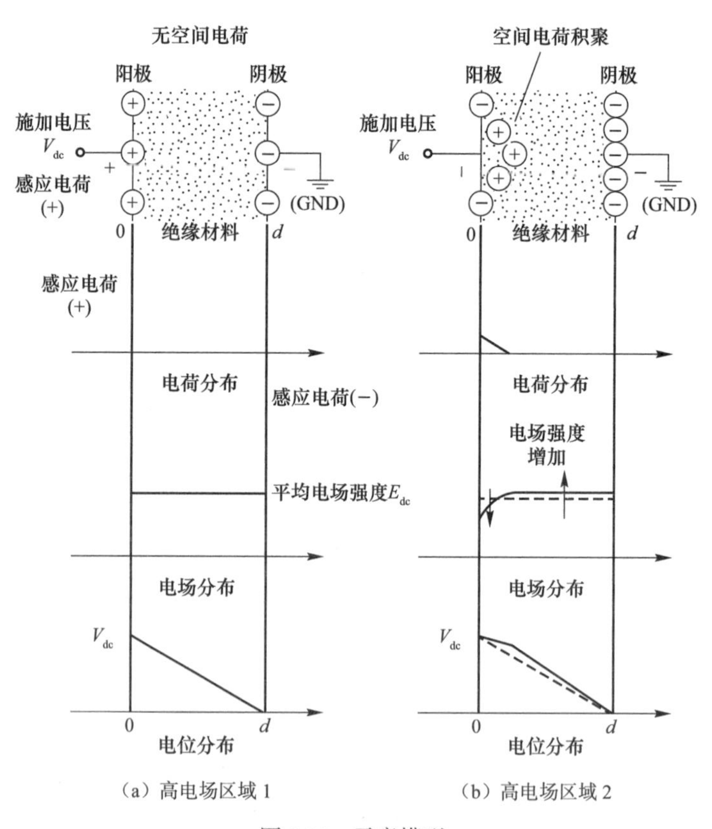

（a）高电场区域 1　　（b）高电场区域 2

图 5.23　示意模型

时间，所以它不会影响交流电压以及短时电压作用下的电导电流。事实上在高电场下很难测量稳定的直流泄漏电流，因为具有时间依赖性的电流在击穿前有时出现一个峰值或者快速增大，这一现象很难预知，也使认识在高电场下的材料特性的难度加大。

5.3.2 空间电荷积聚是否预示着劣化或者电击穿

长时间以来，高压直流作用下空间电荷积聚和击穿的关系一直不清楚，近年来随着空间电荷分布测量系统的改进，该问题逐渐清晰。

低密度聚乙烯（LDPE）薄膜（150μm 厚）在外施 50kV 电压（相应平均电场强度为 330kV/mm 及 3.3MV/cm）下电击穿之前空间电荷的积聚过程如图 5.24 所示。图 5.24（a）中的横坐标和纵坐标分别表明外施电压的时间和沿试样厚度方向的位置[2]，颜色分布表明电荷密度。在电压施加后不久，阳极（图中右侧）附近就有大量正电荷出现，并以包状向阴极（左侧）移动，然而，电荷的移动逐渐减慢，并且停留在试样体内中间，最终在电压施加 20min 之后观察到电击穿。日本学者利用电声脉冲法（PEA）[3]发现了大的包状电荷的存在，并称为“包状电荷”或“电荷包”，该方法是 20 世纪 90 年代在日本发展起来的[4]。图 5.24（c）给出了利用测到的空间电荷分布进行积分计算得到的时变电场分布，结果表明，随着电荷包移动加快，LDPE 体内阴极附近的电场逐渐增大，当电场强度达到 550kV/mm 左右时击穿发生，这比平均电场强度 330kV/mm 高得多。这一结果表明在高压直流作用下，当 LDPE 体内出现电场强度增强区时击穿发生。

因此可以得到：在高压直流作用下，大量的包状电荷注入增大了低密度聚乙烯体内局部的电场。图 5.25 给出了施加的平均直流电场与空间电荷积聚增强的最大电场之间的关系[5]。从图 5.25 中可以看出，直到 100kV/mm 之前，低密度聚乙烯体内的最大电场与施加的平均直流电场接近；然而，当施加的平均电场高于 100kV/mm 时，包状电荷注入变明显，最大电场大幅提高，结果显示增强的电场有时能达到施加电场的两倍。通常低密度聚乙烯的冲击击穿电场在 500 ～ 600kV/mm 范围内[6]。综上所述，在直流 300kV/mm 电场作用下，当最大电场超过 500kV/mm 时，低密度聚乙烯材料中发生电击穿的可能性增大。

如上所述，一方面，当在 LDPE 上施加过大的直流电场时，大量的空间电荷积聚导致电场增强，有可能引发击穿；另一方面，通常作为交流电力电缆绝缘层材料的交联聚乙烯（XLPE），空间电荷积聚也可能造成其击穿[7]。交联聚乙烯在直流 50kV/mm、100kV/mm、150kV/mm 和 200kV/mm 下体内空间电荷分布随时间的变化情况，如图 5.26（a）～（d）所示[8]。在 100kV/mm 直流电场下，XLPE 中有大量的正包状电荷注入，与 LDPE 中观察到的类似，如图 5.26（b）所示；然而 XLPE 中的空间电荷积聚行为与 LDPE 完全不同，在 150kV/mm 直流电场作用下，XLPE 中正电荷也像

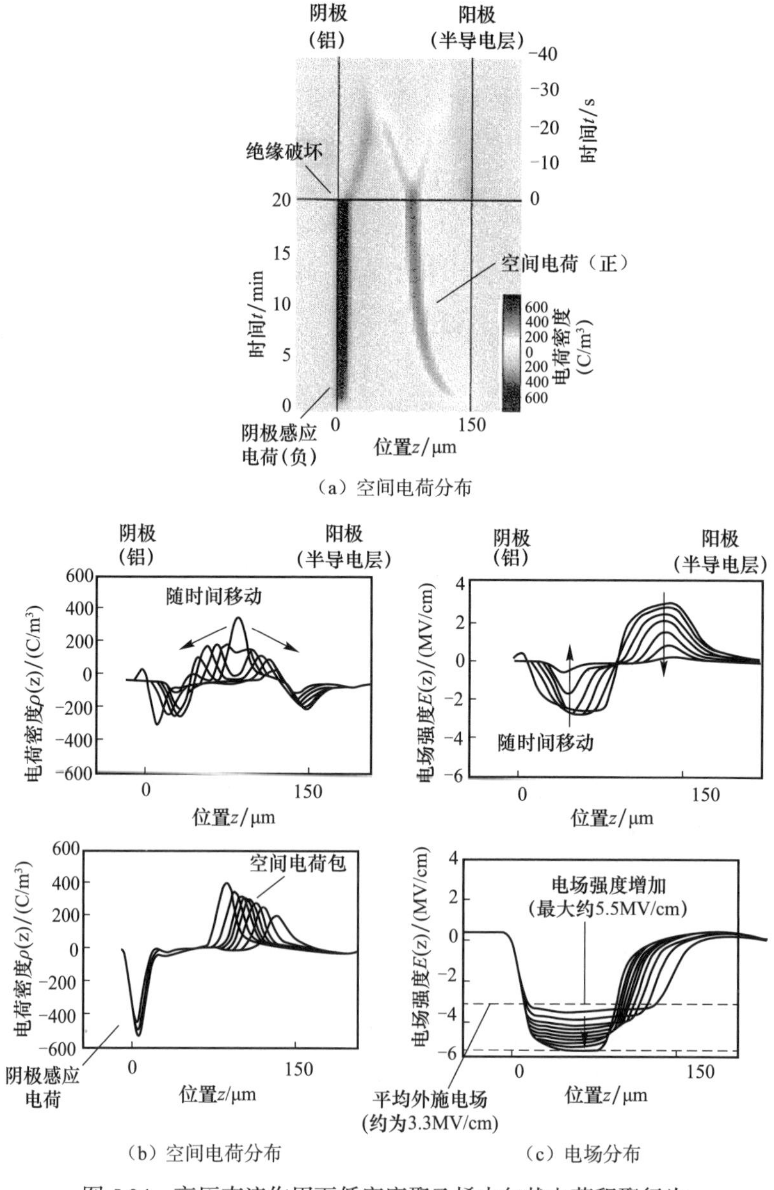

(a) 空间电荷分布

(b) 空间电荷分布　　(c) 电场分布

图 5.24　高压直流作用下低密度聚乙烯中包状电荷积聚行为

LDPE 中观察到的一样向阴极移动，但是电荷最终到达了阴极，此后电荷从阴极消失又重新从阳极出现，这一过程在测量中重复出现，如图 5.26（c）所示。这种重复性电荷注入在 LDPE 中间隔数小时出现一次，而在 XLPE 中间隔几分钟出现一次。在 XLPE 中电荷的重复性注入有时也会导致电击穿，但是空间电荷积聚导致的电场增强并不比 LDPE 中的大。这意味着，通过包状空间电荷积聚导致的电场增强并不是 XLPE 在相对低的直流电场作用下发生击穿的唯一原因，目前击穿的原因仍然不清楚，然而 XLPE 中观察到的不寻常的空间电荷行为一定和击穿机理紧密相关。

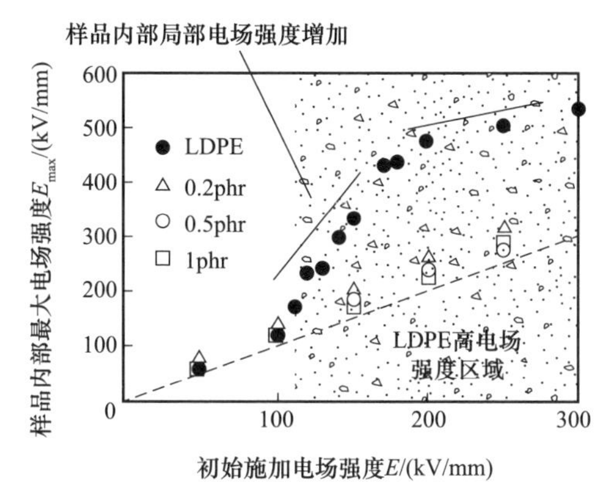

图 5.25　LDPE 和 LDPE/MgO 纳米复合材料在不同直流电场作用下空间电荷积聚诱导的最大电场分布[6]

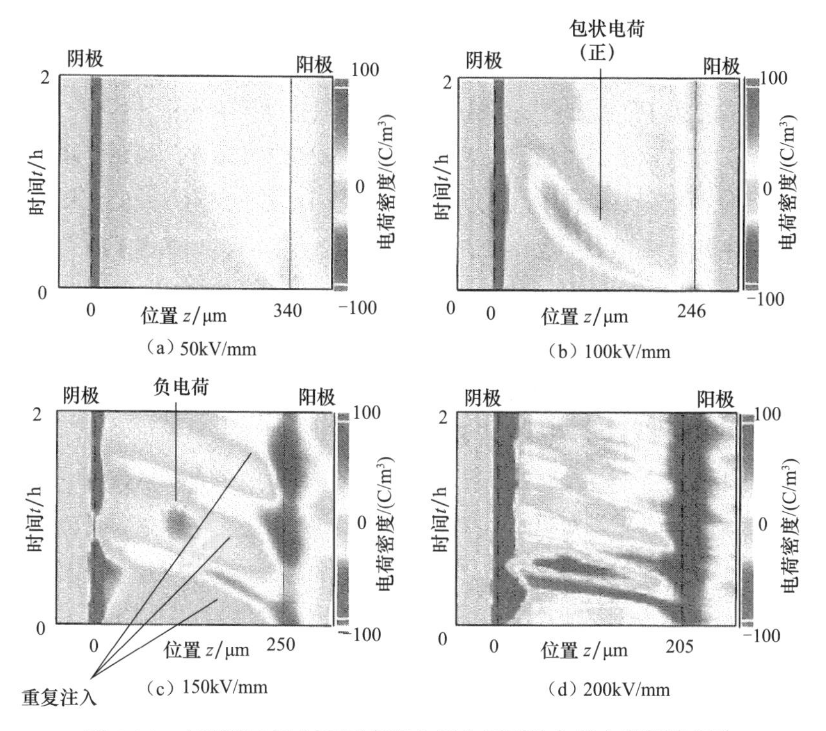

图 5.26　交联聚乙烯在不同直流电场作用下的包状电荷积聚行为

5.3.3　即使在高直流电场下加入纳米填料也能显著抑制空间电荷积聚

如上所述，当在聚乙烯上施加非常高的直流电场时，大量的包状电荷注入材料体，这导致即使在比本征击穿强度低的直流电场下，由于局部电场强度的增强或者其他不明的原因而形成致命的击穿。这表明一种材料在非常高的直流电场作用下，如果体内没有包状电荷的积聚，它有可能保持好的绝缘状态，即使这个电场比本征击穿电场高很多。越来越清楚的是，这种包状电荷在一些复合材料中不会积聚，包括添加了某些纳米尺寸无机填料的复合材料。

LDPE 和 LDPE/MgO 在室温（大约 25℃）、平均直流电场 200kV/mm 条件下，体内空间电荷分布随时间的变化［图 5.27（a）和（b）］[5]，两种试样的厚度均为 70μm。LDPE/MgO 纳米复合材料中包含百分之一含量的 MgO 纳米填料，也就是每 100g 聚合物基体中添加 1g 的填料。研究表明，在相同条件下 LDPE/MgO 体内没有电荷积聚［图 5.27（b）］，而 LDPE 中有大量包状电荷注入，如图 5.27（a）所示。因此，即使在很高的直流电场作用下，LDPE/MgO 中电场也畸变不多。LDPE/MgO 中施加的平均直流电场与空间电荷积聚增强的最大电场之间的关系如图 5.25 所示，从图中看出即使在非常高的 300kV/mm 电场下，LDPE/MgO 中的最大电场强度也接近外施平均电场强度。

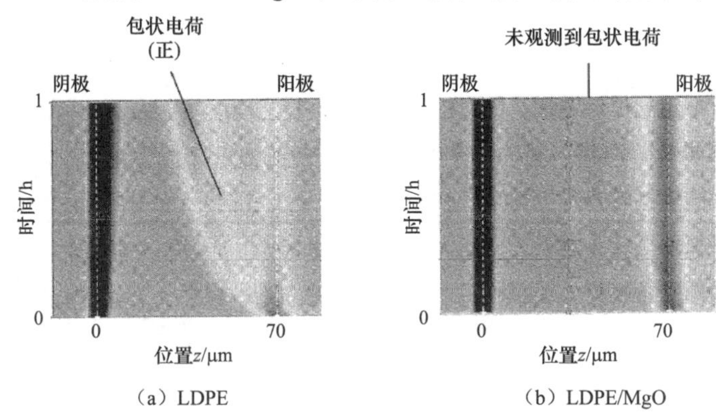

图 5.27　高压直流电场下空间电荷积聚行为比较

还有报道表明，XLPE 中纳米尺寸填料的加入能有效抑制包状电荷的注入。室温（大约 25℃）、在平均直流电场为 200kV/mm 条件下，XLPE 和 SXL-A 中空间电荷分布随时间的变化情况如图 5.28（a）和（b）所示[5]。SXL-A 是一种包含无机导电纳米尺寸填料的纳米复合材料。如图 5.28（b）所示，在 XLPE 中有反复的包状电荷注入，而相同条件下在 SXL-A 中没有明显的包状电荷，即使在很高的直流电场作用下 SXL-A 中电场也畸变不多。在 XLPE 和 SXL-A 中，施加的平均直流电场与空间电荷积聚增强的最大电场之间的关系如图 5.29 所示[8]，图中填料含量为 0.0% 质量分数的试样指的是 XLPE 中的最大电场。当施加电场超过 100kV/mm 时，在 XLPE 中有电场增强，而在 SXL-A 中并不明显，因此预计在 SXL-A 中由于包状电荷积聚导致的击穿不会发生。

值得注意的是，基体材料中较小数量填料的加入，例如质量分数为 1%（图 5.25）或者质量分数为 0.1%（图 5.29）能显著改善材料的空间电荷积聚特性。对于电力电缆用绝缘材料，力学性能（如柔韧性）也非常重要。由于添加如此小量的

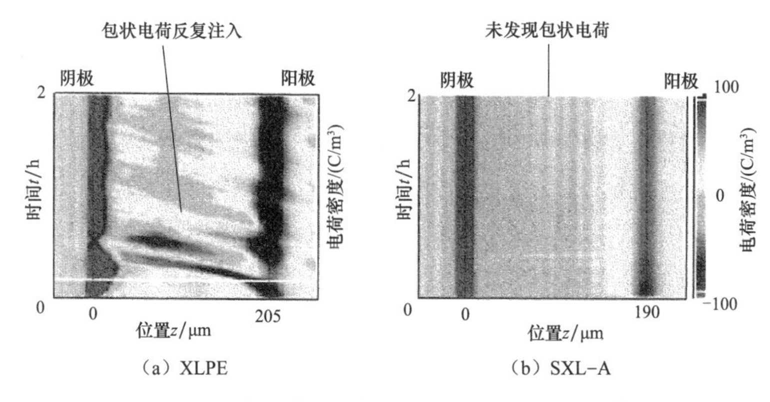

图 5.28　高压直流电场下空间电荷积聚行为比较

填料根本不影响材料的力学性能，因此通过添加纳米尺寸的填料来改善绝缘性能是极其有效的。事实上，新研制的使用添加无机纳米填料的 XLPE 制成的直流电力电缆（±250kV，45km），已经于 2012 年 12 月在日本新潟港（本州）和北海道（北部岛）之间安装并且安全稳定运行[5]。

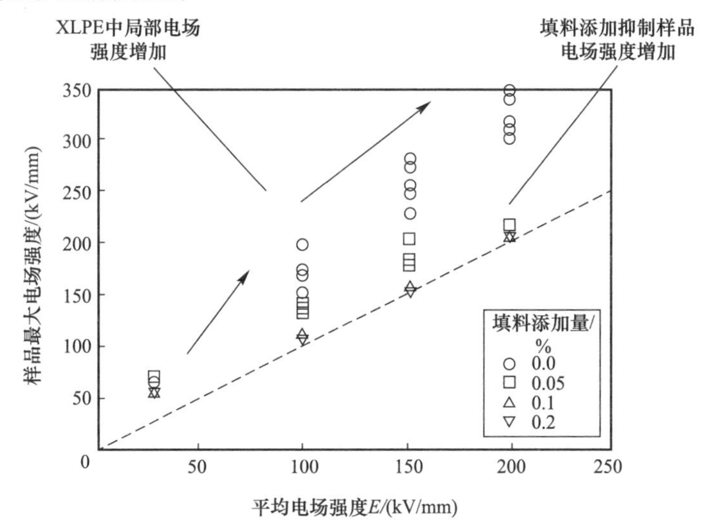

图 5.29　不同直流电场作用下 XLPE 和 SXL-A 空间电荷积聚诱导的最大电场分布

5.3.4　为什么纳米填料的加入能够抑制空间电荷的注入

为什么添加纳米尺寸填料能抑制空间电荷注入纳米复合物材料体？事实上，抑制机理的细节仍没有完全阐明，但有一些机制已被提出。下面介绍一种目前假设的机制。

直流电场作用下添加到聚合物中的填料周围的法拉第电力线的示意模型如图 5.30 所示[9]，为了便于解释，在这个模型中填料假定为有确定半径的球。当填料的介电常数 ε_{r2} 与聚合物基体的介电常数 ε_{r1} 相等时，电场分布没有畸变，如图 5.30(a)所示。

然而，当填料的介电常数 ε_{r2} 比聚合物的介电常数 ε_{r1} 大时，填料表面有感应的正电荷和负电荷，填料周围的电场将发生很大的畸变，如图 5.30（b）所示。如果填料的介电常数 ε_{r2} 比聚合物的介电常数 ε_{r1} 大得多，比如填料是导电的，那么电场的畸变将是巨大的。由于 MgO 和 LDPE 的介电常数分别是 9.8 和 2.3，LDPE/MgO 复合物属于这种情况。

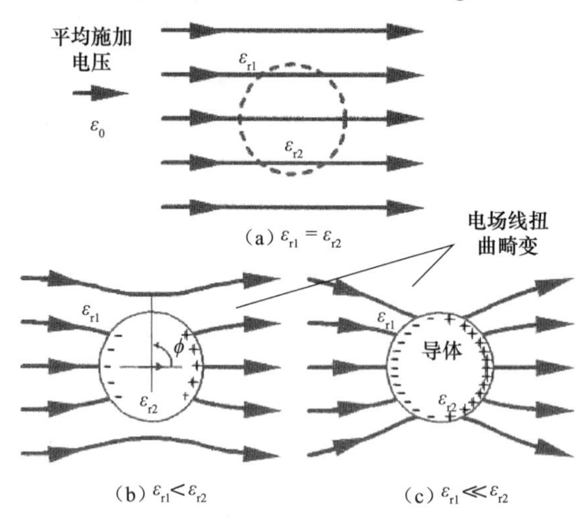

图 5.30　直流应力作用下添加到聚合物中的填料附近的电力线示意模型

当填料周围发生电场畸变时，它周围的电势分布也产生畸变，如图 5.31 所示[9]。从图中可以发现，在直流应力作用下，“势阱”可以作为捕获正、负电荷的陷阱。当一个载流子在填料周围漂移时，无论它是正电荷或者负电荷，都将被陷阱捕获，不能再移动。当填料与基体的介电常数之差变大或者施加的电场变大时，陷阱的深度也增加；陷阱深度的增加，捕获横截面面积也增大。当直流电场施加到纳米复合物材料上并使电荷从电极注入材料体时，注入的电荷被注入界面附近的深陷阱捕获后不能再移动。因此，大量电荷积聚在这种材料表面，这将减小电极 / 材料界面处的电场，电场的减小将抑制电荷的进一步注入。

在这种情况下，由于俘获截面随着介电常数之间的差异增大而增大，因此当填料的介电常数远大于聚合物基体的介电常数时，则相对少量的填料的添加是很有效的。这也许就是为什么即使添加相对少量的质量分数为 0.1% 的导电无机填料，对于抑制 SXL–A 试样中的包状电荷注入也是有效的。此外，如果这个模型是正确的，当施加到试样上的直流电场越大时，这种抑制效应也应该越大。图 5.32 给出了厚度为 70μm 的 LDPE/MgO（质量分数为 1%）在不同直流电场（50 ～ 200kV/mm）作用下的空间电荷分布[10]，结果表明电场越高注入的电荷分布越浅（离注入电极越近）。

在这个模型中，由于高压直流作用下填料周围会形成负的和正的势阱（图 5.31），可以认为填料对正、负载流子都起到陷阱的作用，这就是说陷阱不仅对电极注入的载流子有作用，也对体内产生的离子载流子有作用。

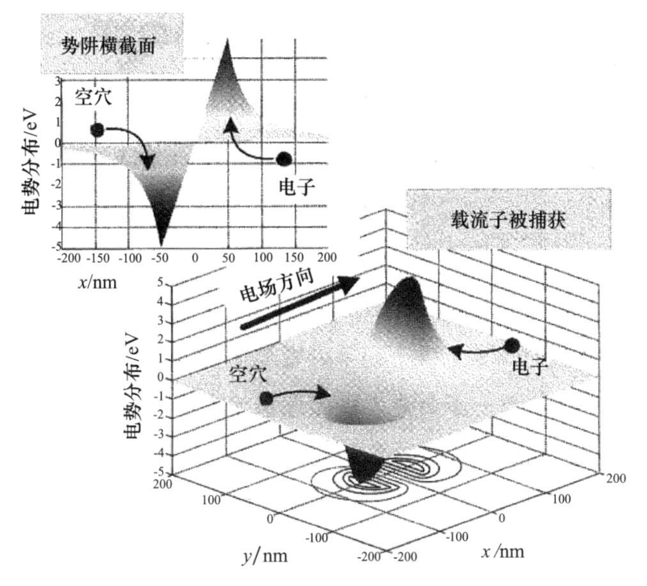

图 5.31　直流应力作用下填料周围电势阱的示意模型

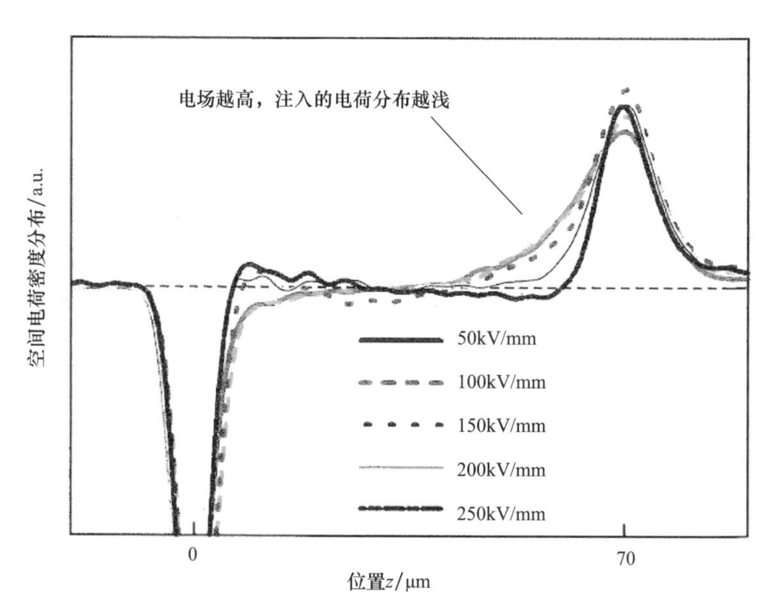

图 5.32　施加不同应力时 LDPE/MgO 纳米复合材料中空间电荷分布

综上所述，纳米复合物技术有望改善绝缘材料在直流电场下的性能，利用这种方法我们能开发许多新材料。

参考文献

[1] Inuishi, Y., et al.（1973）. *Yudentai Gensho-Ron*（Chapter 4 and 5）, *IEEJ*, pp. 203-321（in Japanese）.

[2] Matsui, K., Tanaka, Y., Takada, T., et al. （2005）. Space Charge Behavior in Low-Density Polyethylene at Pre-Breakdown, *IEEE Trans. Dielectr. Electr. Insul.*, 12（3）, pp. 406-415.

[3] Li, Y., Yasuda, M., Takada, T. （1994）. Pulsed Electroacoustic Method for Measurement of Charge Accumulation in Solid Dielectrics, *IEEE Trans. Dielectr. Electr. Insul.*, 1（2）, pp. 188-198.

[4] Hozumi, N., Takeda, T., Suzuki, H., et al. （1998）. Space Charge Behavior in XLPE Cable Insulation under 0.2-1.2 MV/cm DC Fields, *IEEE Trans. Dielectr. Electr. Insul.*, 5（1）, pp. 82-90.

[5] Hayase, Y., Aoyama, H., Matsui, K., et al. （2006）. Space Charge Formation in LDPE/MgO Nano-Composite Film under Ultra-high DC Electric Stress, *IEEJ Trans. Fundamentals Mater.*, 126（11）, pp. 1084-1089.

[6] Murata, Y., Sekiguchi, Y., Inoue, Y., et al. （2005）. Investigation of Electrical Phenomena of Inorganic filler/LDPE Nano- Composite Material, *Proc. IEEJ ISEIM*, pp. 650-653.

[7] Matsui, K., Miyawaki, A., Tanaka, Y., et al. （2005）. Influence of Space Charge Formation in LDPE and XLPE on Electrode Materials under Near Electric Breakdown Field, *IEEJ the Paper of Technical Meeting on Dielectrics and Electrical Insulation*, No. DEI-05- 64, pp. 37-42 （in Japanese）.

[8] Harada, H., Hayashi, N., Tanaka, Y., et al. （2011）, Effect of Conductive Inorganic Fillers on Space Charge Accumulation Characteristics in Cross-Linked Polyethylene, *IEEJ Trans. Fundamentals Mater.*, 131（9）, pp. 804-810 （in Japanese）.

[9] Takada, T., Hayase, Y., Tanaka, Y., et al. （2008）. Space Charge Trapping in Electrical Potential Well Caused by Permanent and Induced Dipoles for LDPE/MgO Nanocomposite, *IEEE Trans. Dielectr. Electr. Insul.*, 15（1）, pp. 152-160.

[10] Hayase, Y., Takada, T., Tanaka, Y., et al. （2007）. Potential Distribution and Space Charge Suppression Effect by Induced Dipole Polarization of Inorganic Nano Filler, *IEEJ the Paper of Technical Meeting on Dielectrics and Electrical Insulation,* No. DEI-07-56, pp. 7-12 （in Japanese）.

5.4　短时击穿特性

短时击穿特性对于不同性能绝缘子的设计很重要，例如在对使用绝缘子的设备进行绝缘测试时，需测量耐受电压和耐雷电或操作电压冲击的鲁棒性。当使用纳米复合材料制造绝缘子时，这些特性是有变化的。如果短时击穿特性下降，利用纳米复合材料改善绝缘子性能则无法有效实现。因此，需要进一步讨论导致短时击穿特性变化的因素。

5.4.1　短时击穿特性测量方法

当施加在绝缘子上的电场强度超过一定值时，流过绝缘子的电流会突然增大到无穷大，导致电气击穿。对于固体材料，击穿时会产生热，引起材料不可逆的烧毁。因此，电气击穿是决定绝缘子寿命的一个因素，而击穿特性是绝缘子的重要特性之一，对于这些特性和击穿现象的认识已经成为研究目标之一。短时击穿及其特性对于设计具有不同性能的绝缘子很重要，例如，在对使用绝缘子的装置进行绝缘测试时，需测量耐受电压和耐雷电或操作电压冲击的鲁棒性。

当使用纳米复合材料制造绝缘子时，对于短时击穿特性的认识是非常必要的，目前已有一些对于纳米复合绝缘子短时击穿特性改善的研究成果。利用微米复合材料制备绝缘子改善其他特性时，通过添加纳米颗粒进行纳米 / 微米复合制备绝缘子以防短时击穿特性的下降。

短时击穿特性是通过将金属电极贴在试样两端，在两电极之间外施电压直到试样发生电气击穿而测定的。由于需要确定试样本身的击穿特性，所以有必要诱导电击穿，使电流以最短的距离穿过试样。例如，在球形和平板电极之间放置一个固体平板试样（图 5.33），当外施电压时，放电可能从球形电极产生，并且由于平板试样的介电常数与周围媒质不同，放电有可能发生在局部高场强的区域。

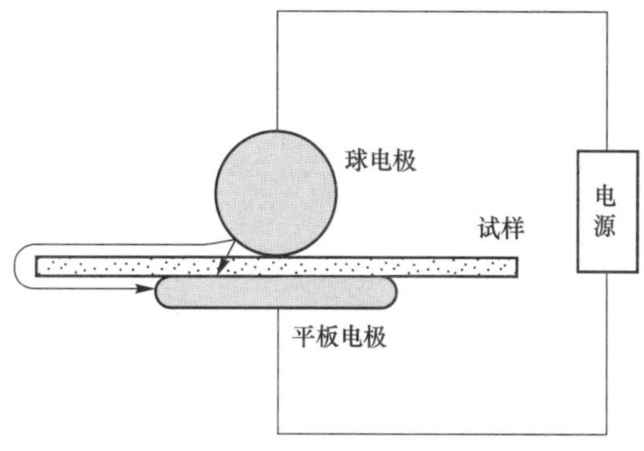

图 5.33　平板试样的击穿路径

这种放电可能在电极下方稍微偏离一点的位置发生电气击穿。为防止放电发生，在制作待测试样时，电极需埋入另一种固体材料。在测试过程中，平板试样和电极都要浸没在绝缘油中。对于薄膜试样，需产生电气击穿的部分要减薄［图 5.34（a）］，而电极是利用气相沉积法覆盖在减薄部分；另一种方法则是在气相沉积电极时将掩膜板置于薄膜试样上方，对电极边缘进行钝化处理［图 5.34（b）］，这会降低电极边缘处的电场强度从而防止表面放电的产生[1]。

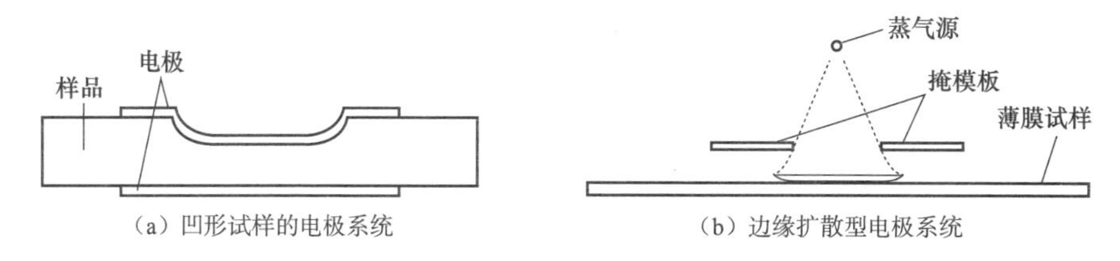

（a）凹形试样的电极系统　　（b）边缘扩散型电极系统

图 5.34　薄膜试样的电极系统

耐受电压大小与材料的厚度和温度以及电压波形、持续时间和极性有关。因此，在评价材料的击穿特性以及对比不同材料的击穿结果时，这些条件都非常重要。测试标准规定了电极的形状、外施电压的波形、升压的方法以及其他因素。

日本出版的日本工业标准 JIS C2110-1 ～ 3 [2-4]，其中的第 1 部分到第 3 部分分别对应工频电压、直流电压和脉冲电压这三种不同的外施电压。平板试样的击穿试验规定见表 5.5，电压的施加方法见表 5.6。同时定义：在以一定速度升压的情况下，将击穿发生后的电压为击穿电压；而在以一定阶梯电压升压的情况下，将击穿发生前的电压为击穿电压。另外，将击穿电压或击穿电压除以电极间距（击穿场强）作为短时击穿特性的评价标准。

表 5.5　击穿试验的电极形状与模式图

电极系统	电极的形状和尺寸
异径电极 下电极　样品　上电极	边缘部分带有半径 3mm±0.2mm 圆角的圆柱形电极 上电极：直径 25mm±1mm，高约 25mm 下电极：直径 75mm±1mm，高约 15mm
同径电极 样品　上电极　下电极	边缘部分带有半径 3mm±0.2mm 圆角的圆柱形电极 上、下电极均为直径 25mm±1mm，高约 25mm
球-板电极 样品　上电极　下电极	上电极：直径 20mm 的球电极 下电极：边缘部分带有半径 2.5mm 圆角的直径 25mm 的圆板电极

表 5.6　电压的施加方法

电压波形	试验方法	电压施加方法
工频交流电压	短时间（急速升压）试验	从 0V 开始到发生击穿为止以一定的速度升压。选择能够使击穿在 10 ~ 20s 的范围内发生的升压速度。升压速度在 100 ~ 5000V/s 的范围内选择，一般采用 500V/s 作为升压速度
	20s 阶梯升压试验	外施电压为预测击穿电压的 40%，在耐受 20s 之后，以一定的幅值连续进行 20s 一次的阶梯升压，直到击穿发生
工频交流电压	低速升压试验（120 ~ 240s）	电压值从预测击穿电压的 40% 开始以一定速度进行升压，要求在试验开始后 120 ~ 240s 内发生击穿。升压速度在 2 ~ 1000V 内选择
	60s 阶梯升压试验	与 20s 阶梯升压试验的电压施加方法相同，但电压的保持时间变为 60s
	超低速升压试验	与低速升压试验的电压施加方法相同，但要求在试验开始后 300 ~ 600s 内发生击穿，升压速度在 1 ~ 200V 内选择

续表

电压波形	试验方法	电压施加方法
直流电压	可采用类似工频交流电压的试验方法中的短时间试验、低速升压试验和超低速升压试验中的任意一种	
脉冲电压	施加前沿为 1.2ms±0.36ms，后沿为 50ms±10ms 的脉冲电压。 试验电压的施加方法和工频交流电压的试验方法一致	

上述标准中描述的试验方法所使用的电极系统，其电极间都是均匀电场或稍不均匀电场。也有大量试验采用在电极间会形成极不均匀电场的针－平板电极系统。

5.4.2　短时击穿物理机制及其解释

电气击穿的物理机制可以归纳如下：①受固体中电子所支配的电击穿过程，例如传导电子的能量平衡损耗和隧穿效应；②在电压施加时，由焦耳热和辐射热之间平衡的变化引起的单纯的热击穿过程；③由外施电压和外力引起的电极之间应力平衡导致的机械应力击穿过程。这些过程与电气击穿强度（F）、温度（T）以及材料的厚度（d）密切相关。图 5.35 给出了详细的分类。

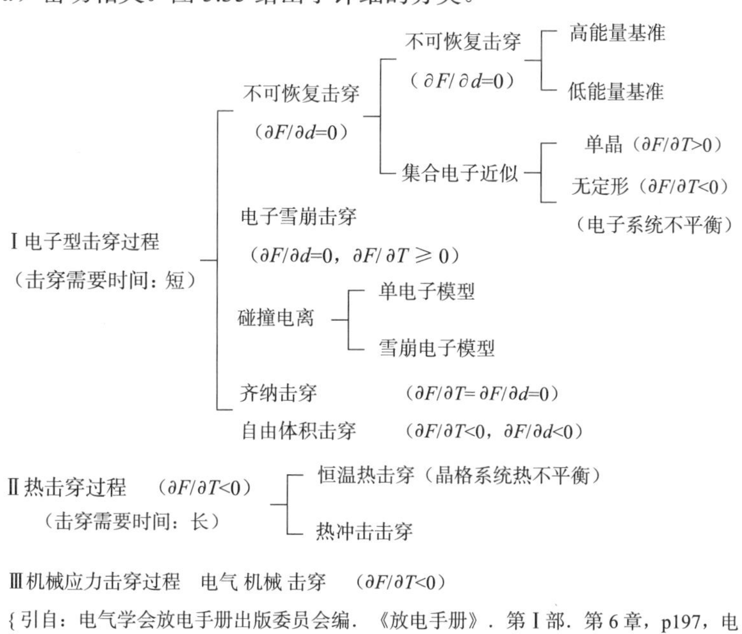

{引自：电气学会放电手册出版委员会编．《放电手册》．第Ⅰ部．第 6 章，p197，电气学会（1988）}

图 5.35　固体电介质的短时击穿理论

由于本书所涉及的纳米复合材料属于高分子材料，根据高分子的分子状态不同，击穿过程也存在争议。例如，聚乙烯（PE）是链状聚合物，在低温下是玻璃态，其击穿机理基本被公认为电子雪崩击穿；但在高温下，其分子状态变为橡胶态或塑性流动态，相应的击穿机理有热击穿、电 - 热击穿、自由体积击穿、电 - 机械击穿等假说模型，但尚未形成定论。

5.4.3 纳米复合绝缘子的短时击穿特性如何变化

纳米复合绝缘子的短时击穿特性在不同条件下是如何变化的？图 5.36 总结了前人得到的变化特性的相关研究数据。由图 5.36 可知，击穿电压取决于填料的添加量和外施电压的波形，其中，纵坐标是纳米复合绝缘子与基体材料击穿电压的比值，该值越大，说明纳米复合材料对绝缘子的影响越大。图 5.35 说明当材料中添加填料时其击穿电压会增大，但当添加量过多时，其击穿电压会降低。当施加直流电压时，纳米复合绝缘子的击穿电压相较基体材料通常会增大（图 5.37）[2]，然而，当施加脉冲电压时其击穿电压保持不变，当施加交流电压时其击穿电压会降低。

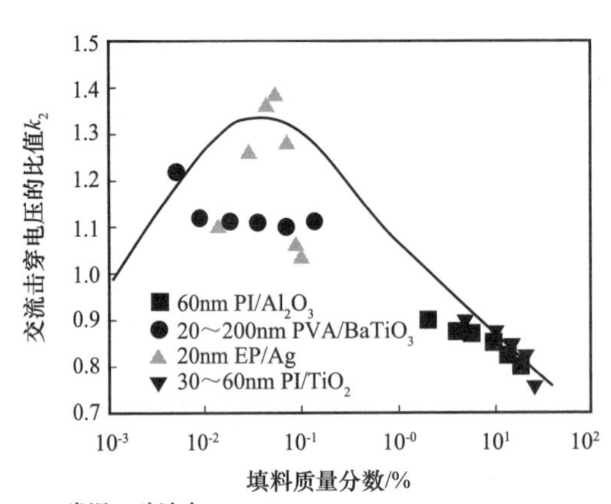

图 5.36　交流击穿电压的比值 k_2 与填料含量的关系

纳米复合绝缘子的击穿电压也与电极形状有关。纳米复合材料在针 - 板电极系统中的击穿电压更高，而在板 - 板电极系统中的击穿电压要低。因此，将纳米复合材料用在绝缘子中并非总是会改善其击穿特性，这是由于纳米复合绝缘子的短时击穿特性与它们的制备条件，包括制备方法、颗粒的粒径大小、团聚和分散的程度、表面处理方法和流程以及水分吸收状态有很大关系。

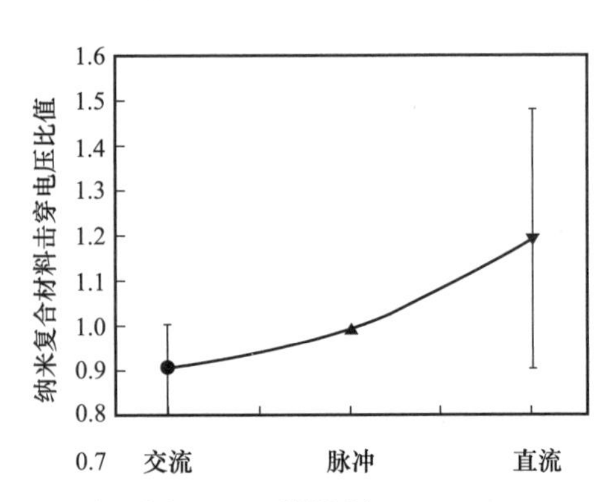

图 5.37　纳米复合材料的击穿比值 k_2 与外施电压类型的关系

5.4.4 填料状态对改善短时击穿特性的重要性

如上所述，纳米复合绝缘子的短时击穿特性的改善或退化与很多因素有关。在纳米复合绝缘子的早期发展阶段，尚未提出纳米复合材料的制备技术。近年来随着纳米复合材料制备完技术的不断改进，也发现了影响其性能的某些因素。本节我们将重点讨论纳米填料状态对纳米复合绝缘击穿特性的影响。

氮化硼（BN）/ 环氧树脂（ER）复合材料中填料尺寸与电气击穿强度的关系如图 5.38 所示[3]，其中，击穿电压测试是将直流电压施加在板－板电极系统上进行的。基体材料的击穿场强为 −163kV/mm，而其纳米复合材料的击穿场强随着填料尺寸的减小而增大。图 5.38 中给出了具有合理相关性的单对数曲线，意味着击穿电压与填料的表面面积有关。

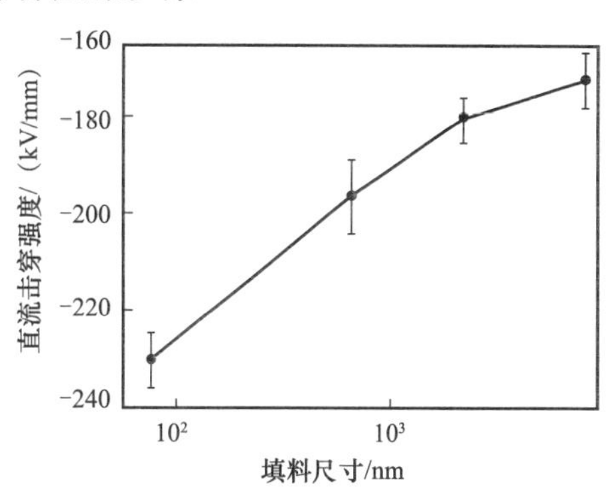

图 5.38　BN/ER 复合材料直流击穿强度与填料尺寸的对数关系曲线[3]

蒙脱土 / 聚乙烯纳米复合材料的电气击穿强度与纳米填料分散状态的关系曲线如图 5.39 所示[4]，试样 A、B、C 分别为聚乙烯、分散很差的纳米复合材料以及分散良好的纳米复合材料。当纳米填料分散效果足够好时，纳米复合材料的击穿电压与基体材料相似。当纳米填料发生团聚时，纳米复合材料的击穿电压会大大降低。

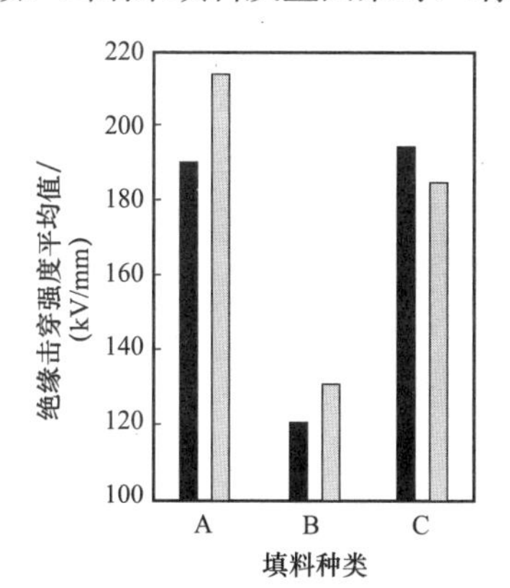

图 5.39　填料分散状态与击穿强度的关系曲线

填料的表面状态对电气击穿强度的影响如图 5.40 所示[5]，其中纳米复合材料由具有不同表面状态（进行耦合处理和未进行偶联处理）的纳米和微米填料添加到环氧基体中制备而成。当填料没有进行偶联处理时，其纳米复合材料的电气击穿强度会大大降低。当使用针电极时，电树枝的生长会影响击穿电压，因此填料的表面处理对于纳米复合材料是非常必要的。

水分吸收状态对纳米复合材料击穿强度的影响如图 5.41 所示[6]，其中纳米复合材料由纳米 SiO_2 添加到交联聚乙烯中制备而成。图 5.41 中比较了在三种不同的条件下其纳米复合材料的击穿强度以及基体材料的击穿强度，从而得到水分吸收状态的影响规律。在干燥状态下，纳米复合材料的击穿强度较高，而在潮湿状态时其击穿场强会低于基体材料，再进行干燥处理时仍无法回到原始值。因此，需要充分注意纳米复合材料的水分吸收状态。

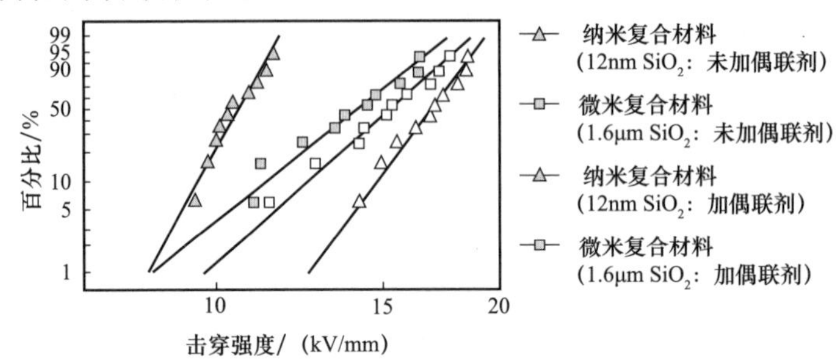

图 5.40　添加偶联剂和未加偶联剂的纳米 / 微米复合材料的击穿强度韦布尔分布

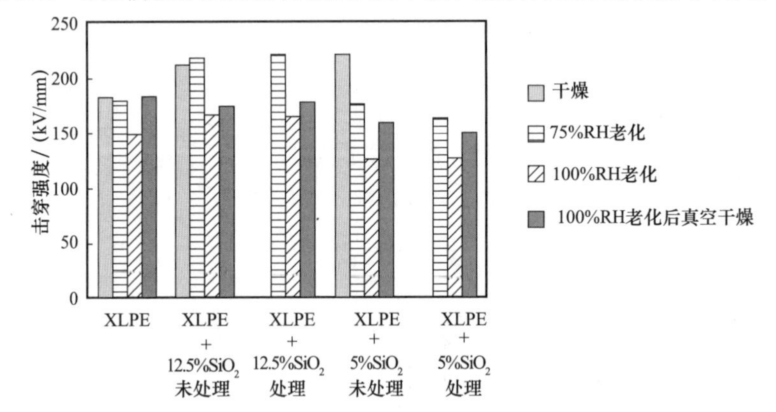

图 5.41　水分吸收状态对击穿强度的影响（VS: vinyl silane，乙烯基硅烷）

综上所述，本节主要分析了纳米复合绝缘子中引起短时击穿特性变化的因素，研究成果有助于改善短时击穿特性。

参考文献

[1] Inuishi, Y., Nakajima, T., Kawabe, K., et al.（2006）. *Dielectric Phenomenological, 29th ed.*（The Institute of Electrical Engineers of Japan, Japan）（in Japanese）.

[2] Li, S., Yin, G., Chen, G., et al.（2010）. Short-term Breakdown and Long-Term Failure in Nanodielectrcs: A Review, *IEEE Trans. Dielectr. Electr. Insul.*, 5, pp. 1523-1535.

[3] Andritsch, T., Kochetov, R., Gebrekiros, Y. T., et al.（2010）. Short Term DC Breakdown Strength in Epoxy Based BN Nano- and Microcomposites, *Proc. IEEE International Conf Solid Dielectrics*（*ICSD*）, 1, pp. 179-182.

[4] Vaughan, A. S., Green, C. D., Zhang, Y., et al.（2005）. Nanocomposites for High Voltage Applications: Effect of Sample Preparation on AC Breakdown Statistics, *Annual Rept. IEEE Conf. Electrical Insulation*

and Dielectric Phenomena（*CEIDP*）, pp. 732-735.

[5] Imai, T., Sawa, F., Ozaki, T., et al. （2005）. Evaluation of Insulation Properties of Epoxy Resin with Nano-scale Silica Particles, *Proc. IEEJ International Symposium on Electrical Insulating Materials*（*ISEIM*）, pp. 239-242.

[6] Hui, L., Nelson, J. K., Schadler, L. S. （2014）. Hydrothermal Aging of XLPE/Silica Nanocomposites, *Annual Rept. IEEE Conf. Electrical Insulation and Dielectric Phenomena*（*CEIDP*）, pp. 30-33.

5.5　长时介质击穿（树枝击穿）

少量的纳米填料不仅可以抑制电树枝的起始，而且可以抑制电树枝在绝缘层中生长，这个效应在长时电树枝击穿特性中非常明显，这种抑制特性可以在实际中得到应用。另外，还可以观察到在高场强下纳米复合材料的短时电树枝发展过程会被加速这一反常的现象，这为纳米填料与高能电子输运和电树枝通道发展的相互作用带来的。

5.5.1　基于电树枝形状和 *V–t* 特性评价聚合物的树枝化击穿

电树枝是一种现象，是指当聚合物绝缘材料局部受到高场强作用下，会形成树枝状放电痕迹，最终贯穿整个绝缘材料发生击穿，这个现象称为树枝化击穿，这样的树枝化通道称为电树枝。尽管在运行中的电力设备和电缆无法检测树枝化击穿通道，但可以非常确定在厚层绝缘中会产生这种类型的介电击穿。几种用于实验研究的电极系统类型如图 5.42 所示。通常，针电极要嵌入绝缘材料或浇筑在绝缘材料内部，而平板或圆形电极则位于 1mm 以外，由于热膨胀系数的差异，当金属针电极系统嵌入聚合物，在两者之间会产生空隙，因此有时半导体聚合物（碳掺杂聚合物）电极更合适。

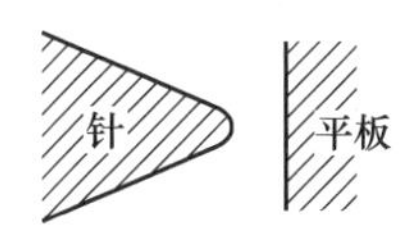

图 5.42　电树枝实验所用电极系统

电树枝具有不同的形状，可粗略分为两种类型：树枝状和灌木丛状（图 5.43）。在大多数情况下，电树枝起始时是树枝状，随着时间推移慢慢生长为灌木丛状。当针电极尖端电场足够高时会引起短时介电击穿，产生贯穿整个试样的树枝状电树枝。长时树枝化击穿存在一个潜伏期，在潜伏期没有明显变化。外施电压和击穿时间的关系称为 *V–t* 特性，通常可用此评估树枝化击穿特性。交流电压作用下的长时树枝化击穿包括如下两个阶段：

（1）树枝起始前的潜伏期。

（2）击穿前的生长期。

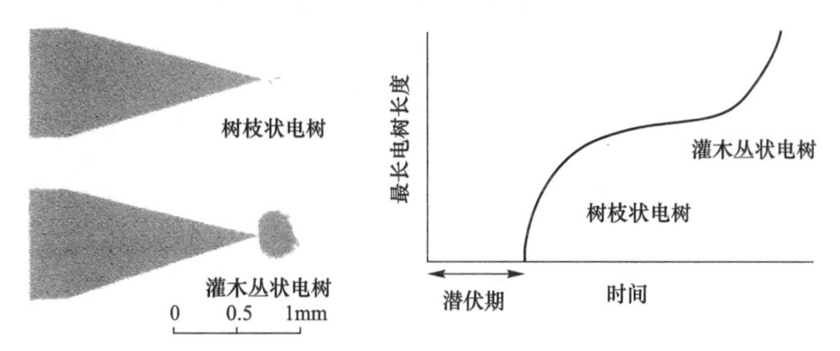

图 5.43 树枝状电树和灌木丛状电树及其时间依赖性

在潜伏期中何种现象是树枝化现象所独有的？如果试样在针电极尖端附近存在空洞，在空洞内会发生气体局部放电，局部放电可能会在周围区域引发电树枝。在环氧树脂等硬质材料中，由于重复不断的麦克斯韦应力，在针电极尖端附近会产生空洞，在空洞中产生局部放电而形成电树枝。

普遍认为在潜伏期内材料性能会发生劣化，其中针电极的电子注入过程具有主导作用。对于聚乙烯认为其电子注入和复合过程是同时发生的，由于在紫外光区可以观察到电致发光，因此复合过程中可以用紫外光来观察。当有氧存在时很容易发生氧化作用，这可能导致聚合物链的断裂形成自由基，这是由于注入电子复合发射紫外线而导致的降解过程。注入电子也可能具有足够高的能量，直接引发聚合物主链的断裂，导致材料的降解。总之，材料的劣化降解会导致耐电应力的降低，因此在施加一段时间电压之后会产生电树枝，这个过程如图 5.44 所示。

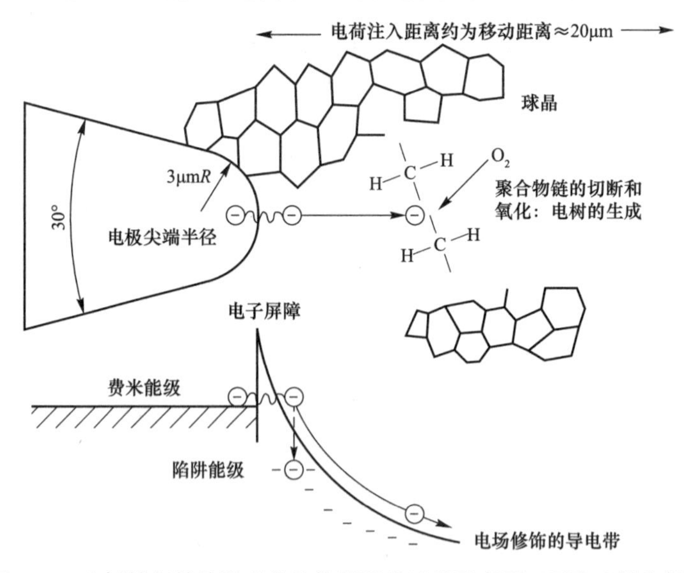

图 5.44 电树枝起始阶段理化性能的退化过程示意图（以聚乙烯为例）

5.5.2　纳米填料的添加极大延长了树枝化击穿寿命

当在聚合物中添加纳米填料组成纳米复合材料时，期望能够大幅提高树枝化击穿的 *V–t* 特性。在聚合物基体中添加纳米填料可以改变树枝的形状、减缓树枝的产生和生长、延长寿命、提高介电击穿电压。在纳米复合材料发展历史的早期阶段的一个典型 *V–t* 特性曲线如图 5.45 所示[1]，它比较了两种不同类型的环氧复合材料，填料分别为微米二氧化钛和纳米二氧化钛（质量分数均为 10%）。该图显示了纳米填料的添加会使 *V–t* 特性曲线的寿命指数 *n*（斜率）增大，其寿命会大大延长。当外施电压降低时，其寿命的差距变得更大，当电场强度低至 100kV/mm 时，其寿命甚至延长了 100 倍。如 5.5.3 节所述，这种性能更多地是由于抑制了树枝的生长而不是抑制了树枝的起始。由于实际设计电应力通常远低于 100kV/mm，因此该结果具有重要的意义，说明此类纳米复合材料具有潜在的实用价值。此外，氧化铝 / 环氧纳米复合材料[2]、氧化镁 / 聚乙烯纳米复合材料[3, 4]、层状硅酸盐 / 环氧纳米复合材料[5, 6]都具有类似的特性。

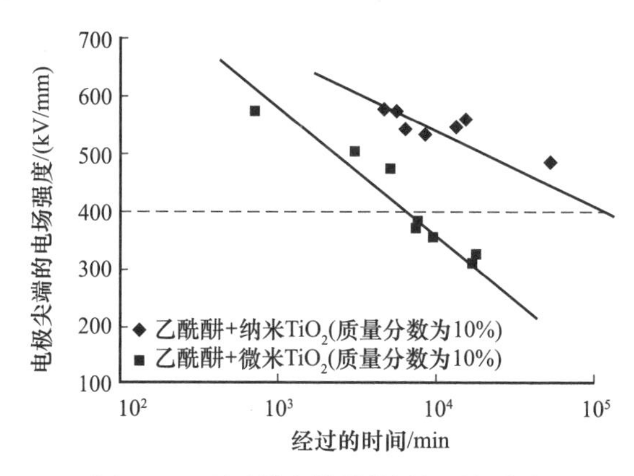

图 5.45　通过纳米填料的添加延长寿命

纳米填料在树枝发展过程中起到了什么作用？它们极大地抑制了树枝的发展。这里至少可以提出两个概念机理：一是由于纳米颗粒的阻挡，迫使树枝通道方向改变，形成曲折的通道，延缓了树枝的生长；另一个是由于纳米颗粒的横向膨胀抑制了树枝通道的生长。关于第二种物理机制的有力证据如图 5.46 所示[2]，其分别为环氧树脂基体及其纳米复合材料中产生的树枝通道内表面的 SEM 照片，可见在环氧树脂中，树枝通道内表面非常光滑，而其纳米复合材料的树枝内表面非常粗糙。在树枝通道的生长过程中会产生局部放电，通道内表面受到局部放电的作用，沉积物被认为是纳米填料的团聚体。局部放电的作用会侵蚀纳米复合材料，进而导致纳米填料从内表面脱落。由于局部放电的侵蚀，纳米复合材料中的有机环氧被蒸发，无机纳米颗粒形成沉积物。也就是说，局部放电侵蚀后环氧树脂基体的内表面很光滑，而纳米复合材料由于纳米填料的存在，其表面呈现出较强的耐局部放电特性，耐电树枝的寿命被延长。纳米复合材料具有天然的耐局部放电特性，这种特性可以延长耐电树枝的寿命。

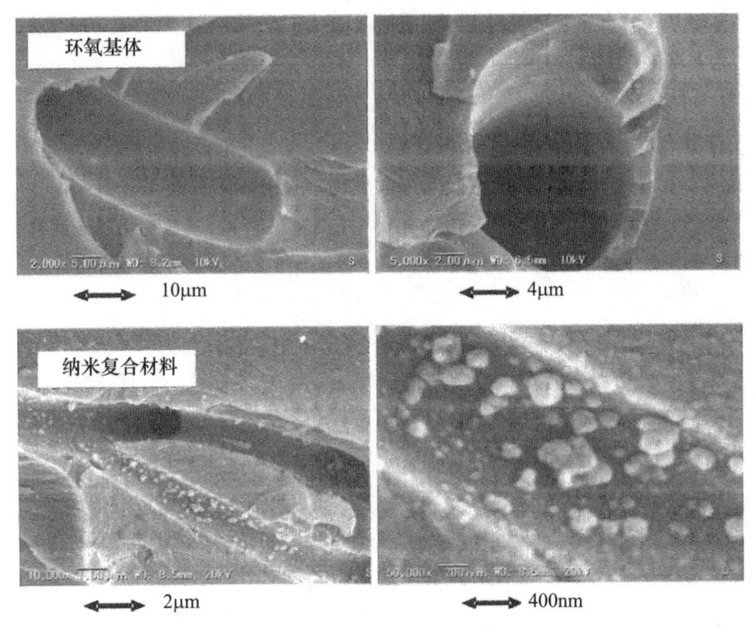

图 5.46　环氧基体和纳米复合材料中电树枝的内表面

5.5.3　纳米填料在树枝生长起始阶段起什么作用

众所周知，耐树枝化击穿寿命被大幅延长是由于纳米填料在树枝通道内部抑制了局部放电的侵蚀，并且纳米填料对电树枝起始阶段的电子行为具有显著的影响，即纳米填料会使纳米复合材料内部的输运电子发生入陷和散射，进而使得树枝通道发生曲折，形成分支。

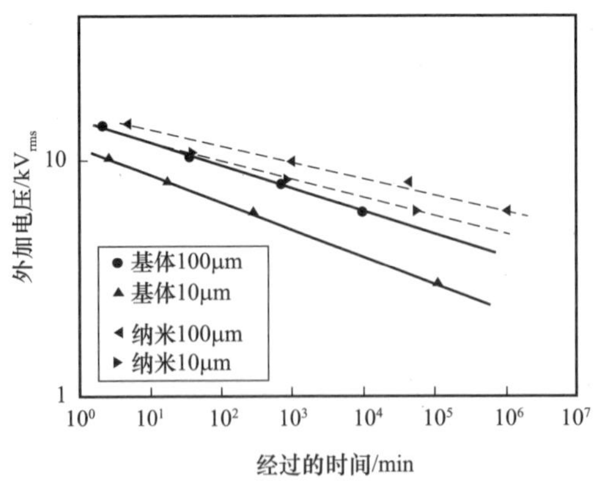

图 5.47　起始电树枝的 V–t 特性曲线
（长度分别为 10μm 和 100μm）

早期生成的树枝称为起始电树枝，纳米填料会抑制起始电树枝的生长，使其长度为 10 ～ 100μm [7, 8]。在电树枝起始阶段的抑制效应如图 5.47 所示，并可得到如下结论：

（1）对比环氧树脂基体和纳米复合材料的树枝生长时间，当起始电树枝长度为 10μm 时：纳米填料的添加增大了起始时间，V–t 特性曲线的寿命指数 n 从 9.5 增加为 14。寿命指数 n 的增大意味着在中低水平电场强度下起始时间被显著延长。因此，纳米填料的添加具有提高寿命和增大寿命指数 n 的效应。

（2）对比环氧树脂基体和纳米复合材料的树枝生长时间，当起始电树枝长度达到 100μm 时：定性来说同样上述两种的效应是有效的，在该情况下其寿命指数 n 从 10 增大到 16。

目前尚无明显证据证明电树枝起始时间是否被环氧树脂中的纳米颗粒所缩短。然而，研究发现在聚乙烯中电树枝起始电压随着纳米填料（氧化镁）的含量的增加而增大[4]，根据该研究发现纳米填料对电树枝的起始具有重要作用，一种物理机制认为从针电极尖端注入的电子有可能被纳米填料捕获而很难产生电子雪崩，因此，纳米填料将抑制电树枝的起始，进而提高击穿电压。另一种物理机制认为由纳米填料所产生的局部电场会使电子发生散射和减速，从而使电子雪崩很难产生。图 5.48 所示为一张很有趣的 SEM 照片，该照片为在环氧纳米复合材料中在一个大的树枝通道上产生了一个微小的树枝，这让我们对纳米复合材料中树枝通道的内部结构有所了解。这个从大的树枝通道产生的微小树枝，大约有 1μm 长，类似从针电极尖端产生的起始树枝，即使这个微小树枝只有 1μm，树枝通道的生长也被抑制，通道发生了曲折和分叉。

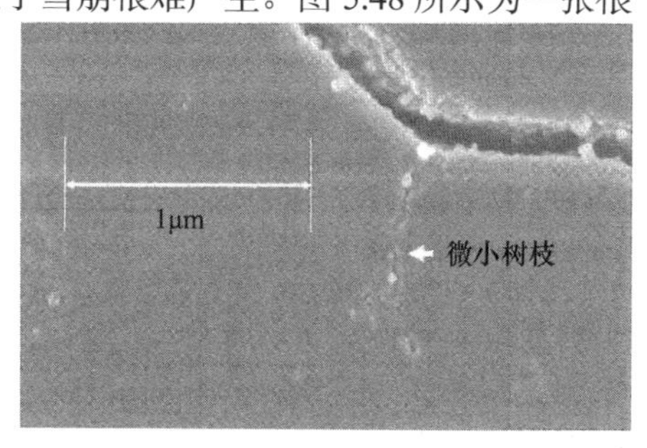

图 5.48 从大的树枝主干上产生的微小树枝

5.5.4 一个交叉现象的出现：电树枝生长与电压的关系

在低电场下，纳米填料会抑制和降低树枝的发展速度。然而，研究中明显观察到一个很奇怪的现象：在高电场下纳米填料竟然会加快树枝的发展速度，这种奇怪的反常现象称为“电树枝生长的交叉现象”，如图 5.49 所示[2]。该图所示为树枝长度与外施电压的关系曲线，所用的电极系统为针－板电极系统（金属棒电极直径为 1mm，针尖电极直径为 5μm，电极间距为 3mm）。可以清楚看到，当电压有效值低于 17kV 时，纳米复合材料中树枝的长度要小于环氧树脂基体，而当电压有效值高于 17kV 时，纳米复合材料中树枝的长度要更大一些。这个发现清楚表明，在高电场条件下添加纳米填料增大了电子输运速度或树枝通道发展速度。

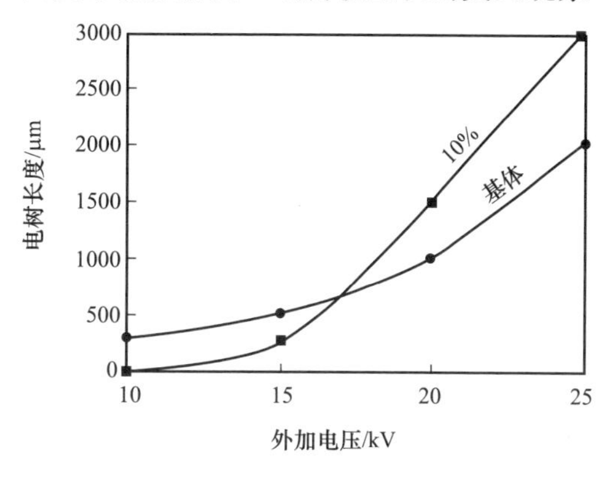

图 5.49 交叉现象：环氧树脂基体和质量分数为 10% 的纳米氧化铝环氧复合材料中树枝长度与外施电压的关系曲线

需要说明的是，微小树枝通道到

达平板电极并不意味试样发生介电击穿，对于完全击穿意味着在横向扩展的树枝通道内部形成了高电导通道，就像长间隙气体放电中的回击。树枝通道内表面的侵蚀是由局部放电造成的，在纳米复合材料中纳米填料会抑制侵蚀，进而延长介电击穿的时间。

5.5.5　纳米填料怎么作用于电树枝生长过程

电树枝主要由两个过程决定：起始和发展。纳米填料会提高电树枝的起始电压，延长电树枝的起始时间。这些基本现象对于认识纳米填料与电树枝起始过程的关系具有重要作用。通常认为从金属针电极尖端产生电树枝和从大的树枝中产生树枝分支的物理机制是相同的，这可以从固有的分形性质来理解。剩下的问题是要从电学和物理学角度来阐明输运电子和微小树枝的发展是如何与纳米填料相互作用的。

基于已有数据解释纳米填料如何影响树枝生长的示意图如图 5.50[7]。在低电场条件下，纳米填料抑制了树枝的生长，即在低电场条件下当树枝很小时，其与纳米填料发生碰撞后沿曲线生长，而纳米填料极大地抑制了因局部放电侵蚀导致的树枝通道内部直径的扩展；在高电场条件下，电子的输运和树枝通道的发展被加速。这两个过程共同解释了“交叉现象”的产生原因，然而其如何加速的机制仍未确定，可能的原因是纳米填料会诱导负电荷达到德拜屏蔽长度，就会建立起电场使电子加速。

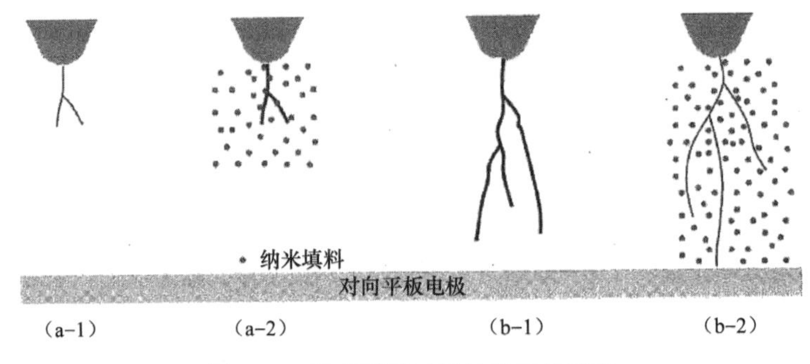

图 5.50　纳米填料对树枝发展的影响

（1）施加低电压时［图 5.50（a）］：（a–1）和（a–2）的树枝通道长度相同，而（a–1）的起始时间要小于（a–2）的起始时间。在（a–2）中，树枝起始过程被抑制。

（2）施加高电压时［图 5.50（b）］：两个树枝具有相同的时间，（b–2）中树枝通道的发展被加速。当树枝生长到达对面电极时，（b–1）会立即发生介电击穿。随着局部放电侵蚀通道的直径增大需要一定的时间，放电击穿被延迟。

参 考 文 献

[1] Nelson, J. K., Hu, H. （2004）. The Impact of Nanocomposite Formulations on Electrical Voltage

Endurance, *Proc. IEEE ICSD*, No. 7P-10, pp. 832-835.

[2] Tanaka, T., Matsunawa, A., Ohki, Y., et al.（2006）. Treeing Phenomena in Epoxy/Alumina Nanocomposite and Interpretation by a Multi-Core Model, *IEEJ Trans. Fundamentals Mater.*, 126（11）, pp. 1128-1135.

[3] Tanaka, T., Nose, A., Ohki, Y., et al.（2006）. PD Resistance valuation of LDPE/MgO Nanocomposite by a Rod-to-Plane Electrode System, *Proc. IEEE ICPADM*, 1（L-1）, pp. 319-322.

[4] Kurnianto, R., Murakami, Y., Nagao, M., et al.（2007）. Treeing Breakdown in Inorganic-Filler/LDPE Nano-Composite Material, *IEEJ Trans. Fundamentals Mater.*, 127（1）, pp. 29-34.

[5] Tanaka, T., Yazawa, T., Ohki, Y., et al.（2007）. Frequency Accelerated Partial Discharge Resistance of Epoxy/Clay Nanocomposite Prepared by Newly Developed Organic Modification and Solubilization Methods, *Proc. IEEE ICSD*, No. Dl-8, pp. 407-410.

[6] Raetzke, S., Ohki, Y., Imai, T., et al.（2009）. Tree Initiation Characteristics of Epoxy Resin and Epoxy/Clay Nanocomoposite, *IEEE Trans. Dielectr. Electr. Insul.*, 16（5）, pp. 1473-1480.

[7] Tanaka, T.（2011）. Comprehensive Understanding of Treeing V-t Characteristics of Epoxy Nanocomposites, *Proc. ISH*, No. E-008, pp. 1-6.

[8] Tanaka, T., Iizuka, T., Wu, J.（2011）. Generation Time and Morphology of Infancy Trees in Epoxy/Silica Nanocomposite, *Proc. IEEJ ISEIM*, No. A-2, pp. 5-8.

5.6 局部放电导致材料的劣化

由于添加纳米填料改变了聚合物的特性，耐局部放电（PD）特性显著提升。值得关注的是，各种纳米填料的特性在它们耐局部放电过程中展现出来，利用这些材料的特性提高了耐局部放电特性，使纳米复合材料在电力设备和电子器件中得到广泛应用。

5.6.1 基于侵蚀现象评价聚合物的耐局部放电特性

局部放电（PD）类似由局部或部分空气击穿引起的电晕放电，夜间可以看到的架空输电线路周围发出的光就是这种电晕放电。如果对空气中尖锐的金属电极尖端施加高电压，则可以再现这种局部击穿；当在固体绝缘物和气体绝缘物组成的复合绝缘体上外施电压时，通常空气的击穿电压低于固体的击穿电压，当电压高于一定值时会产生气体放电。这些在固体绝缘领域称为局部放电。它们一般分为两种放电形式：汤逊放电（在整个空间中放电）和流注放电（树状放电），这些放电通常可以用电脉冲法检测。由于固体绝缘长时间经受这种放电，将致使材料劣化，最终导致材料击穿，这就是局部放电劣化的过程。

局部放电也发生在液体中，并导致蒸发和气体放电，其具有和固体－气体复合绝缘相似的现象。电力部门一直在研究各种绝缘材料局部放电造成的绝缘劣化，其中包括基于油浸绝缘的屏蔽铅护套（SL）电缆、基于云母－沥青化合物与云母－环氧化合物的发电机绕组绝缘，这两者在运行状态下都需要耐受局部放电。通常加压充油电缆（OF）电缆、管式加压充油（POF）电缆、油浸式电力变压器在运行中不会产生局部放电，交联聚乙烯（XLPE）电缆和浇注电力变压器不太容易发生局部放电。由于在正常条件下的持续 PD 作用或非正常条件下的偶然 PD 作用下，有机聚合物材料在使用时容易劣化，PD 成为一个重要的研究目标。

最近出现了一个新的 PD 问题，就是用于驱动电动机的逆变器驱动电路的 PD 问题。PWM 逆变器供电电路产生的快速上升的电脉冲称为逆变器浪涌，产生的 PD 脉冲降低了电机绕组绝缘。因此，即使在微电子领域PD也备受关注，例如PD发生在：①液晶电视背光设备［逆变变压器、高压的印刷电路板（PWB）、连接器、连接电缆等］；②投影机光源用高压开关电源、数码相机频闪电路和负离子发生器；③空调、洗衣机和冰箱的变频调速电动机。

帕邢定律［$V = f(pd)$］决定了绝缘系统中具有初始电子的空气的介电击穿强度（气体放电起始电压），这由 pd 函数表示，其中 d 和 p 分别是气隙和空气压力。图 5.51 给出了用于评价耐局部放电特性的几种电极系统，PD 包括表面放电和内部放电。图 5.51（a）～（d）属于表面放电，图 5.51（e）～（g）属于内部放电。表面放电发生在开放气体中，因此所使用的气体种类能保持在预先确定的整个实验时间内不变。由于局部放电试验一般都是在大气条件下进行的，因此表面放电涉及氧化反应过程；由于内部放电发生在封闭的空间中，空气中的氧被绝缘表面氧化所消耗，随时间的变化，由于固体绝缘蒸发使富氧气体环境变为富氮气体环境，气体的组分的化学和物理性质发生了变化，内部压力也发生了变化。因此，气体放电的特性会根据气体成分的比例而改变，这种改变进一步影响了材料的劣化的过程。

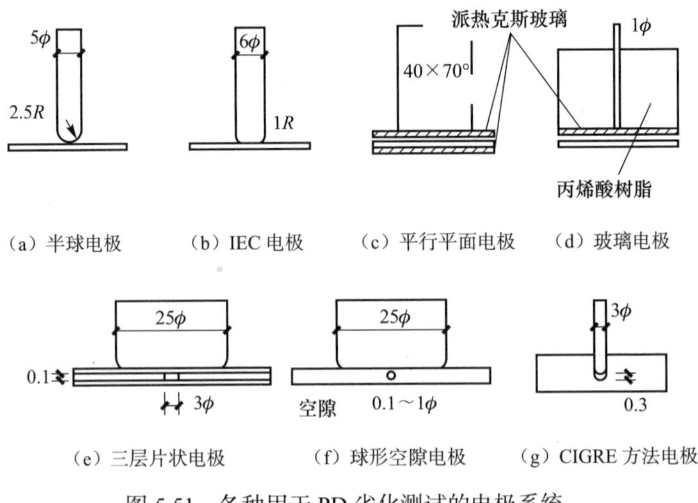

图 5.51　各种用于 PD 劣化测试的电极系统

绝缘材料在空气中会被PD直接侵蚀，也会受到活性氧、臭氧、氧化氮和酸等的间接的物理、化学性劣化作用，这里包括：①电子、正负离子和电子空穴对；②热和紫外光；③放电空间的高能离子。材料可由一个或多个因素导致PD劣化，包括氧化反应、离子轰击和热分解等，协同效应也可能起作用。氧可能和聚合物反应形成羰基，对于聚乙烯，如果不能进一步提供空气，则PD会导致产生草酸，如果有水存在，则会产生硝酸。在氧气中的放电导致发生氧化降解反应，而在氮气中的放电导致离子轰击劣化的物理过程。在环氧树脂中也检测到草酸和硝酸，草酸是固化剂中邻苯二甲酸酐的热降解产物。一些聚乙烯放电劣化的形貌照片如图5.52所示，试验采用三层薄片组成的试样。氧气中的放电导致均匀的侵蚀，氮气中的放电产生坑，空气中的放电会产生介于两者中间的情况。

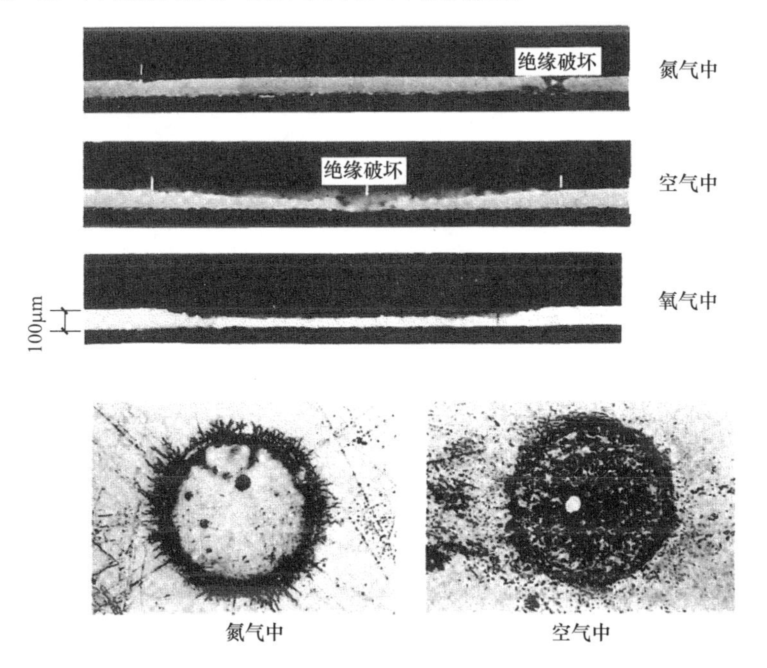

图5.52　空隙中PD的均匀侵蚀和凹坑中PD生长

5.6.2　纳米填料的添加极大提高了聚合物的耐局部放电特性

试验发现纳米复合材料具有很高的耐PD特性。在传统的环氧树脂、聚乙烯等树脂中添加几个质量分数的纳米填料后，它们的耐PD侵蚀特性大大提高（图5.53）。在这种情况下，耐PD特性提高了10倍，即逆侵蚀指数（200μm/20μm），该数值是使用如图5.54所示的电极系统获得的，这是对图5.51（a）改进后的电极系统，不同之处在于其具有0.2mm的气隙。同样也可以使用IEC（b）电极系统进行实验，如图5.51（b）所示，在这种情况下，侵蚀深度取决于与电极边缘的距离，像表面粗糙度等其他一些参数也是耐 PD 性的指标。

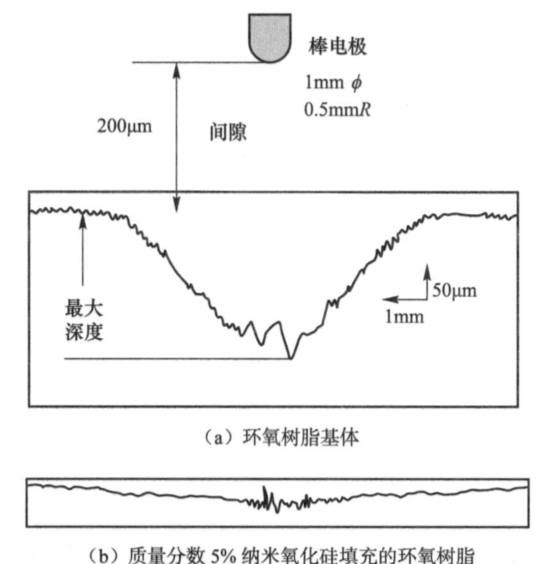

（a）环氧树脂基体

（b）质量分数 5% 纳米氧化硅填充的环氧树脂

图 5.53　环氧树脂和环氧树脂 / 二氧化硅纳米复合材料之间的 PD 侵蚀深度的比较：60Hz 等效时间 1440h，4kV/mm

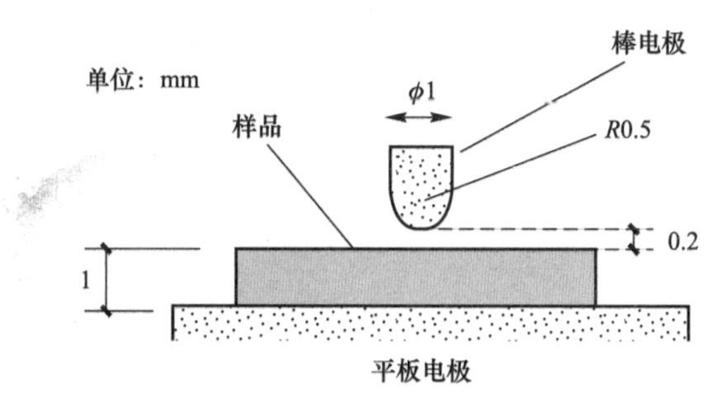

图 5.54　用于耐 PD 性评价的棒－板电极系统

耐 PD 性因添加的填料种类不同而不同（图 5.55），该结果有利于填料的选择。但应注意的是，结果不仅受填料种类的影响，而且受纳米复合材料制备流程的影响，例如填料和聚合物之间形成的界面情况以及固化条件的差异等。除了环氧树脂之外，聚乙烯和聚丙烯等其他材料也有类似的性能。因此，纳米复合材料比其原始聚合物具有更好的耐 PD 性能，这是一个普遍的特性。

积累的纳米复合材料的耐 PD 性的知识如下[1-3]：

（1）添加纳米填料可以有效提高传统聚合物绝缘性能。

（2）为提高有效性，在 10 ～ 1000nm 范围内，填料直径应尽可能小。

（3）推荐使用如硅烷偶联之类的添加剂对纳米填料进行表面改性。

（4）亲水填料比疏水填料更合适。

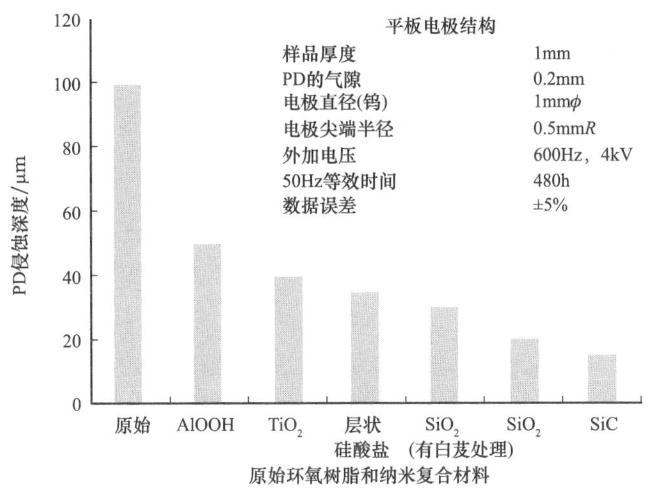

图 5.55　各种纳米复合材料的 PD 侵蚀深度比较

环氧树脂 / 氧化铝[4]、环氧树脂 / 氧化铝和二氧化钛[5,6]、环氧树脂 / 二氧化硅和氧化铝[7,8]、环氧树脂 / 碳化硅[9]、聚乙烯 / 氧化镁[10]、聚丙烯 / 聚苯胺 / 丙烯酸[11]可以得到类似的结果。

5.6.3　纳米复合材料局部放电侵蚀的机理

当纳米填料添加到传统的聚合物绝缘材料，可变为具有较强耐 PD 性能的纳米复合材料。研究纳米填料在与纳米复合材料的强耐 PD 性能相关的机理中发挥什么样的作用具有重要意义。

在 5.6.1 节中描述了单一材料 PD 劣化过程。对于多组分纳米复合材料的机理分析是必要的，迄今为止普遍达成共识的机理如下：

（1）具有强耐 PD 特性的纳米填料将聚合物三维分割。

（2）聚合物与纳米填料紧密结合。

（3）PD 发生后聚合物表面有纳米填料沉积层。

上述三种现象可以描述为：①纳米分割；②界面增强；③纳米填料沉积。纳米填料添加效应的机理如图 5.56 所示。

第一，如图 5.56（a）所示，添加了纳米填料的树脂在纳米尺度上被三维分割，这种结构被认为在确定耐 PD 性方面

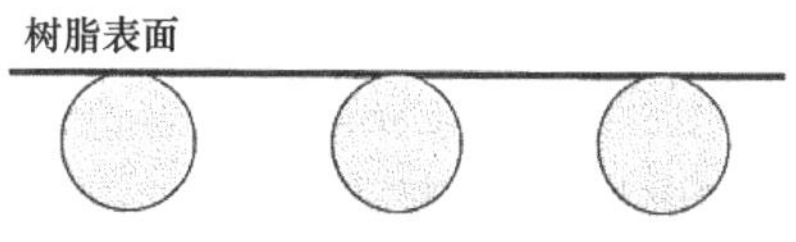

（a）纳米填充物的纳米分割：树脂部分变窄

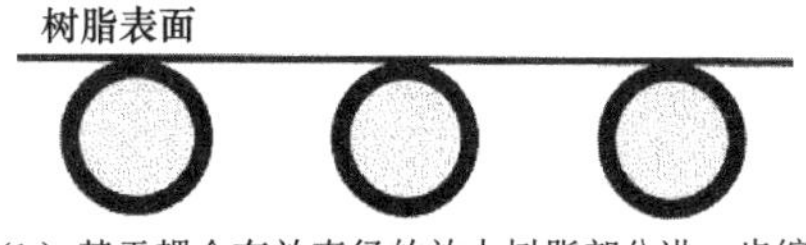

（b）基于耦合有效直径的放大树脂部分进一步缩小

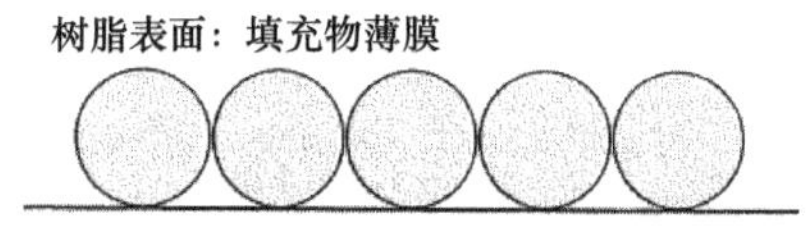

（c）填充物分析：填充物覆盖树脂

图 5.56　纳米填料改善耐 PD 性的作用的示意图

起着重要作用。例如，如果通过添加质量分数 5% 的直径 20nm 的纳米填料，则两个相邻的纳米填料之间的间距在 40nm 之内，因此树脂可以三维地网格化成 40nm。由于通常情况下作为无机材料的纳米填料几乎不受局部放电的影响，因此只有几十纳米的部分树脂受到 PD 劣化作用，因此，纳米复合材料具有耐局部放电的性能。此外，由于纳米填料的介电常数大于树脂，因此在纳米填料上承受的电场增强，树脂部分承受的电场减小，这也将有助于纳米复合材料耐 PD 变得更强。第二，如图 5.56（b）所示，如果通过偶联剂形成具有一定厚度的界面，则纳米填料直径明显增加。这样具有较低耐 PD 的树脂部分变窄，导致整体纳米复合材料的耐 PD 性增强。第三，如图 5.56（c）所示，由于树脂状环氧树脂被蒸发，纳米填料沉积在纳米复合材料表面形成耐 PD 层，在这种情况下 PD 有减少的趋势。在极端情况下，无机层是通过气体放电的烧结过程形成的。此外，应该注意的是，如果在制备过程中考虑得不充分，纳米复合材料的优异性能可能会变差。如果界面不能很好防止纳米复合材料中出现空隙，则 PD 侵蚀很容易发生；如果纳米复合材料中含有空隙，则容易发生水的渗透和劣化。

参考文献

[1] Kozako, M., Kuge, S., Imai, T., et al. Surface Erosion Due to Partial Discharges on Several Kinds of Epoxy Nanocomposites, *Annual Rept. IEEE-CEIDP*, No. 2C-5, pp. 162-165.

[2] Tanaka, T., Ohki, Y., Shimizu, T., et al. （2006）. Superiority in Partial Discharge Resistance of Several Polymer Nanocomposites, *CIGRE Paper*, D1-303, p. 8.

[3] Tanaka, T., Kuge, S., Kozako, M., et al. （2006）. Nano Effects on PD Endurance of Epoxy Nanocomposites, *Proc. ICEE*, p. 4.

[4] Kozako, M., Ohki, Y., Kohtoh, M., et al. （2006）. Preparation and Various Characteristics of Epoxy/Alumina Nanocomposites, *IEEJ Trans. Fundamentals Mater.*, 126（11）, pp. 1121-1127.

[5] Tanaka, T., Iizuka, T. （2010）. Generic PD Resistance Characteristics of Polymer（Epoxy）Nanocomposite, *Annual Rept. IEEE-Conf. Electr. Insul. Dielectr. Phenomena*, No. 7A-1, pp. 518-521.

[6] Maity, P., Basu, S., Parameswaran, V., et al.（2008）. Degradation of Polymer Dielectrics with Nanometric Metal-Oxide Fillers due to Surface Discharges, *IEEE Trans. Dielectr. Electr. Insul.*, 17（1）, pp. 52-62.

[7] Maity, P., Kasisomayajula, S. V., Parameswaran, V., et al. （2008）. Improvement in Surface Degradation Properties of Polymer Composites due to Pre-Processed Nanometric Alumina Fillers, *IEEE Trans. Dielectr. Electr. Insul.*, 17（1）, pp. 63-72.

[8] Preetha, P., Alapati, S., Singha, S., et al.（2008）. Electrical Discharge Resistant Characteristics of Epoxy Nanocomposites, *IEEE Annual Rept. CEIDP*, No. 8-4, pp. 718-721.

[9] Tanaka, T., Matsuo, Y., Uchida, K. （2008）. Partial Discharge Endurance of Epoxy/SiC Nanocomposite, *Annual Rept. IEEE-CEIDP*, No. 1-1, pp. 13-16.

[10] Tanaka, T., Nose, A., Ohki, Y., et al. （2006）. PD Resistance valuation of LDPE/MgO Nanocomposite by a Rod-to-Plane Electrode System, *Proc. IEEEICPADM*, 1（L-l）, pp. 319-322.

[11] Takala, M., Sallinen, T., Nevalainen, P., et al. （2009）. Surface Degradation of Nanostructured Polypropylene Compounds Caused by Partial Discharges, *Proc. IEEE ISEI*, No. S3-2, pp. 205-208.

5.7　绝缘劣化（水树枝导致材料的劣化）

众所周知，向聚合物中加入少量的纳米填料可以抑制水树枝的发展。特别是通过抑制了水树枝的长期劣化，聚合物的寿命可以得到显著改善。有趣的是，水和纳米填料之间的相互作用与抑制效果是相关的。本节介绍了纳米填料抑制水树枝生长的机制。

5.7.1　聚合物在水和电场协同作用下产生水树枝

在聚乙烯绝缘电线（用于水下电动机）和交联聚乙烯绝缘电缆（称为 XLPE 电缆或 CV 电缆）中发现树枝状劣化痕迹，它们的形状类似电树枝，称为水树枝。当满足以下两个条件时生成水树枝：

（1）聚合物吸水。

（2）在聚合物上施加高电场。

水树枝逐步形成类似电树枝的连续通道，即使长期施加极低的电压都会生成和发展成水树枝。因此从工程的角度，可以通过阻止水侵入绝缘体或防止局部区域形成高电场来缓解这个问题。实际上，具有良好绝缘性能的电缆是通过设置防水层、消除引起局部强电场的缺陷来实现的，这些缺陷包括绝缘体中的空隙和杂质，以及从半导体层中的可能突起点。

水树枝的形状取决于它们在电缆中生长的位置。在 XLPE 电缆的聚合物绝缘体中产生的水树枝的显微镜照片如图 5.57 所示，其中图 5.57（a）显示的是树枝状水树枝，这样的水树枝是由聚合物和半导体层之间界面上的导电突起物等缺陷产生的；图 5.57（b）显示的是以蝴蝶结形状发展的水树枝，这种水树枝是在聚合物中存在空隙和杂质等缺陷时产生的，这种水树枝称为蝴蝶结树枝。

扫描电子显微镜（SEM）照片表明，水树枝是一系列微孔和路径的连接。这些组分是聚合物分子链断裂解形成的。水树枝生长的机理尽管尚未完全阐明，但通常包括以下两个过程[2, 3]：

（1）在高电场区的水分积累。

（2）在上述区域起始和生长。

水树枝的生成条件如图 5.58 所示[4]，即外施电压、电压频率、材料类型、抗氧化性、温度、水质、水量和机械应变等条件都会影响水树枝的生成。

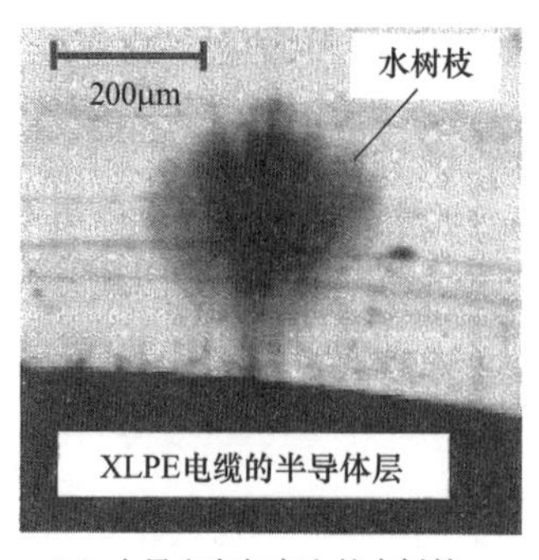

（a）由导电突起产生的水树枝

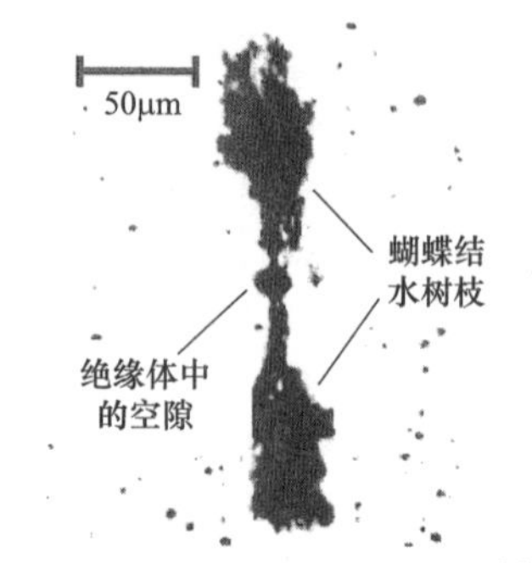

（b）由聚合物中空隙产生的水树枝[1]

图 5.57　在 XLPE 电缆的聚合物绝缘体中产生的水树枝

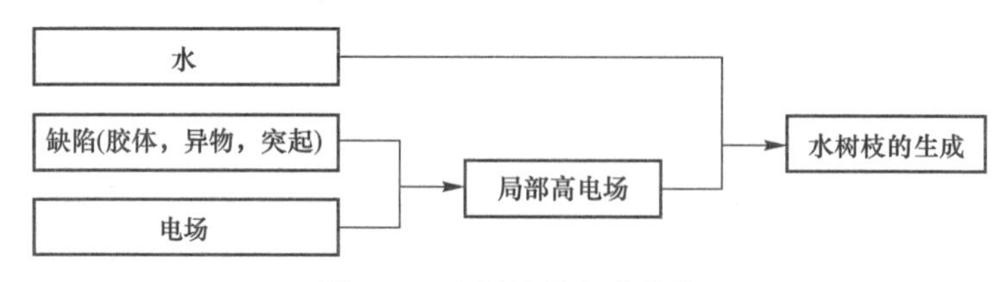

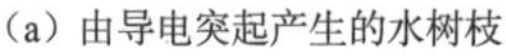

图 5.58　水树枝的生成条件

水树枝的研究，水电极经常用于直接向水中外施电压（图 5.59），这样可以在短时间内产生水树枝，而不需要花时间积聚水生成水树枝。加入水溶性离子物质（如 NaCl）以控制水的电导率，针状凹痕、空隙或杂质的引入形成局部区域高电场成为水树枝的起点。

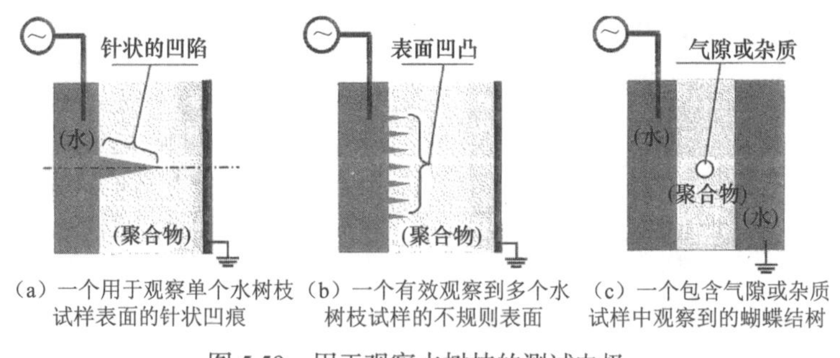

（a）一个用于观察单个水树枝试样表面的针状凹痕　（b）一个有效观察到多个水树枝试样的不规则表面　（c）一个包含气隙或杂质试样中观察到的蝴蝶结树

图 5.59　用于观察水树枝的测试电极

一个用于观察单个水树枝试样表面的针状凹痕如图 5.59（a）所示。例如，用微米级直径针尖插进试样表面，然后拔出而制作成针状凹痕。

一个有效观察到多个水树枝试样的不规则表面如图 5.59（b）所示。例如，用砂纸在试样表面摩擦制成不规则表面。

一个包含气隙或杂质试样中观察到的蝴蝶结树如图 5.59（c）所示，试样两侧为水电极。

5.7.2　纳米填料的添加抑制水树枝的生长

据我们所知，虽然目前还没有在纳米复合材料中抑制水树枝起始的报道，但已经证实了在纳米复合材料中可抑制水树枝的生长。通过在低密度聚乙烯（LDPE）中加入质量分数为2.5%的纳米二氧化硅制成纳米复合材料和纯LDPE的水树枝长度韦布尔分布图如图5.60所示[5]，试验中使用的电极如图5.59（b）所示。施加5kV的交流电压45d后，纳米复合材料中形成的水树枝长度大约是纯LDPE中形成的水树枝长度的一半，没有证据表明纳米复合材料中水树枝的起始被延迟了。然而，在纳米复合材料中水树枝的生长被明显抑制。另外，已经证实XLPE/MgO[6]、LDPE/MgO[6]和XLPE/SiO_2[7]等纳米复合材料中由于加入了纳米填料，水树枝的生长明显受到抑制。

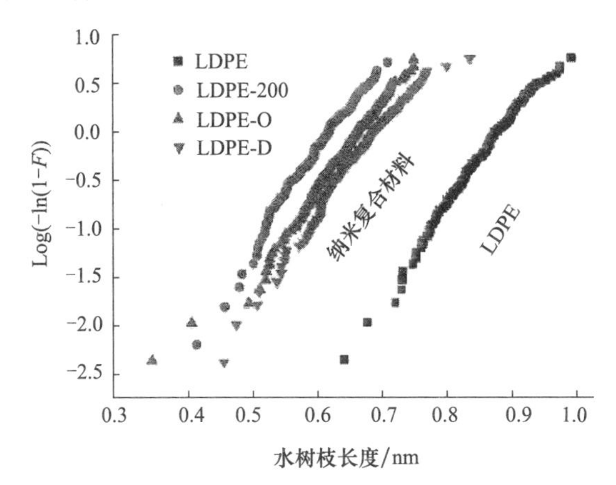

图5.60　水树枝长度的韦布尔分布（LDPE和加入2.5%质量分数的纳米SiO_2获得的LDPE纳米复合材料）

已证实纳米复合材料降低了水树枝的生长速度。通过向LDPE中加入MgO纳米填料获得的纳米复合材料中的水树枝长度如图5.61所示[6]，使用如图5.59（b）所示的电极在施加5kV工频交流电压下形成了水树枝。水树枝长度随着纳米填料量的增加而减少（从每百份树脂添加0份到5份）。尤其是随着时间的推移，水树枝的长度增长梯度变缓，表明纳米填料抑制了水树枝的生长。

5.7.3　纳米填料在抑制水树枝方面的作用

纳米填料的界面在抑制水树枝发展中起着重要作用。在线性LLDPE中添加亲水或疏水处理的纳米SiO_2的纳米复合材料的水树枝的长度如图5.62（a）所示[8]，所用电极如图5.59（b）所示，在施加5kV的工频交流电压45d后开始生成水树枝。通过添加亲水纳米SiO_2获得的纳米复合材料中的水树枝比通过添加疏水性纳米SiO_2获得的纳米复合材料中的水树枝要短。

由于上述两种纳米复合材料吸水而导致的质量增加如图5.62（b）所示。仅通过添

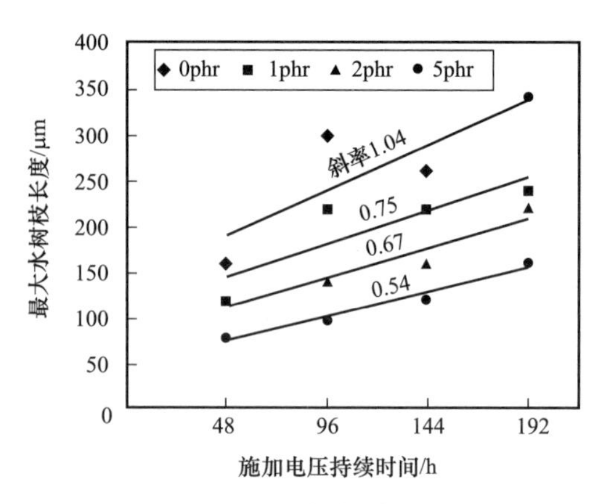

图 5.61　LDPE/MgO 纳米复合材料中的水树枝长度

加亲水性纳米填料（纳米 SiO_2）获得纳米复合材料的质量增加，这种现象可以用当亲水性纳米填料界面吸水时形成水壳的模型来解释[9]。基于水壳效应的机理，亲水纳米填料界面捕获水分，防止水树枝生长所需的水的积累，从而抑制水树枝的生长。通过添加疏水性纳米填料也可以抑制水树枝的生长［图 5.62（a）］，尽管没有观察到水在该疏水性纳米填料上的吸附［图 5.62（b）］，我们仍猜测纳米填料抑制水树枝生长除了吸水作用之外还有其他原因。

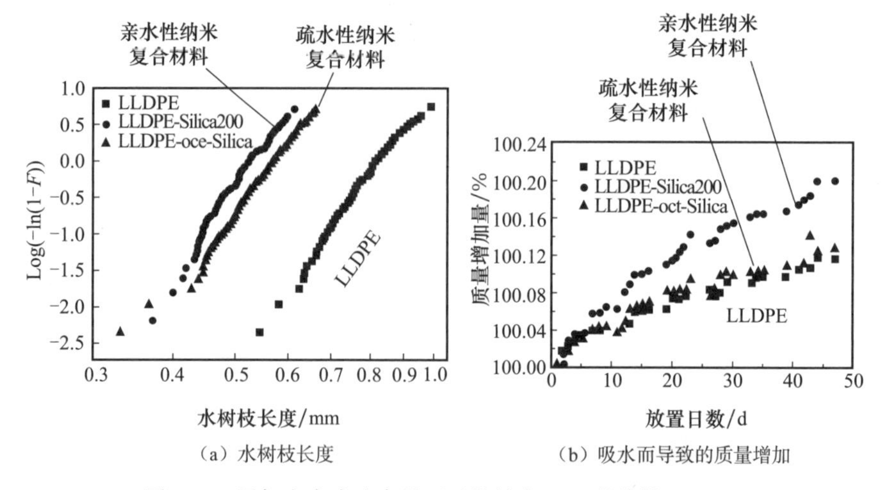

图 5.62　添加亲水或疏水处理后的纳米 SiO_2 的线性 LLDPE 得到的纳米复合材料的水树枝长度和质量增加

纯 XLPE 和加入 5% 质量分数纳米 SiO_2 的 XLPE/SiO_2 纳米复合材料中的水树枝的显微照片如图 5.63 所示[7]，所用电极如图 5.59（a）所示，在施加 5kV 的交流电压 6d 后，水树枝开始生长。纳米复合材料中的水树枝在电场方向上呈扇形扩展，且比纯 XLPE 水树枝更宽。根据这一发现，填充物对聚合物的空间分割是有效的，正如电树枝和局部放电老化中观察到的那样，这导致了水树枝锯齿形发展。这种现象主要发生在以 XLPE 作为基料的纳米复合材料中。

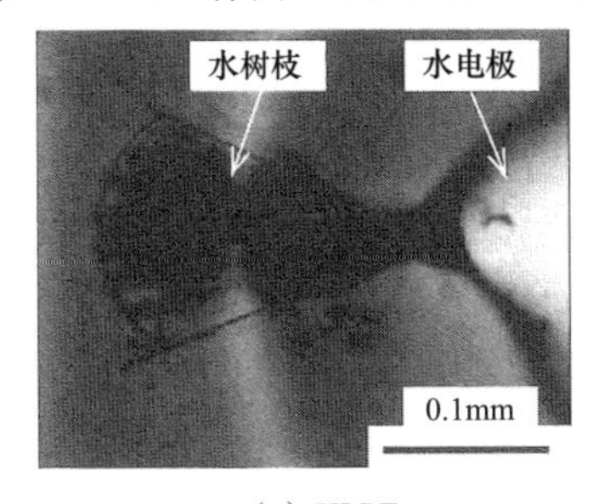

（a）XLPE

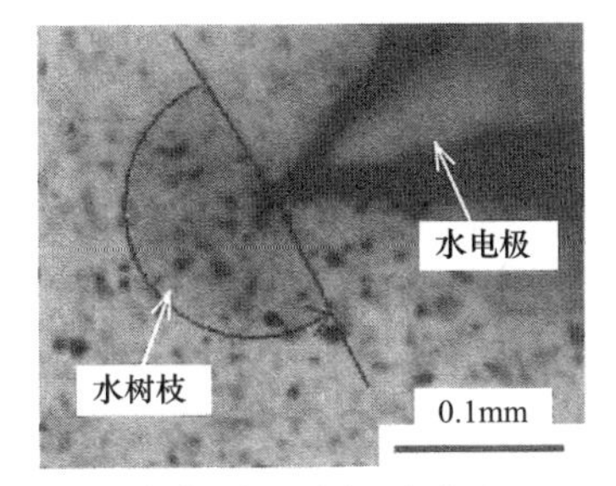

（b）纳米复合材料（纳米二氧化硅：5wt%）

图 5.63　纯 XLPE 和加入质量分数为 5% 纳米 SiO_2 的 XLPE/SiO_2 的纳米复合材料中的水树枝的显微照片

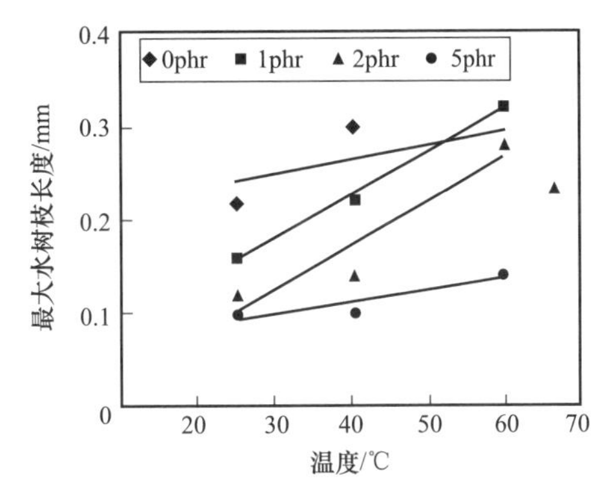

图 5.64　LDPE 中添加 MgO 纳米填料获得的纳米复合材料中最大水树枝长度与温度的关系

在 LDPE 中添加 MgO 纳米填料获得的纳米复合材料中最大水树枝长度与温度的关系如图 5.64 所示[10]。当加入的纳米填料的量相对较小（从每百份树脂中添加 1 份或 2 份）时，从低温到高温（60℃）温度范围内，水树枝的生成被抑制的效果往往较弱。然而，当百份树脂中添加 5 份纳米填料时，这种抑制效果在 60℃ 时仍然保持。研究人员发现，随着纳米填料的添加，聚乙烯中球晶的体积增大，非晶相的体积减小[8]，这有助于抑制水树枝的发展。认为随着纳米填料添加量的增加，聚乙烯中低机械强度的非晶相的体积降低、聚合物链断裂，从而抑制了水树枝的发展。

虽然未来将进一步研究添加纳米填料对抑制水树枝生成的作用，但这种抑制水树枝生长的效果已经被证实。这种效果被认为是聚乙烯（LLDPE、LDPE 和 XLPE）和纳米填料的复合导致的。纳米填料抑制水树枝生长的机理主要取决于基础聚合物的类型，LDPE 的抑制机理如图 5.65 所示[10]，纳米填料界面在 LDPE 水树枝生长过程中被认为是捕获水，就好像是水壳一样，因此，在高电场的局部区域，抑制了水树枝生长所需的积水。此外，随着纳米填料的添加，LDPE 中球晶的体积增加，导致较低强度的非晶相的体积减小，因此聚合物链的断裂往往不会发生，进一步抑制水树枝的发展。需要注意的是，由于水树枝以扇形发展，因此在含有交联密度高的基础聚合物（如 XLPE）的纳米复合材料中，水树枝的生长被抑制。

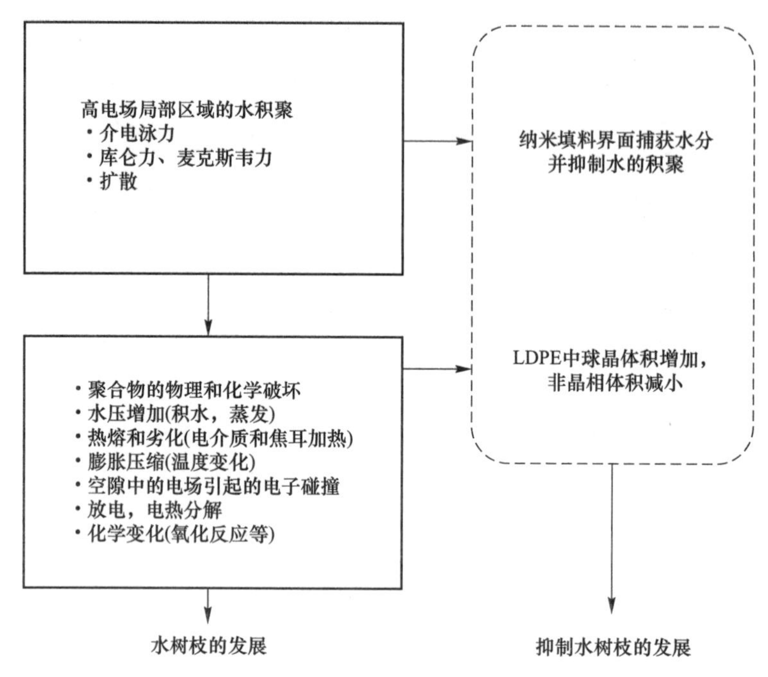

图 5.65　纳米填料抑制水树枝的机理

参考文献

[1] Steennis, E. E., Kreuger, E. H. （1990）. Water Treeing in Polyethylene Cables, *IEEE Trans. Dielectr. Electr. Insul*, 25（5）, pp. 989-1028.

[2] Crine, J. P. （1998）. Electrical, Chemical and Mechanical Processes in Water Treeing, *IEEE Trans. Dielectr. Electr. Insul.*, 5（5）, pp. 681-694.

[3] Patsch, R. （1992）. Electrical and Water Treeing: A Chairman' s View, *IEEE Trans. Dielectr. Electr. Insul.*, 27（3）, pp. 532-542.

[4] Hayami, T. （1986）. *CVCable*, Ohmsha, pp. 55 （in Japanese）.

[5] Huang, X., Ma, Z., Jiang, P., et al. （2009）. Influence of Silica Nanoparticle Surface Treatments on the Water Treeing Characteristics of Low Density Polyethylene, *Proc. IEEE ICPADM*, No. H-7, pp. 757-760.

[6] Nagao, M., Watanabe, S., Murakami, Y., et al. （2008）. Water Tree Retardation of MgO/LDPE and MgO/XLPE Nanocomposites, *Proc. IEEJ ISEIM*, No. P2-27, pp. 483-486.

[7] Hui, L., Smith, R., Nelson, J. K., et al. （2009）. Electrochemical Treeing in XLPE/Silica Nanocomposites, *Annual Rept. IEEE CEIDP*, No. 6-2, pp. 111-114.

[8] Huang, X., Liu, F., Jiang, P. （2010）. Effect of Nanoparticle Surface Treatment on Morphology, Electrical and Water Treeing Behavior of LLDPE Composites, *IEEE Trans. Dielectr. Electr. Insul.*, 17（6）, pp. 1697-1704.

[9] Zou, C., Fothergill, J. C., Rowe, S. W. （2008）. The Effect of Water Absorption on the Dielectric

Properties of Epoxy Nanocomposites, *IEEE Trans. Dielectr. Electr. Insul.*, 15（1）, pp. 106-117.

[10] Kurimoto, M., Tanaka, T., Murakami, Y., et al. （2014）. Water Tree Retardation in MgO/LDPE Nanocomposite, *IEEJ Trans. Fundamentals Mater.*, 134（3）, pp. 142-147 （in Japanese）.

5.8　绝缘劣化（由电痕导致的材料劣化）

纳米复合材料可以增强对电痕的耐受力。添加纳米填料增加了纳米填料和聚合物之间的界面区域，提高了耐热性，进而提高了耐电痕能力。该性能使纳米复合材料可用于户外绝缘子。

5.8.1　绝缘子表面污染将导致电痕的发生

导致绝缘子劣化的原因之一是电痕劣化。根据 IEC 82217（《聚合物绝缘子和聚合物中空绝缘子的通用测试标准》），电痕被定义为“从绝缘体表面开始和形成导电路径的不可逆劣化过程”[1]。

电痕的机制如下：当污染物附着在绝缘子的表面并被润湿时，表面绝缘电阻降低，并产生泄漏电流。泄漏电流产生的热量会使污染物干燥，形成干燥的带状物。干燥处的放电引起的热量使得绝缘体表面产生电痕（碳迹）。电痕劣化是由于形成电痕而导致绝缘子的劣化。同时，如果来自干带放电的热量不形成电痕而侵蚀表面，则称为侵蚀劣化。

通常用于聚合物绝缘子的硅橡胶分子结构以硅氧键作为主链，其含碳比例低于以碳－碳键为主链的聚合物，这使得硅橡胶更能抵抗电痕和侵蚀。然而，在海岸线和工业区等高污染区域使用时，硅氧烷聚合物仍可能产生电痕和被侵蚀。

为了解决这个问题，人们尝试添加大量微米尺寸的无机填料。无机填料通常具有高耐热性，添加这种填料可以增加材料耐热性并且减少电痕和侵蚀退化。特别是具有结晶水的填料如 ATH（三水合氧化铝，$Al_2O_3 \cdot 3H_2O$），分子中的水在加热时吸热挥发，这种吸热效果降低了聚合物的热量，减少了电痕和侵蚀退化。

研究表明，无机纳米填料可以减少电痕和侵蚀退化，微尺寸无机填料则效果更好。

5.8.2　斜面试验和电弧试验是评估绝缘子电痕和耐侵蚀的标准测试方法

评估电痕和侵蚀退化性能的方法有斜面试验（IEC 60587、JIS C2136）和电弧试验（IEC 61621、JIS C2135）[2, 3]。

斜面试验采用长度为 120mm、宽度为 50mm、厚度为 6mm 的试样，电极连接在试样的顶部和底部，并将滤纸放到顶部电极，将试样 45° 倾斜，外施电压（2.5 ～ 4.5kV），并且以一定间隔将污染溶液（具有表面活性剂的氯化铵溶液）滴落

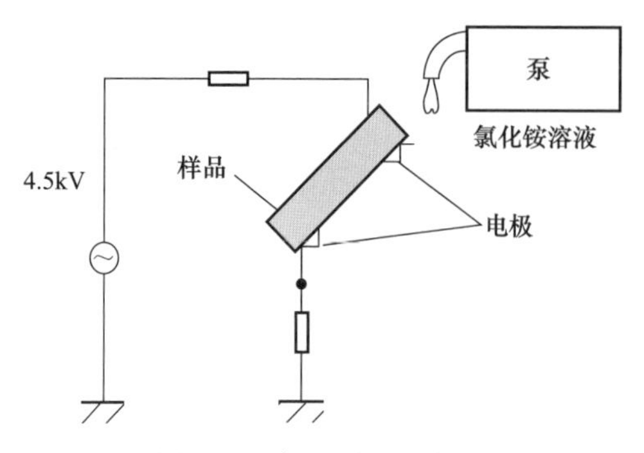

图 5.66　斜面测试示意图

在顶部电极上（图 5.66）。当污染溶液流过试样表面并到达底部电极时发生放电，引起电痕和侵蚀。该过程进行 6h，通过电痕长度、侵蚀深度和泄漏电流量来评价对电痕和侵蚀退化的耐受力。

在电弧试验中，在绝缘材料表面的相对侧放置两个钨电极（图 5.67），施加高电压和低电流，并测量电痕形成所需的时间。如果试样绝缘保持不变，则会在空气中产生电弧，但是一旦电痕形成、绝缘击穿，电弧就会停止。测量电弧停止所需的时间，这个时间被定义为电弧耐受时间，并且通过该测量来进行电弧评估。试样的厚度控制为（3.0±0.25）mm，如果侵蚀穿透试样，则测试结束。

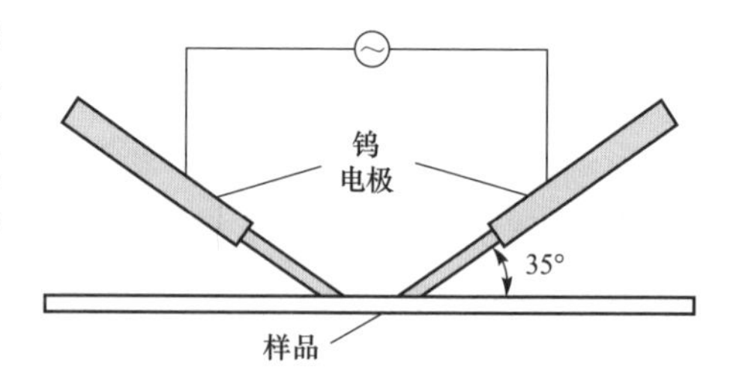

图 5.67　电弧测试示意图

上述测试评估材料对电痕和侵蚀的耐受力。第一种方法使用污染溶液，是在潮湿条件下评估材料，而第二种方法在干燥条件下评估材料。户外绝缘子要求在潮湿和干燥条件下都能耐受电痕和侵蚀。

5.8.3　纳米填料的添加极大提高了耐电痕和侵蚀的能力

通过添加不同类型的纳米填料到硅橡胶中来研究提高其耐侵蚀性，硅橡胶通常用作户外聚合物绝缘子。

如 2.3.3 节所述，向室温硫化（RTV）硅橡胶中加入少量 SiO_2 显著增加其耐侵蚀性[4]，且添加其他填料比 SiO_2 更能增加耐侵蚀性。例如，在 RTV 硅橡胶中添加质量分数为 5% 的纳米氢氧化镁（MDH）填料比微米 ATH 填料增加 3 倍的耐侵蚀性。

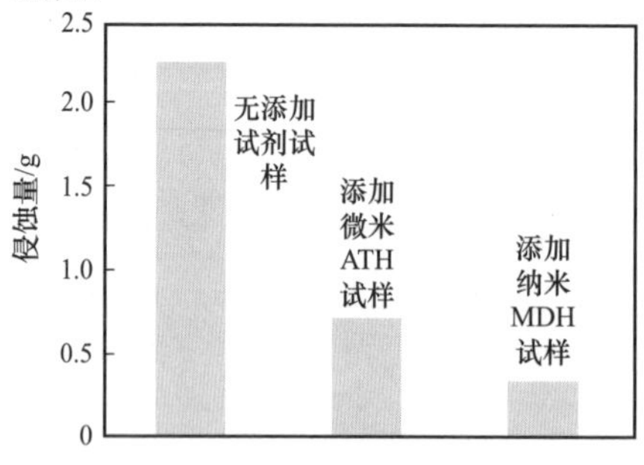

图 5.68　用微米和纳米 MDH 试样采用斜面试验法的侵蚀量

没有填料、添加微米 ATH 和添加纳米 MDH 试样采用斜面测试法的侵蚀量如图 5.68 所示[3]。添加微米 ATH 试样比没有填料试样具有更低的侵蚀量，但添加纳米尺寸 MDH 试样其侵蚀量进一步降低，是添加微米尺寸 ATH 试样的约 50%[5]。

在硅树脂聚合物以外的基材中也发现了耐电痕和侵蚀的改进。已有研究表明，向环氧树脂中加入纳米级黏土（层状硅酸盐化合物）增加了耐电痕能力。

在电压为4.5kV的斜面试验中，没有填料的环氧树脂持续1.1h，电痕长度达到25mm的终止标准。添加质量分数60%的微米SiO_2到环氧树脂，其平均电痕长度达到25mm时，持续时间增加至1.7h。

也有研究表明，添加50%质量分数的微米SiO_2和仅1%质量分数的纳米黏土到材料，在6h后，测试其电痕仍没有达到25mm[6]。

在电弧测试中也发现了这些改进。添加微米和纳米SiO_2的RTV硅橡胶的添加含量和耐弧时间之间的关系如图5.69所示[7]。随着微米和纳米SiO_2的添加耐弧时间都增加了，随着添加量的增加进一步提高了耐电弧能力。在添加量体积分数为25%的情况下，添加纳米SiO_2试样的耐电弧时间为添加微米SiO_2的两倍[7]。

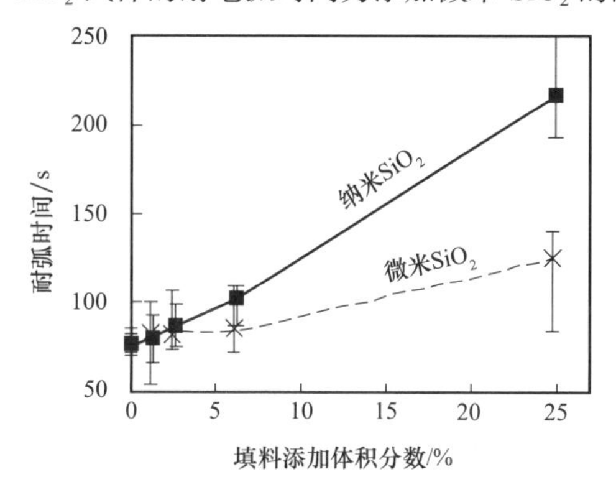

图5.69　RTV硅橡胶与微米和纳米SiO_2的添加量和耐弧时间之间的关系

已经有报道通过向聚合物中加入纳米填料来改善耐电痕和侵蚀性。总而言之：①填料添加量越多；②填料直径越小；③填料分散性越高，其耐电痕和侵蚀性越强。

对于第②点，图5.70和5.71分别给出了填料直径与侵蚀长度和耐弧时间之间的关系。在添加直径7nm、40nm、0.5μm和22μm的质量分数为5%的SiO_2试样的斜面测试和电弧测试中，随着SiO_2直径变小，侵蚀长度变短，且耐氧化时间变长[8]。

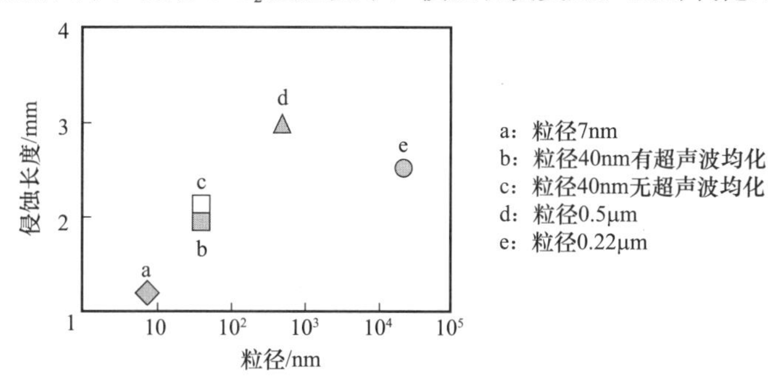

图5.70　填料直径与侵蚀长度之间的关系，填料含量为5%质量分数

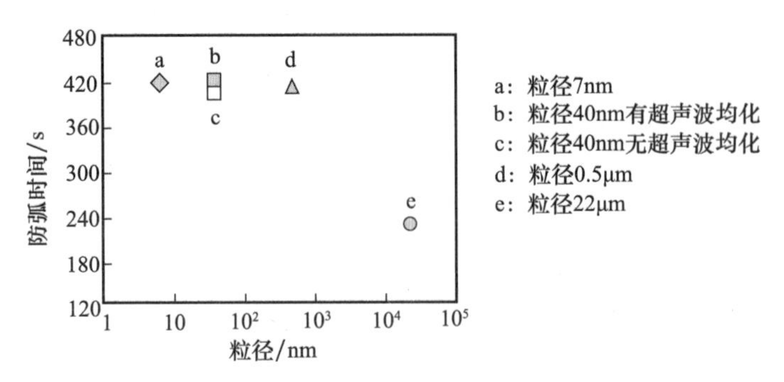

图 5.71　填料含量与耐弧时间之间的关系，填料质量分数为 5%

对于第③点，实验表明，添加直径 40nm、质量分数为 5% 的 SiO_2 的两个试样 b 和 c，其中试样 b 在制备过程中通过超声波均化器改善了分散性，试样 b 的侵蚀长度和耐弧时间比试样 c 改善更显著，这表明通过超声波均化器提高分散性有助于提高耐电痕和侵蚀退化。众所周知，纳米填料容易团聚，避免团聚是纳米填料添加的关键。

5.8.4　耐热性的提高将导致耐电痕和侵蚀性的提高

在 5.8.3 节中，给出了通过添加纳米填料减少电痕和侵蚀退化的关键因素有：高添加量，小填料尺寸和增强分散性。换句话说，填料和聚合物之间增加的界面很可能使得耐电痕和耐侵蚀能力增加。我们推测如何增加界面可以提高耐电痕能力和耐侵蚀性。

如开始所说，导致电痕和侵蚀退化的原因是放电的热量。因此，预期具有纳米填料的材料，其具有大的填料界面，可以吸收热量。此外，纳米填料分散在聚合物表面附近（图 5.72 给出微米复合材料和纳米复合材料的示意图），因此纳米填料减少电痕或侵蚀的形成。通常无机填料比有机聚合物更耐热，可以通过纳米填料来减少电痕和侵蚀。

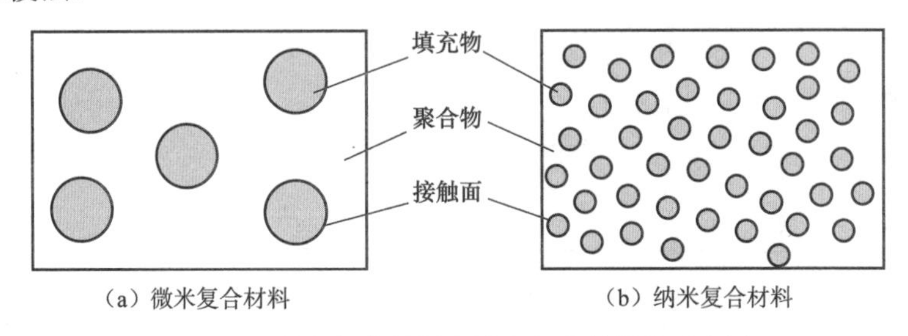

图 5.72　微米复合材料和纳米复合材料的示意图

如第 4 章所述，可以通过添加纳米填料改善材料的耐热性，评估耐热性的方法之一是热重分析（TGA），该方法测量试样随其温度变化时的质量变化。高耐热材料质量变化较小。硅橡胶在无填料、添加质量分数为 5% 和 10% 的纳米 SiO_2 填料，它们的 TGA 测试结果如图 5.73 所示。

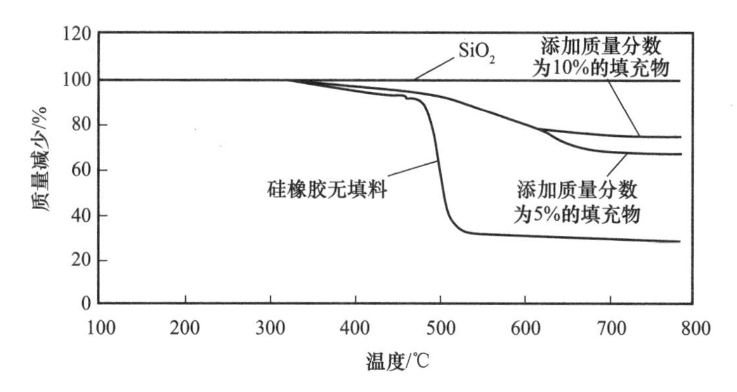

图 5.73　硅橡胶无填料、5% 和 10% 质量分数的纳米 SiO_2 填料的 TGA 测试结果

当三个试样被加热时，没有填料硅橡胶的质量在 500℃附近突然下降，这是由于硅橡胶的分解和低分子硅油的挥发，导致质量下降了 65%。然而，在添加纳米 SiO_2 的硅橡胶中有质量损失，但没有发生在没有填料硅橡胶的突然下降现象，减幅相当平滑。添加质量分数为 5% 的纳米 SiO_2 试样，最终质量损失率为 28.5%；添加质量分数为 10% 的纳米 SiO_2 试样，最终质量损失率为 22.5%。这显著低于没有填料试样发现的 65% 的质量损失率[9]。

一般而言，加入比硅橡胶更耐热的大量微米无机填料可以改善耐热性，然而少量添加纳米填料就可以大幅提高材料的耐热性，例如质量分数为 5% 和 10%。这表明通过加入纳米填料来增加界面数有助于提高耐热性。

参考文献

[1] The International Electrotechnical Commission.（2012）. *IEC-62217*, Polymeric HV Insulators for Indoor and Outdoor Used—General Definitions, Test Methods And Acceptance Criteria.

[2] The International Electrotechnical Commission.（2007）. *IEC-60587*, Test Methods for Evaluating Resistance to Tracking and Erosion of Electrical Insulating Materials Used Under Severe Ambient Conditions.

[3] The International Electrotechnical Commission.（1997）. *IEC-61621*, Dry, Solid Insulating Materials. Resistance Test to High-Voltage, Low- Current Arc Discharge.

[4] El-Hag, A. H., Jayaram, S. H., Cherney, E. A.（2004）. Comparison between Silicone Rubber containing Micro- and Nano-Size Silica Fillers, *Annual Rept. IEEE CEIDP*, No. 5A-12, pp. 385-388.

[5] Venkatesulu, B., Thomas, M. J.（2008）. Studies on the Tracking and Erosion Resistance of RTV Silicone Rubber Nanocomposite, *Annual Rept. IEEE CEIDP*, No. 3A-6, pp. 204-207.

[6] Guastavino, F., Thelakkadan, A. S., Coletti, G., et al.（2009）. Electrical Tracking in Cycloaliphatic Epoxy Based Nanostructured Composites, *Annual Rept. IEEE CEIDP*, No. 7B-16.

[7] Raetzke, S., Kindersberger, J.（2006）. The Effect of Interphase Structures in Nanodielectrics, *IEEJ Trans. Fundamentals Mater.*, 126（11）, pp. 1044-1049.

[8] Nakamura, T., Kozako, M., Hikita, M., et al. （2012）. Effects of Addition of Nano-scale Silica Filler on Erosion, Tracking Resistance and Hydrophobicity of Silicone Rubber, *The 8th International Workshop on High Voltage Engineering*, No. ED-12-143, SP-12-070, HV-12-073, pp. 85-89.

[9] El-Hag, A. H., Simon, L. C., Jayaram, S. H., et al. （2006）. Erosion Resistance of Nano-Filled Silicone Rubber, *IEEE Trans. Dielectr. Electr. Insul.*, 13（1）, pp. 122-128.

5.9 电化学迁移导致材料的劣化

电化学迁移（以下简称电迁移）是一种绝缘劣化现象，其是由于离子扩散和金属电极析出物导致回路短路引起的。近年来，由于各种电子器件小型化和致密化的发展，电迁移造成的绝缘劣化变得越来越严重，新近的评价方法证实了纳米填料可控制电迁移。

5.9.1 测试电迁移的原因

大型计算机、办公自动化设备以及大多数电子设备（包括个人和视听产品），满足人们生活方式的多样化。随着这些装置不停地被小型化，它们的高功能正在被简化。基于对各种电子器件小型、高效的要求，需要实现印刷电路板的高密度[1]。

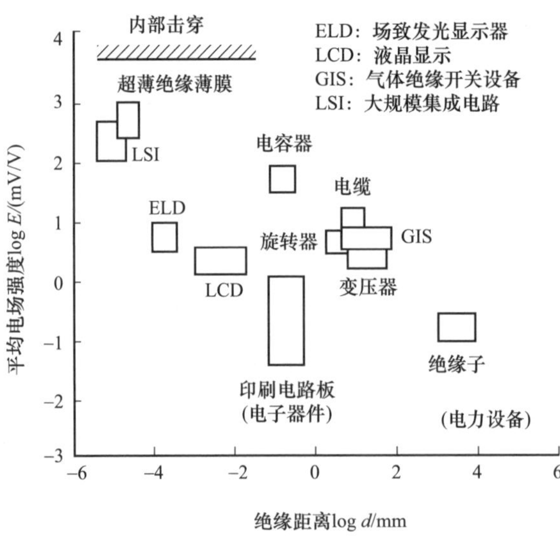

图 5.74 绝缘距离与平均电场强度之间的关系

电子设备和电气设备中的电场强度对比如图 5.74 所示[1]。由于印刷电路板变薄、变窄，减小了导体间距，使得施加到电介质绝缘体上的电场强度增大，已有一篇特刊对这一绝缘可靠性问题进行了研究[2]。印刷电路板的精细化表现在多层化和平面密实化[3]。由于多层化大大地增加了界面迁移的发生率，我们必须注意印刷电路板的设计。对于混合动力车和电动车中的高温高湿等恶劣环境，人们也期待着高安全可靠性。

5.9.2 电迁移是怎样的现象

电迁移是金属分子和金属离子转移现象的总称。当在印刷电路板的两种金属之间施加直流电压时，金属离子从绝缘板表面或内部的金属阳极转移到另一种金属上，金属或化合物发生沉淀现象。在水存在的条件下，绝缘板表面和内部将显示电解质特性，金属离子流出绝缘板，通常会突然发生电迁移。

电子和电气设备的劣化因素包括电、热、机械和电化学因素。添加环境因素到这些因素中后，劣化将加速。电迁移始于阳极的电化学反应，其中金属溶解为离子。电迁移现象的分类如图 5.75 所示[4]，在第一种情况下，离开阳极的金属离子被还原并沉淀或者形成化合物沉淀；在第二种情况下，金属离子在阳极中流出，到达阴极后得到电子并被还原和沉积。

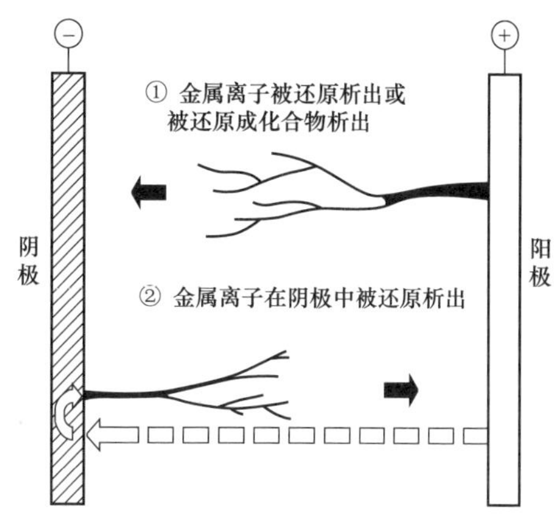

图 5.75 电迁移发生模式

当在高温高湿度劣化条件下绝缘电阻超过 $10^8\Omega$ 时，将出现第一种情况；当绝缘电阻减小时，将出现第二种情况。两种电迁移情况的差异可能是由于金属离子移动的难易程度不同造成的。当离子容易移动时第二种情况出现，当离子很难移动时第一种情况出现[4]。

印刷电路板绝缘结构的一个不同之处是导线的布线，这个不同是电迁移发生在导体间。当电路板上的导体暴露时，在板的表面发生电迁移。无论哪种导体，如果它没有绝缘涂层就很容易受外部环境的影响，在结露情况下电迁移模式尤其不同。绝缘涂层存在时的电迁移如图 5.76 所示。

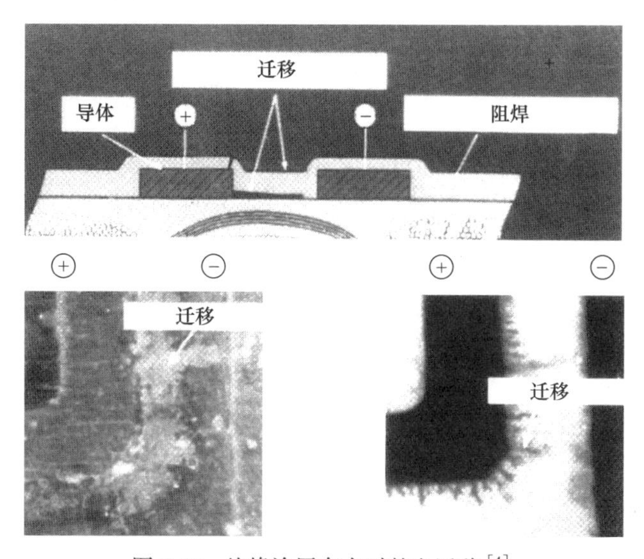

图 5.76 绝缘涂层存在时的电迁移[4]

这是一种阻焊层板接口部分的电迁移例子，它们的区别是使用反射光还是透射光。在这个试样中，由于隔离氯加速迁移，通过分析扫描电子显微镜的能量色散谱可能在电迁移的铜中检测到氯元素，即使附着在电路板表面的水是纯净的，它的 pH 值会随着材料和气体的种类和数量变化而改变，这材料和气体明显是从可能促进电迁移的电路板中离解出来的[5]。即使电迁移发生了，我们也不可能充分理解它的条件和发生原因。因此通过建立可以合理解释该领域实验案例的模型推进电迁移的研究。

5.9.3 多种电迁移的可靠性测试方法

本节将介绍目前提出的不同电迁移测试方法，最初大多数这些电迁移测试方法都是为其他目的而提出。可靠性测试方法大致可以分为简化测试方法和环境测试方法。此外，有必要将这些测试方法与实际故障相比较。

简化测试方法是通过金属电极和绝缘体的不同，在短时间内评估迁移发生的方法，用于比较相对电迁移特性。这种方法主要用作导体金属筛选检查，比较短时间内的电迁移劣化寿命。由于实际检测环境比使用环境条件苛刻得多，检测有低估材料的风险。

一个简化测试方法的例子是溶液浸渍法，该方法将电极浸泡在去离子水或薄膜电解质中然后施加一个直流电压，测量迁移形成短路的时间。除了溶液浸渍法外，还有蒸馏水 – 介导法、去离子水滴法和滤纸吸水法。蒸馏水 – 介导法概念图如图 5.77 所示。

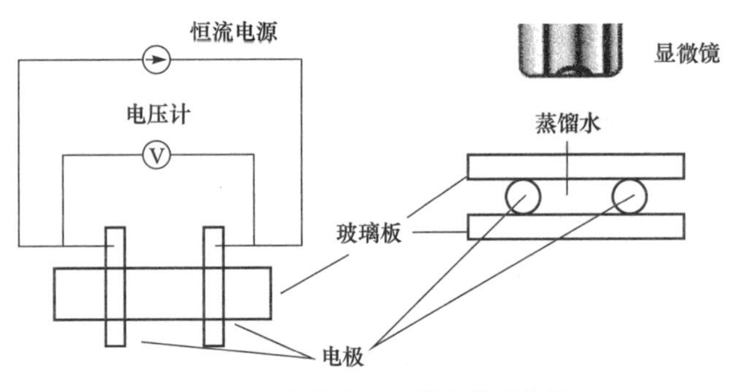

图 5.77　蒸馏水 – 介导法的概念图

环境试验法是在高温高湿环境中给印刷电路板施加直流电压，测量由于电迁移导致的导体间短路电流的方法。该方法是在比实际使用环境更严峻的条件下进行的，常被作为一种加速检测方法来测试设备的电迁移寿命。在这种测试方法中，我们进行一个稳态试验、一个循环试验和一个结露试验。压力锅试验（PCT）已经被用来评估电子器件测芯片封装；对于印刷电路板，高加速的温湿度应力测试（HAST），被用作进行严酷耐久性试验的主要测试评价手段，不仅能够评价电子器件也能评价印刷电路板。

环境试验方法有一些测试标准，这些测量标准替代了绝缘电阻测量标准。在高温高湿度环境下，通过持续测量导体间泄漏电流来确定导体间短路的时间。这种测试通常用作试样的长时寿命评估，温度、湿度和电场强度为测试环境参数[6]。稳态试验是测量在恒定高温高湿度环境下施加直流电压时导体间发生短路的时间。

此外，循环测试方法改变了温度和湿度等环境条件。由于循环测试中温度的改变可能导致试样表面发生结露现象，因此必须检测试样的环境腔容量和热容量，防止凝结露水。

梳状电极通常用作试样的导体布线。国际电工技术协会 IEC 技术报告 62866 中列出了梳状电极的形状和尺寸，这些电极参数如宽度、间隔和长度根据实际使用条件确定。随着移动型电子设备的使用持续增加，当使用环境突然改变时，结露造成的绝缘劣化可能发生。基于这个问题，我们制造结露环境并进行了结露循环试验来评估绝缘的可靠性。由于在结露环境下刚开始的电化学迁移就特别严重，这种方法可以像简化测试方法一样快速评价。

5.9.4　空间电荷分布测量可用于评价电迁移

印刷电路板的重要性不断增加，对于多层高密度布线结构，不仅在板的表面方向，而且在板厚度方向的绝缘特性也很重要。从这样的观点出发，Ohki 等利用电声脉冲法（PEA）非破坏性地检测了印刷电路板绝缘复合材料中沿厚度方向的电迁移[8]。PEA 法是给被测试样施加一个脉冲电场，产生一个与空间电荷成比例的声波，通过压电元件检测声波来测量这个信号。

试样的电迁移测试系统如图 5.78 所示，该系统模拟了家用电器中印刷电路板的层叠结构。试样的复合结构如图 5.79 所示，该复合结构是酚醛树脂浸渍到纸板基体中的重复预制结构。环氧树脂（约 0.1mm 厚）用作黏结层涂覆在复合材料上，并在表面黏附铜箔电极（10mm×10mm，35μm 厚）。

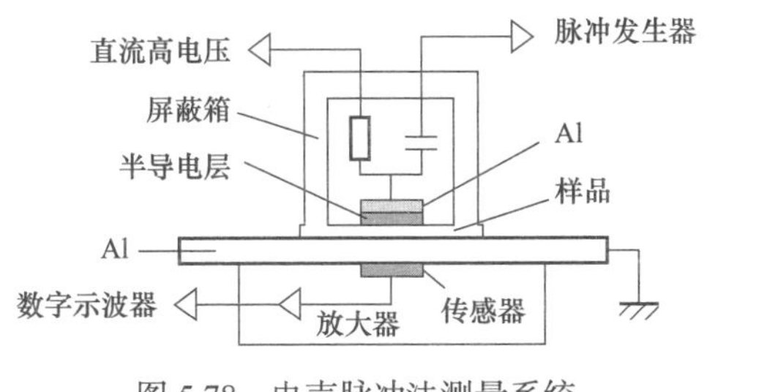

图 5.78　电声脉冲法测量系统

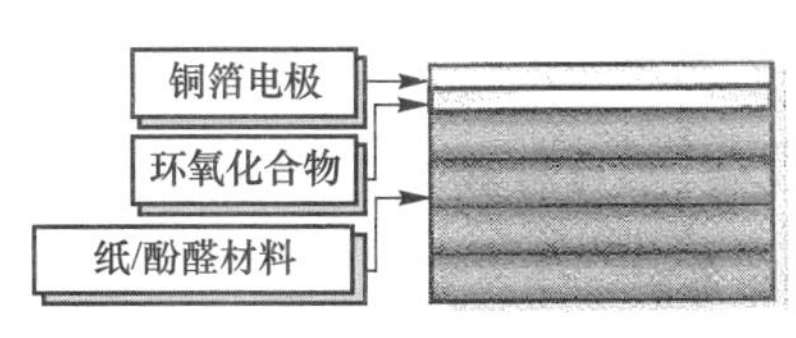

图 5.79　试样的复合结构

参考环境测试标准 JPCA-ET04 确定测试环境条件。首先保持试样在 85℃、85%RH 湿度条件下 20h 以初步吸收水分，然后在相同条件下施加平均电场为 3kV/mm 的电压 100h，最后把试样从温湿度测试设备中取出，测量空间电荷。

在 3kV/mm 平均电场作用下试样内的电荷分布如图 5.80 所示[7]，横坐标是采样时间，由于不同材料中声速不同，因此不能将时间统一转换为厚度。外施电压后，在铜阳极的表面上观察到一个新的正电荷峰，它可能造成电迁移。此外，环氧树脂和纸 / 苯酚层界面处的负电荷减少。

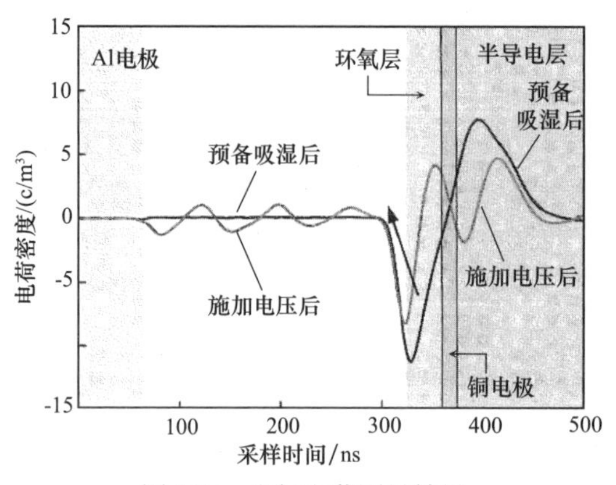

图 5.80　空间电荷测量结果

铜箔电极外施电压 100h 后剖面的 SEM-EDS 图像和光学显微镜图像如图 5.81 所示[8]。在图 5.81（a）中，铜迁移沿厚度方向前进了大概 50μm，图 5.81（b）中铜迁移沿表面方向前进了超过 1mm。在图 5.81（a）中，铜部分地渗透到环氧树脂层，铜以这种方式向环氧树脂层中迁移，可能导致电荷分布改变。换句话说，纸 / 酚醛树脂复合物和环氧树脂层之间的电导率差异减小，环氧树脂层的电导率增大。

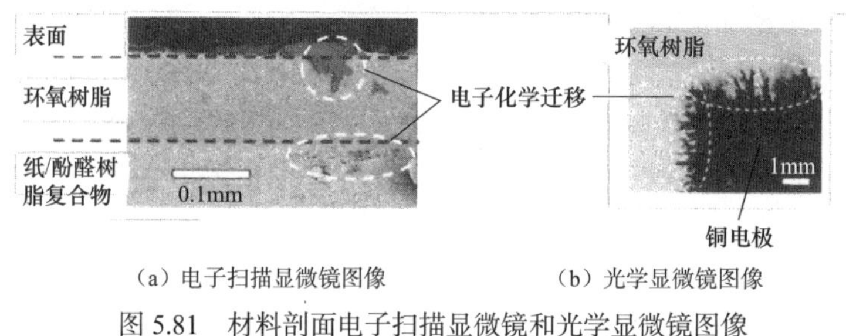

（a）电子扫描显微镜图像　　（b）光学显微镜图像

图 5.81　材料剖面电子扫描显微镜和光学显微镜图像

5.9.5　纳米复合材料有望抑制电迁移

有报道称将环氧树脂制成纳米复合材料后电迁移有所改善[8, 9]。试验试样见表 5.6，试样 E-3 和 E-4 是双酚 A 环氧树脂和胺类固化剂固化后的环氧树脂，E-3 是将环氧树脂与固化剂按 10 ： 3 的比例按制造商推荐的条件固化的。由于易发生电迁移，E-4 是环氧树脂和固化剂的比例为 10 ： 4。试样 NS 是一种环氧树脂 / 二氧化硅纳米复合物，是将 1% 质量分数的纳米 SiO_2 填料添加到 E-4 环氧树脂。试样 E-3、E-4 和 NS 阳极表面都黏附有 35μm 厚的铜箔电极，按照前面说明的在一定的技术条件下进行电迁移的测试。

表 5.6　试样

试样	材料
E-3	环氧树脂：固化剂 =10 ：3（106μm）+ 铜（35μm）
E-4	环氧树脂：固化剂 =10 ：4（88μm）+ 铜（35μm）
NS	纳米复合物：固化剂 =10 ：4（136μm）+ 铜（35μm）

每种试样的空间电荷测量结果如图 5.82 所示[9]，四个测试数据（25h、50h、75h 和 100h）一起显示。图 5.82（b）中的试样 E-4，随着加压时间接近 108ns 和 117ns 时，起正电荷峰减小，这些电荷被认为是环氧树脂最初包含的阳离子相关杂质的积聚。也就是说，阳离子杂质移动到阴极，可能被负电荷中和消失了。此外，接近 132ns 时，正电荷在试样内部逐渐达到峰值，这似乎是由于铜在阳极附近的环氧树脂层中析出，使电导率升高，人们认为这种现象导致了电迁移。

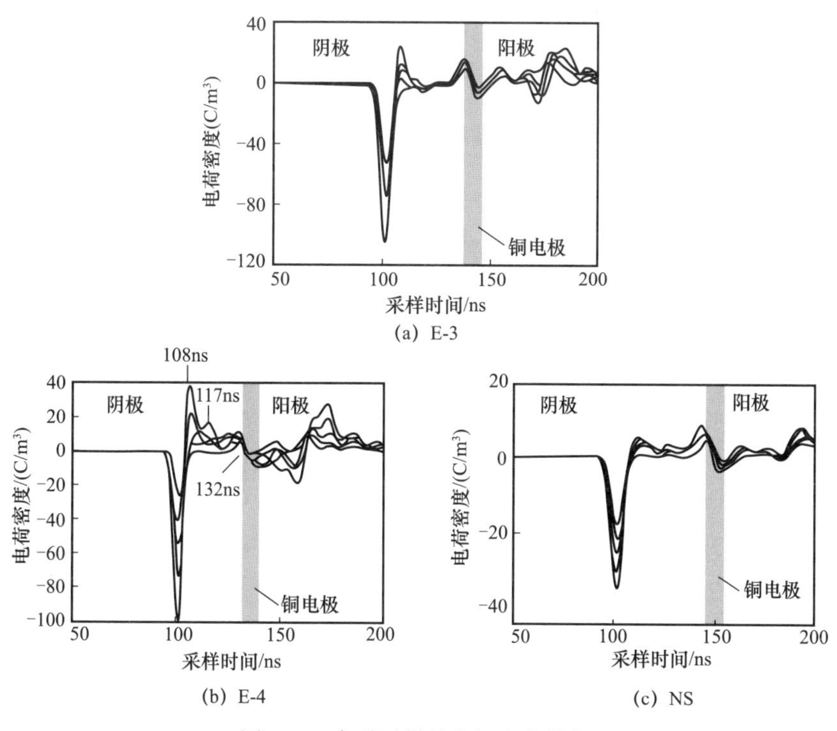

(a) E-3

(b) E-4

(c) NS

图 5.82　各种试样的空间电荷分布

从图 5.83（b-1）SEM 图和（b-2）SEM-EDS 图发现，铜从铜箔层析出到环氧树脂层，并通过迁移进入环氧树脂层，此延伸宽度大约 15μm[9]。在图 5.82（b）的试样 E-4 中，正电荷峰从阳极 126ns 到 132ns，移动了 6ns，这一采样时间转换为距离约为 18μm，与 SEM 图中的距离相等。

在图 5.82（c）中的试样 NS，阳极处正电荷峰值位置在试样中没有移动，一直在 140ns 的位置。从 SEM 图和 SEM-EDS 图中也没有看出铜从铜箔层向环氧树脂层移动。图 5.82（c）中 110ns 位置处正电荷的积聚对应于包含在环氧树脂中阳离子杂质，如试样 E-4，杂质来自初始条件的环氧树脂，因此能确认通过添加二氧化硅纳米填料能提高环氧树脂的耐电迁移特性。

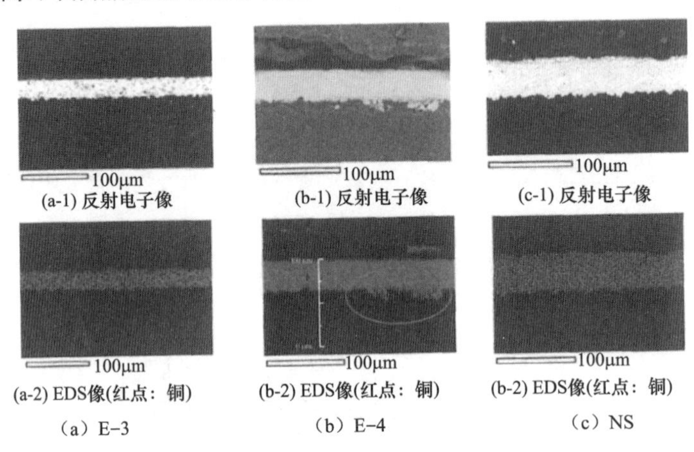

图 5.83　电场施加 100h 后的 SEM-EDS 图

不仅在环氧树脂中，在聚酰亚胺树脂的纳米 SiO_2 复合材料试样中也发现了电迁移的抑制效应[10]。我们发现，尽管原因尚未完全阐明，但通过添加纳米颗粒可以改善电迁移特性。随着更详细的研究不断取得推进，我们期望能够解释纳米填料改善树脂性能的作用机制。

参考文献

[1] Tsukui, T.（1997）. Status and Trends of Insulation Reliability Analysis, *J.Japan Inst. Electron. Packaging*, 12（6）, pp. 397-401 （in Japanese）.

[2] Tsukui, T. （2005）. Insulation Deterioration and the Prevention Method by Electrochemical Migration of Electric Equipment （Pt.2）, *J. Japan Inst. Electron. Packaging*, 8（4）, pp. 523-530.

[3] Tsukui, T. （1999）. The Subject of Reliability Evaluation for High Density Electronics Packaging, *IEEJ Trans. Fundamentals Mater.*, 119（5）, pp. 541-546 （in Japanese）.

[4] Tsukui, T. （2005）. Insulation Deterioration and the Prevention Method by Electrochemical Migration of Electric Equipment （Pt.l）, *J. Japan Inst. Electron. Packaging*, 8（4）, pp. 339-345.

[5] Technical Report of J IEC TR 62866. （2014）. Electrochemical Migration in Printed Wiring Boards and Assetnblies-Mechanisms and Testing.

[6] Technical Report of J IEE Japan. （1996）. No. 615, pp. 9-21.

[7] Asakawa, H., Natsui, M., Tanaka, T., et al. Detection of Electrochemical Migration Grown in a Two-layered Dielectric by the Pulsed Electroacoustic Method and Numerical Analysis of the Signals, *IEEJ Trans.*

Fundamentals Mater., 131（9）, pp. 771-777 （in Japanese）.

[8] Ohki, Y., Asakawa, H., Wada, G., et al. （2011）. Several Pieces of Knowledge on Electrochemical Migration Resistance of Printed Wiring Boards Obtained by Space Charge Distribution Measurements, *IEEJ the Paper of Technical Meeting on Dielectrics and Electrical Insulation*, No. DEI-11-079, pp. 13-18 （in Japanese）.

[9] Ohki, Y., Hirose, Y., Wada G, et al. （2012）. Two Methods for Improving Electrochemical Migration Resistance of Printed Wiring Boards, *IEEE International Conference on High Voltage Engineering and Application*, pp. 687-691.

[10] Technology and Application of polymer Nanocomposites as Dielectric and Electrical Insulation, *Technical Report of IEE Japan*, No. 1051, p. 34 （in Japanese）.

第 6 章　纳米复合绝缘材料的热学和力学性能

6.1　热学性能

绝缘材料（聚合物）的热学性能（包括耐热特性）可以通过向聚合物中添加少量的纳米填料来改变，这种现象在少量填充微米填料时并没有被发现。纳米填充后的绝缘材料的热学性能的变化可利用差式扫描量热仪（DSC）和热重分析仪（TGA）来测试，测试结果表明纳米填充可提高聚合物的玻璃化转变温度（T_g）和热降解温度。

6.1.1　热学特性包括热学性能、热学性质和耐热性

由于聚合物的热学性能能够影响包括电学性能和力学性能在内的一些其他性能，因而成为最重要的描述聚合物本质的性能。热学特性可以被广泛地划分为热学行为（温度改变引起状态改变）、热学性质（热传递和热膨胀等热学性质），以及耐热性（与热稳定性有关的性能）。表 6.1 列出了每种特性的典型性能。

表 6.1　聚合物的典型热学特性

热学特性	性能参数
热学行为（由于温度改变材料的状态发生改变）	玻璃化转变温度
	熔点
	结晶温度
热学性质（热传递和热膨胀等热学性质）	比热
	热导率
	热膨胀系数
耐热性（与热稳定性有关的性能）	热降解温度
	热失重
	荷载挠曲温度
	持续工作温度

例如，环氧树脂等热固性树脂，在低于某一特定温度时，由于其分子链的运动受限，呈现出玻璃态特性；当温度高于这一特定温度时，由于分子链的自由运动能力增强，使树脂变得柔软并呈现出类似橡胶的性能，这一温度称为玻璃化转变温度。热降解温度是聚合物被逐步加热而开始出现受热分解时的温度。这两种温度是选择电气设备与电子器件用绝缘材料以及设计绝缘系统时的重要指标。

当少量纳米填料改善聚合物绝缘性能时，也显著地改变了其热学性能。接下来从热学行为和耐热性两个方面具体描述纳米填料对聚合物热学特性的影响。

6.1.2　通过纳米填料调控环氧树脂基复合材料的热学特性

纳米填料改善聚合物基纳米复合材料的热学特性方面已有大量的研究，在本节中主要介绍环氧树脂基纳米复合材料对 T_g 的改变。

1．几种纳米填料对于材料玻璃化转变温度的影响

利用DSC分别测试不同类型填料的纳米复合材料的玻璃化转变温度，包括添加了0.1%～10%质量分数的 TiO_2、Al_2O_3 和ZnO的双酚A型环氧树脂/脂肪胺固化剂的纳米复合材料。试样的详细说明见表6.2，每个试样的 T_g 值如图6.1所示。

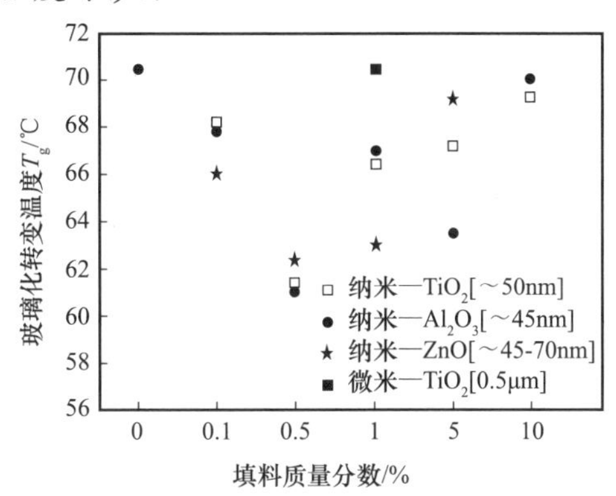

图6.1　不同纳米填料填充的环氧树脂基纳米复合材料 T_g 的变化情况

从图6.1 [1] 可知，填充了质量分数为1%和5%微米 TiO_2 的环氧树脂复合材料的 T_g 值与纯环氧树脂相比并没有明显的变化。相比之下，填充了纳米填料的环氧树脂复合材料的 T_g 值随着纳米填料含量的增加而逐渐地减小，添加量达到质量分数为0.5%时，各材料的 T_g 值达到最小值；当纳米填料的含量大于0.5%、直到5%质量分数时，各材料的 T_g 值随着填量的增大而逐渐地增大，只有添加 Al_2O_3 纳米颗粒的环氧树脂复合材料在5%质量分数时出现了降低。

表6.2　不同纳米填料填充的环氧树脂纳米复合材料试样

环氧树脂（CY1300）和脂肪胺（HY956）的质量比=100 ∶ 25		
填料的种类		平均颗粒尺寸
纳米填料	TiO_2	大约为50nm
	Al_2O_3	大约为45nm
	ZnO	为45～70nm
微米填料	TiO_2	大约为0.5μm

纳米复合材料试样的制备：

（1）为去除材料中的水分，树脂和固化剂在40℃下脱气2h，填料在90℃下脱气24h。

（2）利用高速剪切式机械搅拌器将树脂和纳米填料进行混合，转速为700r/h。

（3）脱气后，将树脂和纳米填料在频率为24kHz的条件下超声混合，然后手动

加入固化剂。

（4）在模具中将材料固化为所需试样，然后对试样进行脱气；固化时的温度设定为 60℃，时间为 4h。

备注：当填料为微米颗粒时，高速剪切式机械搅拌器的转速设定为 700r/h。

2．几种纳米填料对于材料玻璃化转变温度的影响

在双酚 A 型环氧树脂 / 酸酐增韧固化剂（质量分数为 20%）体系中加入纳米填料（质量分数为 0 ～ 20%，平均直径 25nm），导致环氧树脂纳米复合材料的 T_g 产生改变[2]。

纯环氧树脂和环氧树脂纳米复合材料的 DSC 曲线如图 6.2 所示[2]，纯环氧树脂和环氧树脂纳米复合材料的 T_g 值见表 6.3。为了提高材料的柔韧性，添加大量的增韧剂（质量分数为 20%）到基体材料之中，因此在固化的材料之中包含了坚固的交联网状结构和松散的具有许多小分子（增韧剂）的聚合物分子链。在每条 DSC 曲线上均出现了两个玻璃化转变温度（图 6.2），T_{g2} 与高密度的交联网络结构的玻璃化转变过程有关，T_{g1} 体现的是由可以自由运动的环氧树脂分子链组成的松散结构中的分子链的运动。从表 6.3 可知，T_{g1} 与 T_{g2} 均随着纳米填料浓度的增加而增大[2]。图 6.2 表明，在纳米复合材料中 T_{g1} 所体现的玻璃化转变过程被削弱，这反映出纳米填料降低了基体材料的柔韧性，提高了基体材料的交联度。

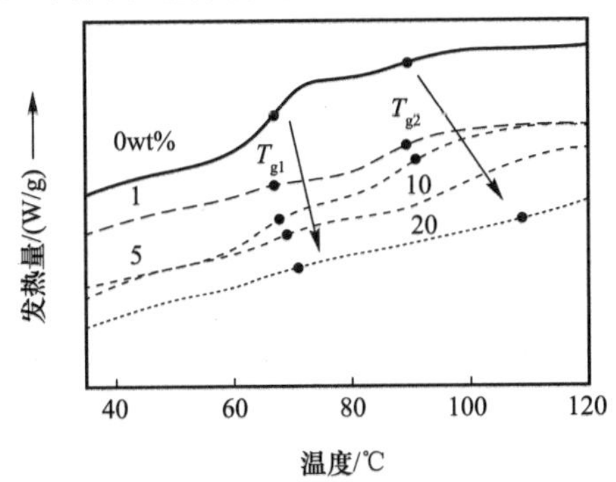

图 6.2　纯环氧树脂和环氧树脂基纳米复合材料的 DSC 曲线

表 6.3　纯环氧树脂和纳米 SiO_2/ 环氧树脂复合材料的玻璃化温度

纳米 SiO_2 填料质量分数 /%	0	1	5	10	20
T_{g1}/℃	66.4	66.9	68.2	69.3	71.6
T_{g2}/℃	89.6	89.6	90.4	101.8	108.8

通过 DSC 和其他方法对材料的 T_g 进行分析，含与不含纳米 SiO_2 填料的环氧树脂复合材料的交联网状结构如图 6.3 所示[2]，分散的纳米填料填充了增韧剂形成的自由体积，增加了交联度，因此 T_g 会随着纳米 SiO_2 填料含量增大而增大。

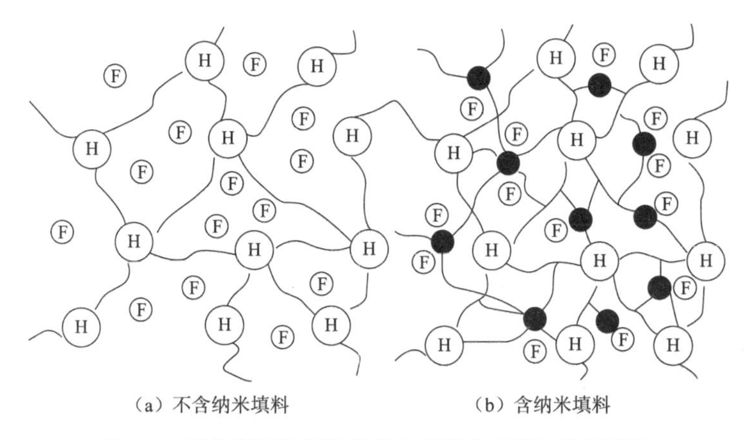

（a）不含纳米填料　　（b）含纳米填料

图 6.3　固化环氧树脂纳米复合材料的交联结构示意图

3．纳米粒子的分散性对微纳米复合材料玻璃化转变温度的影响

许多学者研究了纳米黏土的分散性对双酚 A 型酸酐固化环氧树脂纳米复合材料（N）玻璃化转变温度的影响，以及纳米黏土和微米 SiO_2 的分散性对双酚 A 型酸酐固化环氧树脂微纳米复合材料（NM）玻璃化转变温度的影响。

一些被测试样的名称和填料见表 6.4[3]，各被测试样的 DSC 谱图如图 6.4 所示[3]。环氧树脂纳米复合材料（N）的初始温度（T_{ig}）、中间温度（T_{mg}）和终止温度（T_{eg}）均小于纯环氧树脂（E）所对应的温度，与微米 SiO_2 填充的微米复合材料（M）相比，填充了纳米黏土和微米 SiO_2 的微纳米复合材料（NM1）的 T_{ig}、T_{mg} 和 T_{eg} 更低。对比之下，填充了利用叔胺有机改性的纳米黏土和微米 SiO_2 的微纳米复合材料（NM_3）的 T_{ig} 和 T_{mg} 比 M 所对应的值低，但是 NM3 的 T_{eg} 比 M 所对应的值高。有机改性纳米黏土被认为可以影响环氧树脂的交联度，进而引起 T_g 的改变。此外，更大的微米 SiO_2 添加量抑制了环氧树脂分子链的运动，从而影响了复合材料的 T_g。

表 6.4　纳米复合材料和微纳米复合材料用填料

试样代码	填料	填料体积分数 /%	纳米黏土的改性剂	纳米黏土的膨松处理	微米 SiO_2 的硅烷偶联剂处理
E	W/O	—	—	—	—
N1	纳米黏土	3.0	硬脂胺（伯胺）	处理过	—
N3			二甲基十二烷胺（叔胺）	处理过	—
M	微米 SiO_2	48.3	—	—	处理过
NM1	纳米黏土 微米 SiO_2	黏土：1.6 SiO_2：47.5	硬脂胺（伯胺）	处理过	处理过
NM3			二甲基十二烷胺（叔胺）	处理过	处理过

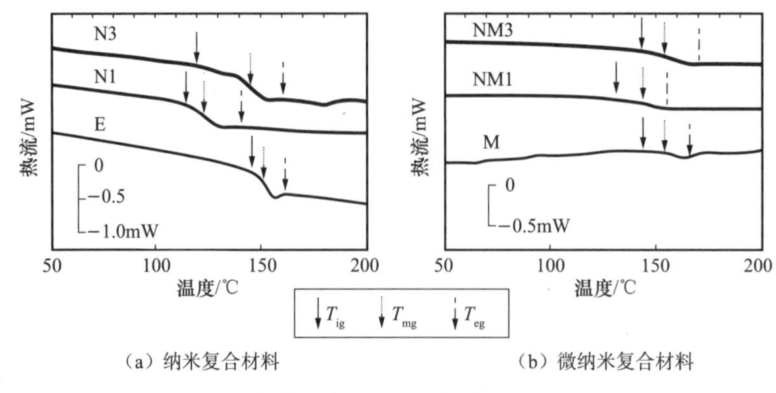

（a）纳米复合材料　　（b）微纳米复合材料

图 6.4　纳米复合材料和微纳米复合材料的 DSC 图谱

6.1.3　几种典型聚合物在添加纳米填料后热学特性的改变

6.1.2 节中介绍了纳米填料对环氧树脂纳米复合材料的热学参数 T_g 的影响。除了环氧树脂纳米复合材料外，还对其他几种聚合物纳米复合材料的热学特性进行了研究，这些试验的结果介绍如下。

1．RTV 硅橡胶的室温硫化

添加了纳米气相 SiO_2 作为增强材料的硅树脂纳米复合材料和同时添加了纳米气相 SiO_2 与微米 $CaCO_3$ 的硅树脂微纳米复合材料的热学特性具有差异。表 6.5 列举了试验中所用的填料的具体参数[4]。

表 6.5　试验中所用的填料

填料	牌号	粒径尺寸和比表面面积	备注
补强剂	R972 （日本气相二氧化硅有限责任公司）	16nm 130m²/g	经二甲基甲硅烷表面处理
增量剂	Super#1700 （Maruo 钙有限责任公司）	1.3μm 1.7m²/g	重质碳酸钙
	Viscolite-OS （Shiraishi Kogyo Kaisha 有限责任公司）	80nm 15.5–18.5m²/g	沉淀碳酸钙，经脂肪酸表面处理

从图 6.5（a）可知，与单一添加了纳米气相 SiO_2（R972）的纳米复合材料相比，同时添加了纳米气相 SiO_2（R972）和 $CaCO_3$（#1700）的微纳米复合材料在经历 100℃、20d 后的剩余质量要高。在添加 $CaCO_3$（#1700）的纳米复合材料中再添加纳米气相 SiO_2 并未改变热失重；然而添加 $CaCO_3$（斜方沸石）的纳米复合材料在 200℃、超过 150h 后会出现较大的热失重，图 6.5（b）给出了 200℃的热老化结果。利用 TGA 研究了 $CaCO_3$（斜方沸石）表面改性剂脂肪酸在 250℃左右的氧化降解过程，脂肪酸的分解可能产生自由基，自由基可导致硅橡胶的过氧化降解[4]。

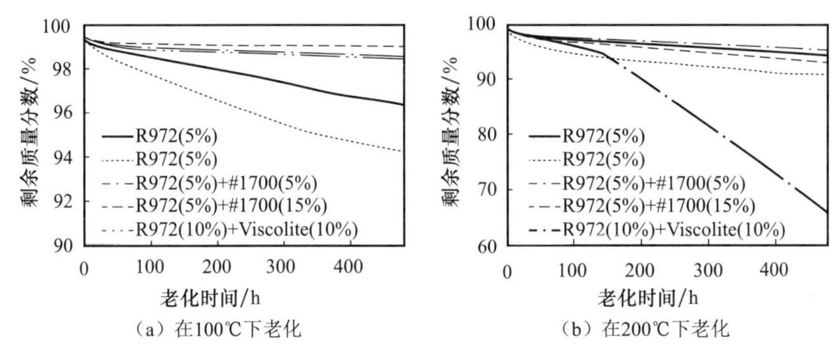

（a）在100℃下老化　　（b）在200℃下老化

图 6.5 加速热老化 20d 后硅橡胶复合材料的剩余质量

2．聚丙烯

研究了填充层状硅酸盐（LS）的等规聚丙烯（iPP）纳米复合材料的耐热性能，并利用等温热重分析法（ITA）对材料的耐热性进行了测试，测试结果如图 6.6 所示[5]。

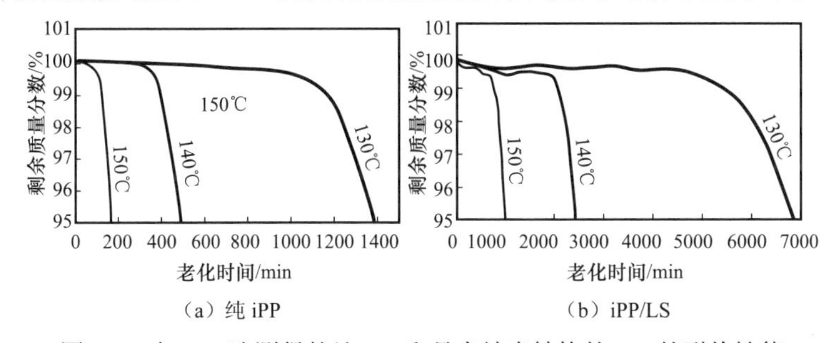

（a）纯 iPP　　（b）iPP/LS

图 6.6 由 ITA 法测得的纯 iPP 和具有纳米结构的 iPP 的耐热性能

在 130 ～ 150℃的温度范围内，iPP/LS 纳米复合材料质量减少 5% 所需要的时间明显长于纯 iPP 所需要的时间（在 130℃时大约是 5 倍，在 150℃时大约是 10 倍）。材料质量减少 5% 所需要的时间和测试温度之间的函数关系如图 6.7 所示[5]。根据 IEC 60126，计算了 20 000h 后 5% 质量损失的温度指数（Ti）。由于 iPP/LS 的 Ti 大约比纯 iPP 高 8℃，因此采用纳米结构 iPP 的绝缘系统其设计温度能够比采用纯 iPP 的系统高 8℃。

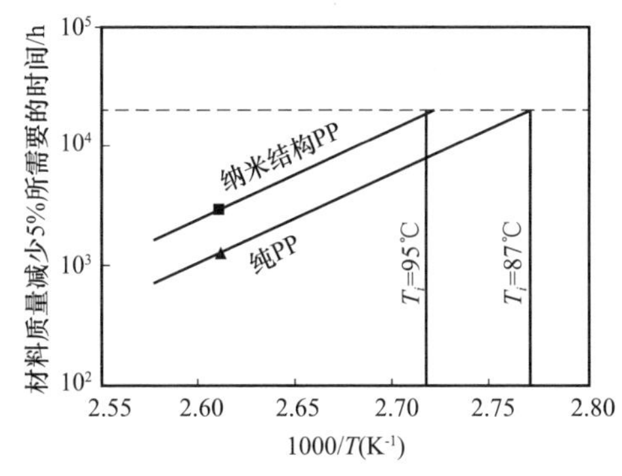

图 6.7 材料质量损失 5% 所需要的时间和测试温度之间的函数关系（Arrhenius 曲线）

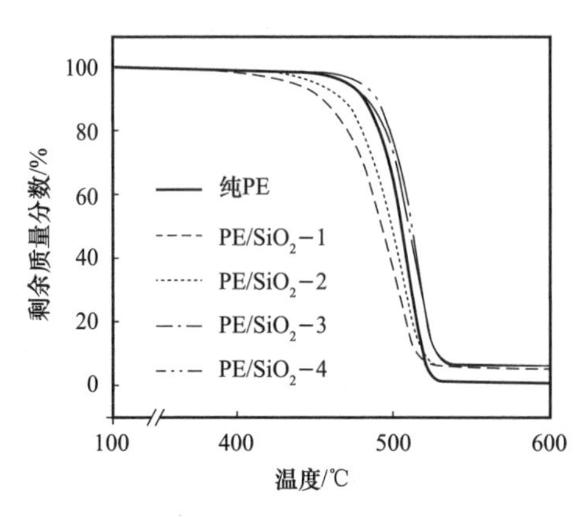

图 6.8　PE 基纳米复合材料的 TGA 曲线

3. 聚乙烯

前期研究了填充经表面处理的纳米 SiO_2 引起的纳米复合材料热学性质的改变[6]。聚乙烯（PE）/SiO_2 纳米复合材料的 TGA 测试结果如图 6.8 所示[6]。PE 是纯聚合物，PE/SiO_2-1 是含未经表面处理的纳米 SiO_2 的纳米复合材料，PE/SiO_2-2 至 PE/SiO_2-4 是含不同表面处理的纳米 SiO_2 的纳米复合材料。

通过向纯 PE 中添加纳米 SiO_2，发生质量损失的温度（如热降解温度）的变化。添加了未经处理的纳米 SiO_2 的 PE/SiO_2-1 的热分解温度比纯 PE 低，然而适当的表面处理可以提高纳米 SiO_2 在基体树脂中的分散性，因此 PE/SiO_2-3 和 PE/SiO_2-4 的热分解温度要比纯 PE 高。

6.1.4　纳米填料与聚合物的界面可以改变聚合物的热学特性

在纳米填料和聚合物之间可能存在着吸引、排斥和中性三种界面作用，而聚合物的热学特性可以通过这些界面作用而改变。

典型聚合物（环氧树脂）和纳米填料间的界面相互作用的理论模型如图 6.9 所示[1]。聚合物和纳米填料间的相互作用导致了在纳米填料周围形成了双层纳米结构。第一纳米层，距离纳米颗粒表面（最内部的纳米层）最近，假定为紧紧地束缚于表面，导致聚合物的分子链被固定而不可移动；第二纳米层，比第一层稍厚，束缚着松散结构的聚合物分子链。

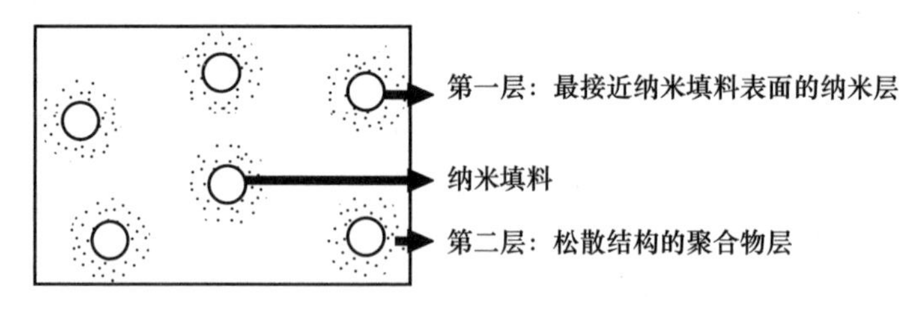

图 6.9　纳米复合材料的双层模型

在扩散层中松散附着的聚合物导致低浓度纳米填料的纳米复合材料的热学特性（如玻璃化转变温度）的降低。随着填料浓度增加（纳米填料添加量的增加），颗粒之间的距离开始减小，这可能导致纳米填料周围不可移动的聚合物区域之间出现交叠。纳米复合材料中不可移动的聚合物之间交叠区域体积的增加将提高玻璃化转变温度和热分解温度，从而改善聚合物的热学特性。所以，在聚合物分子链和纳米填料间的界面相互作用导致了纳米填料周围双层结构的形成，而外部呈松散束缚作用的聚合物纳米层造成了热学特性的改变。

如上所述，介绍了纳米填料添加对聚合物热学特性的影响。有趣的是，通过添加纳米填料能够改变材料最重要的热学特性。由于纳米填料既可以提高又可以降低聚合物的热学特性，在选择用于特定用途的聚合物时，必须考虑纳米填料的类型、表面处理、添加量，以及聚合物类型和聚合物与纳米填料之间的亲和力等。

参考文献

[1] Singha, S., Thomas, M. J.（2008）. Dielectric Properties of Epoxy Nanocomposites, *IEEE Trans. Dielectr. Electr. Insui.*, 15,No. 1, pp. 12-23.

[2] Xu, M., Montanari, G. C., Fabiani, D., et al.（2011）. Supporting the Electromechanical Nature of Ultra-Fast Charge Pulses in Insulating Polymer Conduction, *Proc. IEEJ ISEIM*, No. A-l, pp. 1-4.

[3] Hyuga, M., Tanaka, T., Ohki, Y., et al.（2011）. Correlation between Mechanical and Dielectric Relaxation Processes in Epoxy Resin Composites with Nano- and Micro-Fillers, *IEEJ Trans Fundamentals and Materials*, 131, No. 12, pp. 1041-1047（in Japanese）.

[4] Cho, H., Ashida, Y., Nakamura, S., et al.（2011）. Improvement of Heat-resistance of RTV Silicone Elastomers with Reduce Environmental Impact by Loading Nano-silica and Calcium Carbonate, *Proc. IEEJ ISEIM*, No. MVP 2-5, pp. 345-348.

[5] Motori, A., Patuelli, F., Saccani, A., et al.（2005）. Improving Thermal Endurance Properties of Polypropylene by Nanostructuration, *Annual Rept.IEEE CEIDP*, No. 2C-13, pp. 195-198.

[6] Han, Z., Diao, C., Li, Y., et al.（2006）. Thermal Properties of LDPE/silica Nanocomposites, *Annual Rept. IEEE CEIDP*, No. 3B-5, pp. 310-312.

6.2 力学性能

聚合物（塑料）与金属相比具有轻便性和易塑性等优点，然而其力学性能通常不能满足要求。为了改善单一聚合物力学性能的不足，通常将聚合物与一种或多种材料组合成复合材料。具有纳米尺度填料的复合材料称为聚合物纳米复合材料。对于聚酰胺（尼龙）纳米复合材料（首个聚合物纳米复合材料），据报道其可改善其拉伸强度。在此发现之后，已证实将材料转变成纳米复合材料，除了可以改善拉伸强度外，还可以改善弯曲强度、断裂韧性等其他力学性能。

6.2.1 改善力学性能的聚合物复合材料在日常生活中的应用

通过将单一聚合物（塑料）与一种或多种材料组合产生复合材料来改善力学性能的想法由来已久，比如将黏土与稻草填充的泥墙，以及用骨头、牛筋和胶水加固的木材或竹子制作的复合弓。最近的和让人更熟悉的使用力学性能改善产品的例子是炭黑硫化橡胶化合物、纤维增强轮胎、单元浴缸、网球拍和高尔夫球杆。

具有代表性的现代复合材料包括玻璃纤维增强塑料（GFRPs）和碳纤维增强塑料（CFRPs），它们都以环氧树脂为基体。其中，单元浴缸是使用玻璃纤维增强塑料制成的，网球拍和高尔夫球杆是使用碳纤维增强塑料制成的。碳纤维增强塑料作为一种轻质、高强度和高弹性模量的材料，在飞机上的应用尤为引人注目。

今天，复合材料的概念已经广泛传播，包括填充精细填料的复合材料和聚合物合金材料（多种聚合物制成），复合材料中填料颗粒及纤维尺寸的变化见表 6.6 [1]。例如碳酸钙填料用于增强橡胶的力学性能，其粒径通常大于 1μm，而玻璃纤维增强塑料和碳纤维增强塑料中的纤维直径在 10μm 左右。

表 6.6　聚合物复合材料中填料尺寸的比较

复合材料		增强填料	增强填料尺寸				
			nm			μm	
			1	10	100	1	10
增强橡胶		碳酸钙					
		碳黑					
		玻璃纤维					
增强塑料	耐冲击聚合物合金材料（ABS 树脂）	聚丁二烯					
	聚合物合金（聚合物共混）材料	附加聚合物					
	纤维增强塑料	玻璃纤维、碳纤维等					
	用于电力应用的环氧基浇注树脂	二氧化硅、氧化铝等					
	环氧基封装树脂电子器件	二氧化硅、氧化铝等					
	聚酰胺 / 黏土纳米复合材料	黏土					

此外，作为最常见的耐冲击聚合物合金材料之一，ABS 树脂中的聚丁二烯胶乳粒径大小在 100nm 和 1μm 之间。用于电气设备中的浇注树脂和半导体器件中的密封树脂中的二氧化硅和氧化铝填料，其直径约几十微米。聚酰胺 / 黏土纳米复合材料中的黏土尺寸分布在几十纳米和几百纳米之间：这些颗粒都非常小。

纤维增强塑料（FRPs）中纤维与聚合物的质量分数为 20% ～ 60%，而电气设备中的浇注树脂和半导体器件中的密封树脂需要更高的填充量，其 SiO_2 和 Al_2O_3 填料的质量分数达到 60% ～ 90%。相比之下，聚酰胺 / 黏土纳米复合材料中增强材料（黏土）的质量分数小于 10%，说明其改善聚合物力学性能更高效。

6.2.2　按应力作用时间分类的各种力学性能

通过添加填料制成复合材料可提高聚合物的力学性能。这里有许多力学性能需要考虑，当有外力作用于材料时，材料会发生形变（拉伸或弯曲）或断裂。

这些形变取决于外力的类型、大小和施加方式，如图 6.10 所示，它们可以按照日本工业标准（JIS）或美国材料与试验协会（ASTM）的测试方法测量其特征值。

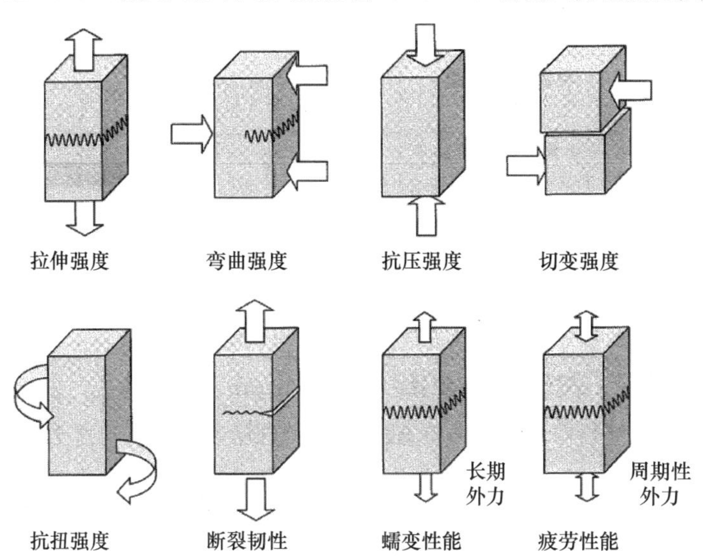

图 6.10　聚合物的典型力学性能

力学性能可以根据施加应力的速度和施加的时间等参数进行分类[2]，见表 6.7。

表 6.7　聚合物的典型力学性能

按照应力作用时间	力学性能
施加缓慢恒速应力（静态力学性能）	拉伸强度
	弯曲强度
	抗压强度
	抗扭强度
	弹性模量（弯曲弹性模量、杨氏模量等）
	硬度（洛氏硬度等）
	断裂韧性
施加冲击式应力（动态力学性能）	冲击强度（夏比冲击强度、艾佐德冲击强度等）
施加长时恒定应力（材料的耐久性）	蠕变性能（拉伸蠕变特性、弯曲蠕变特性、应力松弛特性等）
施加周期性应力（材料的耐久性）	疲劳性能（拉伸疲劳性能、弯曲疲劳性能）

1. 施加缓慢恒速应力

材料的静态力学性能可以通过施加恒定低速应力来测量，基于此方法可以获得拉伸强度、弯曲强度和抗压强度等常见特征参量，如图 6.10 所示。例如在拉伸试验中，拉伸强度是最大拉伸应力，即测量施加的荷载除以材料的横截面面积。

2. 施加冲击应力

材料的动态力学性能通过施加冲击（短时）应力来测量。冲击强度是指耐受外部冲击的能力，通常使用夏比冲击强度或聚合物（塑料）悬臂梁冲击强度定义。

3. 施加长时恒定应力

材料的耐久性可以通过长时施加恒定应力来测量。当施加小于最大应力（如断裂点处的应力，其可以通过试验测量[1]）的应力时，材料随时间缓慢变形（蠕变现象），当到达最大程度变形时就会发生断裂。为了验证这一点，在材料上施加一个恒定的力，在不同温度和不同强度的力下测量变形速率（应变）和断裂点，来评估耐久性和蠕变寿命。

4. 施加周期性应力

材料的耐久性也可以通过施加周期性的应力来测量。当周期性施加的应力小于最大耐受强度时，材料逐渐劣化并最终断裂。为了验证这点，施加确定的周期性外力来测量断裂前的循环次数（疲劳寿命）。材料的耐久性可以通过施加应力峰值 - 周期数（*S–N* plot）曲线来估算。

在以上的介绍中，通过制备聚合物纳米复合材料可以改善聚合物的静态特性。我们现在介绍通过制备聚合物纳米复合材料来改善聚合物的拉伸强度、弯曲强度、断裂韧性及硬度等例子。

6.2.3　添加纳米填料提高拉伸强度

材料耐受拉伸应力的能力称为“拉伸强度”。拉伸强度是主要的机械特性之一。大量研究表明添加纳米填料可提高材料拉伸强度。

例如使用经有机化表面处理的层状填料（黏土）时，烷基铵离子的碳原子数量对环氧树脂纳米复合材料拉伸强度（a–1）及拉伸模量（a–2）的影响如图 6.11（a）所示。材料是用聚醚胺固化环氧树脂材料制备，其中添加了经 $CH_3(CH_2)_7NH_3^+$（碳原子数量为 8）、$CH_3(CH_2)_{11}NH_3^+$（碳原子数量为 12）或 $CH_3(CH_2)_{17}NH_3^+$（碳原子数量为 18）处理的有机黏土（10% 质量分数）。

当烷基铵离子中碳链的长度大于 12 时，环氧树脂纳米复合材料的拉伸强度及拉伸模量显著提高。有机化剂的碳原子数量增加可以增强黏土对环氧树脂的亲和力，从而形成均匀的分散，改善了纳米复合材料的拉伸特性。

经过有机化处理的黏土含量对环氧树脂纳米复合材料的拉伸强度（b–1）及拉伸模量（b–2）的影响如图 6.11（b）所示。环氧树脂纳米复合材料的拉伸强度与拉伸模量随着黏土含量的增加而增加，当黏土质量分数达到 23% 时，环氧树脂纳米复合材料的拉伸强度与拉伸模量分别是环氧树脂基体（黏土含量为零）的 20 倍和 12 倍，表明黏土含量的增加可以增强和提高纳米复合物的拉伸特性。

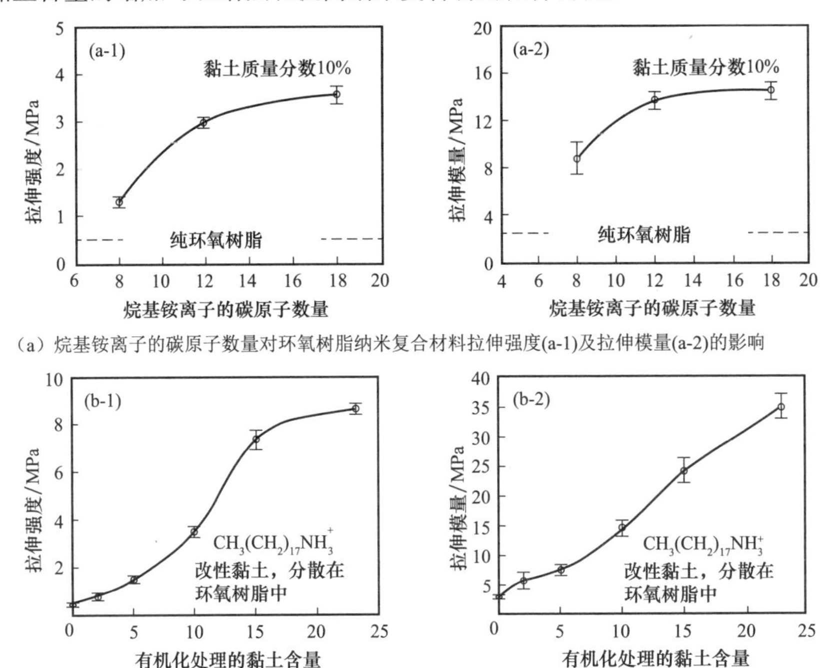

（a）烷基铵离子的碳原子数量对环氧树脂纳米复合材料拉伸强度(a-1)及拉伸模量(a-2)的影响

（b）有机化处理的黏土含量对环氧树脂纳米复合材料拉伸强度(b-1)及拉伸模量(b-2)的影响

图 6.11 环氧树脂 / 黏土纳米复合材料的拉伸性能 [3]

总的来说，纳米复合物的拉伸特性取决于纳米填料的含量、尺寸、形状，以及树脂 / 填料的界面亲和力。下面我们介绍通过改善树脂和纳米填料界面亲和力来提高纳米复合物的拉伸特性（杨氏模量）。

有报告研究了纳米复合材料的杨氏模量，该复合材料是将高介电常数钛酸钡（$BaTiO_3$）填料分散到乙烯醋酸乙烯共聚物（EVA）树脂中制成 [4]。EVA 树脂同时具有柔性和弹性，添加 $BaTiO_3$ 填料后可以增高其介电常数，因此可以用作电缆及电力传动装置的电场控制材料。

$BaTiO_3$ 纳米填料（平均粒径 100nm）表面的氢键可以与 EVA 树脂结合，如图 6.12（a）所示。使用这种表面改性的 $BaTiO_3$ 纳米填料（体积分数 0% ～ 50%）可制备出 EVA 树脂纳米复合物。

EVA/$BaTiO_3$ 纳米复合材料的应力 – 应变曲线如图 6.12（b）所示，曲线斜率为杨氏模量（纵向弹性模量），表示在复合物的弹性区域形成单位应变需要的应力大小。随着 EVA/$BaTiO_3$ 纳米复合材料中纳米填料的体积分数为 5%、10%、20%、30%、40% 和 50% 时，杨氏模量分别为 1.03MPa、1.77MPa、2.33MPa、4.89MPa、9.34MPa 和 21.33MPa，这表明纳米填料的添加可以显著提高聚合物拉伸强度。

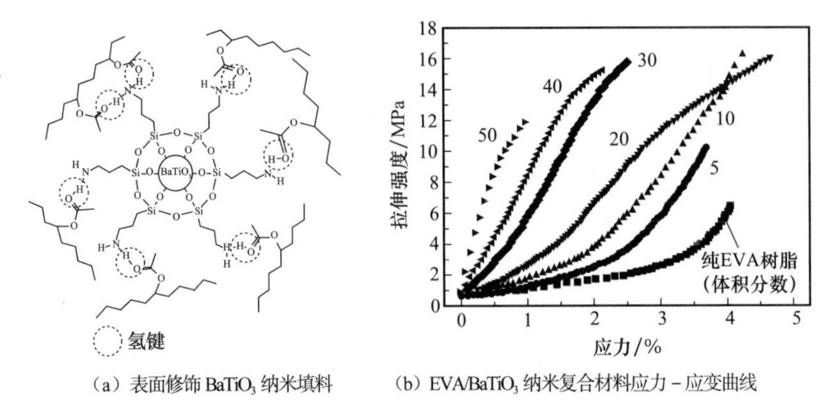

（a）表面修饰 $BaTiO_3$ 纳米填料　　（b）EVA/$BaTiO_3$ 纳米复合材料应力－应变曲线

图 6.12　EVA / $BaTiO_3$ 纳米复合材料的拉伸性能

6.2.4　添加纳米填料提高弯曲特性

弯曲强度是典型的机械特性。添加纳米填料改善弯曲强度已有大量报道。

如图 6.13（a）、（b）所示，添加水合氧化铝纳米填料的环氧树脂纳米复合材料可以提高弯曲强度及弯曲模量[5]。含有 20% 质量分数活性稀释剂（增塑剂）和 3% 质量分数纳米填料的环氧复合材料与纯环氧树脂进的弯曲强度与弯曲模量分别提高了 5% 和 7%。

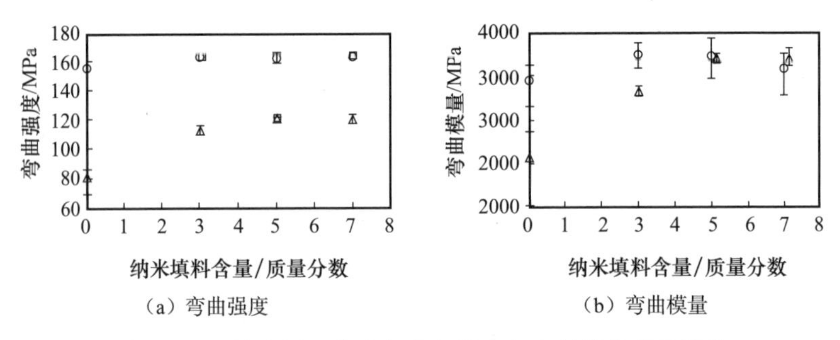

（a）弯曲强度　　（b）弯曲模量

图 6.13　环氧树脂 / 水合氧化铝纳米复合材料的弯曲性能

使用质量分数为 20% 的丙烯酸低聚物（分散剂）及质量分数为 3% 的纳米填料的纳米复合材料，其弯曲强度及弯曲模量分别比纯环氧树脂高 45% 和 40%。继续增加水合氧化铝纳米填料到质量分数 5% 或 7% 时弯曲强度及弯曲模量没有明显改变。

分散不同纳米填料的纳米复合材料也有增加弯曲强度的报道。

层状黏土分散的环氧树脂纳米复合物的弯曲强度随黏土含量的变化如图 6.14（a）所示[6]，纳米复合物的弯曲强度随黏土含量增加而增加。三种不同纳米填充物（黏土、二氧化硅、二氧化钛）的环氧树脂纳米复合材料的弯曲强度如图 6.14（b）所示，这里均含有质量分数为 5% 的纳米填料，其中添加黏土填料的纳米复合材料的弯曲强度最大。

总的来说，纳米复合材料的弯曲特性取决于纳米填料的尺寸、形状以及树脂/填料的界面亲和力。在相同填料含量下，黏土相比于其他纳米填料的尺寸更大，并具有更大的长宽比（填料的长轴和短轴），所以具有更大的增强效应。

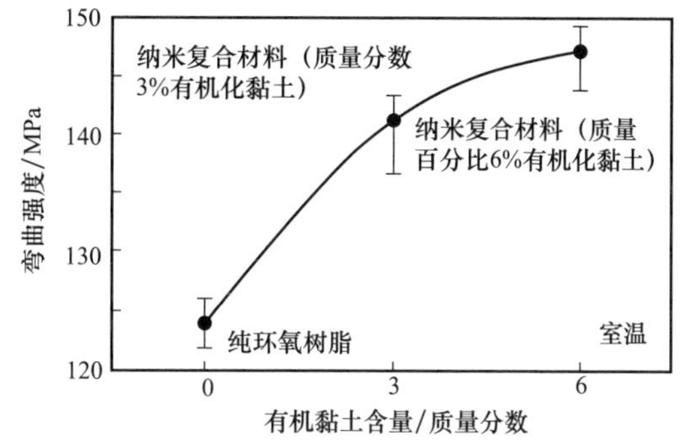

（a）弯曲强度随黏土含量的变化

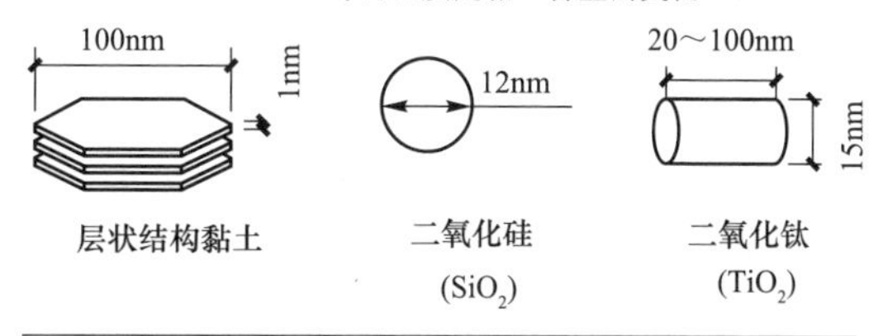

材料		弯曲强度/MPa
纯环氧树脂		124
纳米复合材料	层状结构黏土	147
	二氧化硅	128
	二氧化钛	123

注：纳米复合材料中的纳米填充物的质量分数均为5%。

（b）不同纳米填充物环氧树脂纳米复合材料的弯曲强度

图 6.14　纳米填料对环氧基纳米复合材料弯曲强度的影响

6.2.5　纳米填料抑制裂痕扩散

韧性是一种重要的静态力学性能，表示材料抗裂纹扩展的能力，当外力以冲击的形式作用于材料时，它就变成了冲击强度。

抗裂痕扩展的一个指标是断裂韧性（KIC）表示，断裂韧性（KIC）可以通过紧凑拉伸（CT）试样试验或单边缺口弯曲（SENB）试验获得（图 6.15）。KIC 通过样品的起始裂纹和断裂点的荷载来测量的，KIC 越高表示抑制裂纹扩展能力越强。

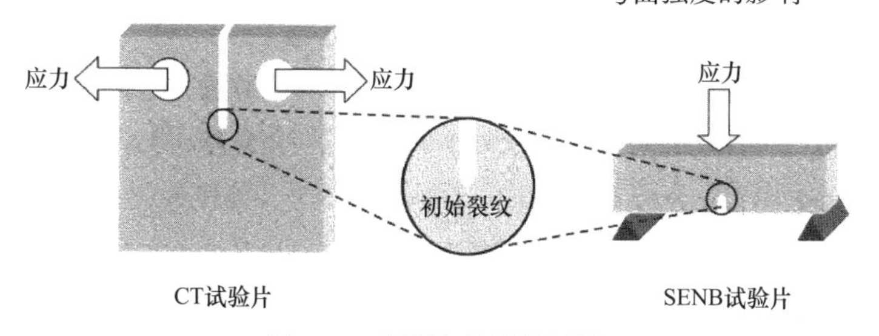

图 6.15　断裂韧性测量试样

已有报道证实使用纳米填料的聚合物的断裂韧性有所改善［图 6.16（a）］[7]。在将粒径为 20～80nm（初始粒径为 12nm，分散时呈现聚集体状态）的质量分数为 5% 的经硅烷改性二氧化硅添加到环氧树脂中制备成纳米复合材料，其紧凑拉伸（CT）试验测得的断裂韧性比环氧树脂基体高 59%。同样将质量分数为 5% 的二氧化硅微米填料（初始粒径为 1.6μm，经硅烷改性）添加到环氧树脂中制备成微米复合材料，其断裂韧性比环氧树脂基体高 20%，这意味着二氧化硅纳米填料对断裂韧性的影响比二氧化硅微米填料更大。

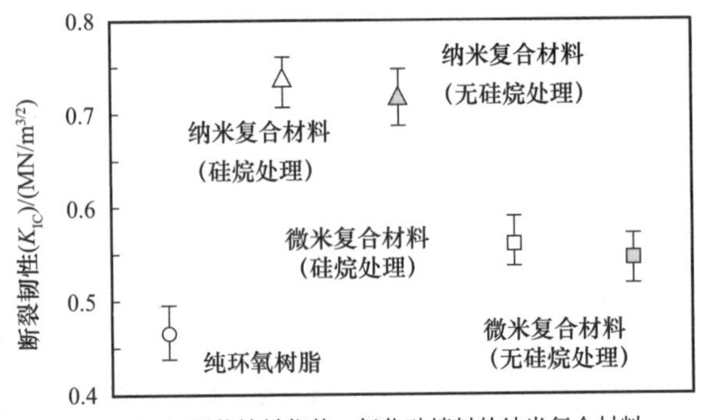

(a) 层状填料代替二氧化硅填料的纳米复合材料

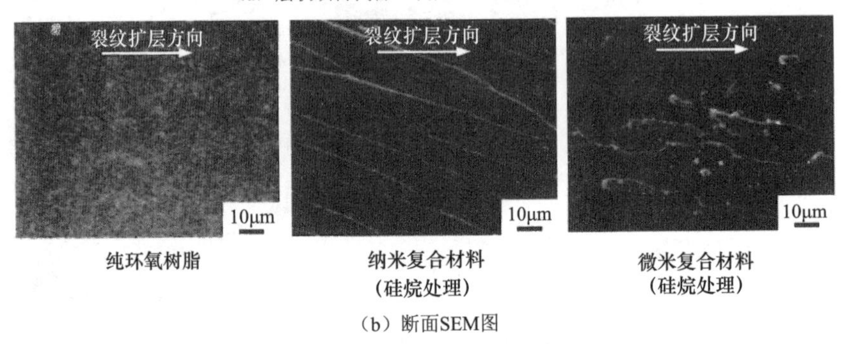

(b) 断面SEM图

图 6.16　环氧树脂 / 二氧化硅纳米复合材料的断裂韧性

此外，已有研究表明如果不使用硅烷偶联剂处理二氧化硅填料表面，纳米复合材料或微米复合材料的断裂韧性将会下降。环氧树脂基体、经硅烷改性的纳米复合材料和经硅烷改性的微米复合材料裂纹起始附近断裂面的扫描电子显微镜（SEM）图如图 6.16（b）所示。断裂面形貌有明显区别，经硅烷改性的纳米复合材料的粗糙区域沿着裂纹方向呈线性扩展，而经硅烷改性微米复合材料的粗糙区域呈分散分布。由于填料堵塞的裂纹痕迹（粗糙区域）呈线性分布，这表明在经硅烷处理的纳米复合材料中，裂纹扩展被连续阻断，从而延长了发展距离，导致较高的断裂韧性。

还有报道，用层状填料代替二氧化硅填料的纳米复合材料也可以提高其断裂韧性[6, 8]，断裂韧性随着层状填料含量的增加而增加（图 6.17）。

6.2.6　纳米复合材料的其他力学性能

前面我们已经介绍了在聚合物中添加填料形成纳米复合材料以提高力学性能，如抗拉强度、弯曲强度、断裂韧性等。这里我们简单介绍其他的力学性能，6.3 节将介绍长期耐久性。

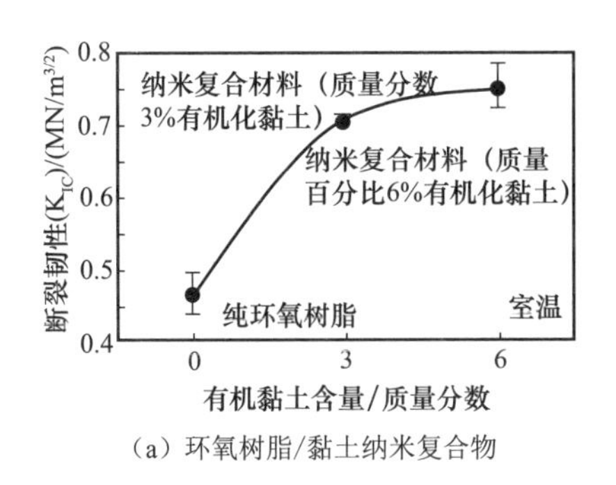

（a）环氧树脂/黏土纳米复合物

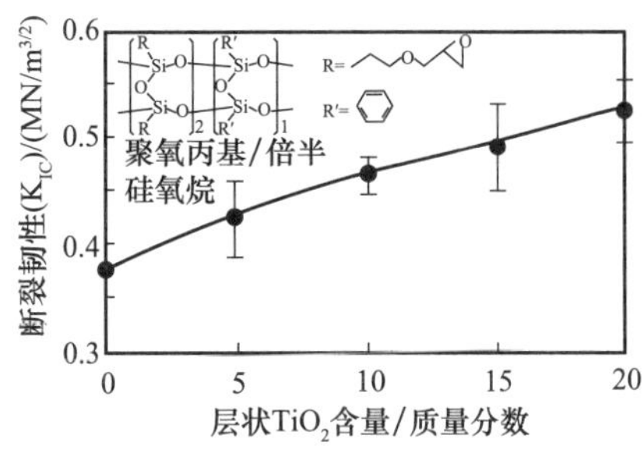

（b）环氧树脂/倍半硅氧烷/层状TiO_2纳米复合物

图 6.17　含有层状填料的环氧基纳米复合材料的断裂韧性

1．聚酰胺纳米复合材料的划痕硬度

有论文报道了对添加 40nm 纳米填料的聚酰胺纳米复合材料的划痕硬度的研究[9]。划痕硬度是通过划痕宽度和产生划痕的荷载来测量的。随着填料含量的增加，纳米复合膜的划痕硬度比含有 3μm 微米填料的聚酰胺膜有了更大的提高，如图 6.18（a）所示。

2．环氧树脂 / 笼形二氧化硅纳米复合材料的夏比冲击强度

有论文报道了对环氧树脂纳米复合材料的夏比冲击强度的研究，其使用笼形二氧化硅（多面体低聚倍半硅氧烷，POSS）纳米填料填充环氧树脂制备纳米复合材料[10]。夏比冲击强度测量方法：制作楔形切口（凹槽），固定材料的一侧，用锤子从凹口的方向敲击未固定的一侧。POSS 填充的环氧树脂纳米复合材料的夏比冲击强度与环氧树脂基体大致一样，如图 6.18（b）所示，表明在环氧树脂中填充 POSS 纳米填料并没有显著改善其夏比冲击强度。

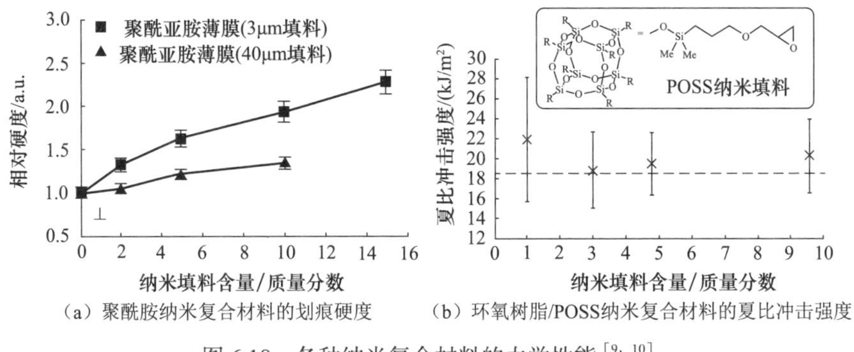

（a）聚酰胺纳米复合材料的划痕硬度　（b）环氧树脂/POSS纳米复合材料的夏比冲击强度

图 6.18　各种纳米复合材料的力学性能[9, 10]

3．纳米－微米复合材料的力学性能

有论文报道了对纳米－微米复合材料的机械特性的研究[11]，它是通过添加高含量（质量分数 60% ～ 70%）的传统微米填料和少量纳米填料来制备的。

二氧化硅微米填料（质量分数为 60% 或 65%）和层状黏土纳米填料（质量分数为 0.3%）填充的微米－纳米复合材料的拉伸强度的韦布尔分布如图 6.19 所示，其中经统计处理后的拉伸强度结果如图 6.19（b）所示。纳米－微米复合材料比微米复合

材料表现出更高的拉伸强度和更少的数据分散。图 6.19（c）给出了纳米－微米复合材料的弯曲强度改善。

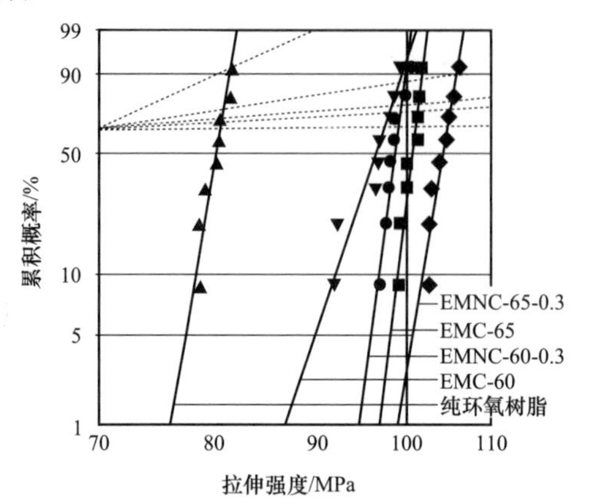

纯环氧树脂：无填料

EMC-60：环氧树脂基微米复合材料（微米填料：60%质量分数）

EMC-65：环氧树脂基微米复合材料（微米填料：65%质量分数）

EMNC-60-0.3：环氧树脂基纳米–微米复合材料（微米填料：60%质量分数，纳米填料：0.3%质量分数）

EMNC-65-0.3：环氧树脂基纳米–微米复合材料（微米填料：65%质量分数，纳米填料：0.3%质量分数）

（a）拉伸强度统计图

材料	尺度参数 (MPa) 概率63.2%	形状参数 (–)
纯环氧树脂	80.6	78.4
EMC-60	97.3	39.6
EMC-65	101.7	78.7
EMNC-60-0.3	98.9	94.7
EMNC-65-0.3	105.9	104.6

（b）拉伸强度参数

材料	尺度参数 (MPa) 概率63.2%	形状参数 (–)
纯环氧树脂	107.6	65.1
EMC-60	157.8	24.4
EMC-65	171.2	31.7
EMNC-60-0.3	162.7	55.9
EMNC-65-0.3	176.9	65.0

（c）弯曲强度参数

图 6.19　纳米－微米复合材料的力学性能

我们介绍了纳米复合绝缘材料的几种机械特性。绝缘材料在实际的电力设备和电子器件应用中，既需要保证可靠的绝缘性能，又要具备足够的机械特性。纳米复合材料的优点是在聚合物中仅添加少量的纳米填料就可以改善其机械特性。

参考文献

[1] Toray Research Center（2002）. *Technological Trend of Nano-Controlled Composite Materials*, Chapter 1.

[2] Yasuda, T.（2000）. *Plastics*, 51, pp. 104-111.

[3] Lan, T., Pinnavaia, T.（1994）. Clay-Reinforced Epoxy Nanocomposites, *Am. Chem. Soc. Chem. Mater.*, 6（12）, pp. 2216-2219.

[4] Huang, X., Xie, L., Jiang, P., et al.（2010）. Enhancing the Permittivity, Thermal Conductivity and Mechanical Strength of Elastomer Composites by Using Surface Modified $BaTiO_3$ Nanoparticles, *Proc. IEEE ICSD*, No. G3-2, pp. 830-833.

[5] Nose, J., Yamano, S., Kozako, M., et al.（2005）. Preliminary Examination of Bending Characteristics of Epoxy/Alumina Nanocomposite Materials, *IEEJ National Convention Record*, No. 2-108, p. 123.

[6] Imai, T., Sawa, F., Ozaki, T., et al.（2004）. Preparation and Insulation Properties of Epoxy-Layered Silicate Nanocomposite, *IEEJ Trans. FM*, 124（11）, pp. 1065-1072.

[7] Imai, T., Sawa, F., Ozaki, T., et al.（2006）. Effects of Epoxy/Filler Interface on Properties of Nano- or Micro-composites, *IEEJ Trans. FM*, 126（2）, pp. 84-91.

[8] Ochi, K., Harada, M., Minamikawa, S., et al.（2005）. Thermo-Mechanical Properties of Nano-Composites Prepared Form Silsesqioxane-Type Epoxy Resins and Layered Titanate, *IEEJ The Paper of Technical Meeting on Dielectrics and Electrical Insulation*, No. DEI-05-84, pp. 23-28.

[9] Irwin, P. C., Cao, Y., Bansal, A., et al.（2003）. Thermal and Mechanical Properties of Polyimide Nanocomposites, *Annual Rept. IEEE CEIDP*, pp. 120-123.

[10] Takala, M., Karttunen, M., Pelto, J., et al.（2008）. Thermal, Mechanical and Dielectric Properties of Nariostructured Epoxy-Polyhedral Oligomeric Silsesquioxane Composites, *IEEE Trans. Dielectr. Electr. Insul.*, 15（5）, pp. 1224-1235.

[11] Park, J., Lee, C., Lee, J., et al.（2011）. Preparation of Epoxy/ Micro- and Nano-composites by Electric Field Dispersion Process and Its Mechanical and Electrical Properties, *IEEE Trans. Dielectr. Electr. Insul.*, 18（3）, pp. 667-674.

6.3 长期特性

当新开发的材料投入产品应用时，确保材料具有优异的长期使用特性非常重要。在电力设备和电子器件中，除了电气绝缘性能外，还需要验证长期投入使用的热稳定性和力学性能。聚合物纳米复合技术也可有效改善材料长期使用性能。

6.3.1 通过纳米复合改善聚合物的耐热性

有机聚合物在紫外线、辐照和热环境中比金属和陶瓷更容易劣化。电力设备和电子器件在运行时温度会上升，所以评估这样环境条件下它们的性能非常重要。实际上，聚合物的大部分材料性能（比如机械、电气和物理特性）都在玻璃化转变温度以上发生显著变化，因此必须严格控制材料的使用温度。除对设备运行温度进行短期评估外，必须进行长期的热性能评估以满足实际产品的设计寿命。

高温下的连续劣化主要是由聚合物的氧化和分解引起的，因为这些是化学反应，所以它们的劣化进展速度取决于温度和氧气的浓度。通常在聚合物中，分子链断裂成小分子，导致质量减少、机械强度降低和延伸率下降，引发材料性能的劣化。聚合物的热性能评价可以通过高温加速试验来测试，评估的参数是质量、机械强度和延伸率随时间的变化。

例如，等规聚丙烯（iPP）在恒温 110℃烘箱中的质量变化如图 6.20 所示[1]。聚丙烯经过一段时间后突然分解，其质量下降，添加质量分数 6% 的纳米黏土可以延缓这种热分解。人们认为这种特性下降取决于化学反应速度，它遵循阿累尼乌斯曲线变化，可以在较短时间内进行评估。以上结果表明，氧化和分解反应可以通过添加黏土制成纳米复合材料来抑制，从而提高耐热性。

如上所述，聚合物产生热劣化的一个重要因素是氧的存在，通过控制聚合物和氧之间的接触可以抑制其劣化。用适当的方法剥离黏土可以获得更大的纵横比，以使其比表面积更大。即使少量添加，黏土也可以密集地分散在聚合物中，以减小聚合物在氧气中的暴露（图 6.21）。它还可以通过抑制氧分子向聚合物内部的扩散从而抑制聚合物的氧化降解，这就是所谓的气体阻隔特性，这种气体阻隔特性可以提高纳米复合材料的耐热性。在许多塑料薄膜中纳米复合材料显著改进了气体阻隔特性，其已经用于碳酸水的塑料瓶。

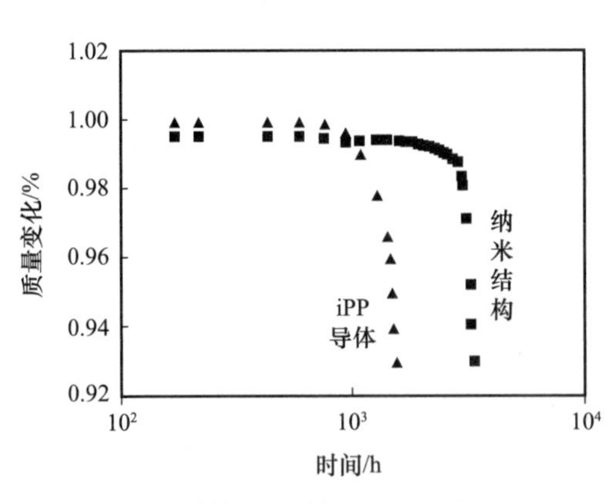

图 6.20　等规聚丙烯（iPP）在恒温 110℃烘箱中的质量变化

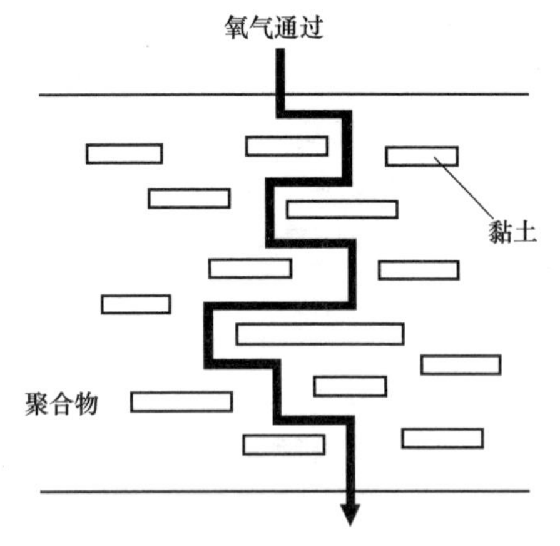

图 6.21　少量添加黏土在聚合物中产生气体阻隔效应

6.3.2　通过纳米复合改善聚合物的耐疲劳性

在产品设计中，蠕变和疲劳特性是重要的长期机械特性。像金属材料一样，如果在聚合物上长时间施加机械外力和变形（应变），聚合物将逐渐变形最终导致破坏。蠕变是指在恒定外力或恒定变形作用下，随着时间或断裂时间的变化而发生的变形；疲劳是指外力或变形波动时，随着重复次数或循环次数的变化而发生的变形。在本节中，我们介绍纳米复合对材料疲劳性能的影响。

疲劳是波动荷载下的强度，如振动引起的膨胀和收缩、温度变化或压力变化。疲劳性能可以通过测量在正弦波重复应力作用下断裂前或规定频率下试样变形前的重复次数来评估。由于材料在静荷载和重复荷载下机械断裂模式不同，因此重要的是确定对这两种特性，纳米复合材料所起到的作用。

例如温度对材料拉伸强度的影响（图 6.22），这里的材料是在尼龙 6 中添加 2% 质量分数的黏土（NCFi-2）或添加 5% 质量分数的黏土（NCH-5）[2]。尼龙 6 的拉伸强度随着温度的升高而降低，通过加入少量黏土可以改善静态机械强度，然而黏土添加量的影响尚未确定。

相同材料在常温下的疲劳性能（图 6.23）[2]，这是通过改变应力水平（最大拉伸应力）进行多次测试得到的。竖轴表示最大拉伸应力，横轴表示材料断裂时的应力循环次数，当应力水平较高时，疲劳寿命较短，且疲劳寿命随应力的降低而增加。这是一个表示疲劳特性的典型图，称为应力－循环数曲线。同拉伸强度一样，在常温下将黏土加入尼龙 6 中可提高疲劳性能。

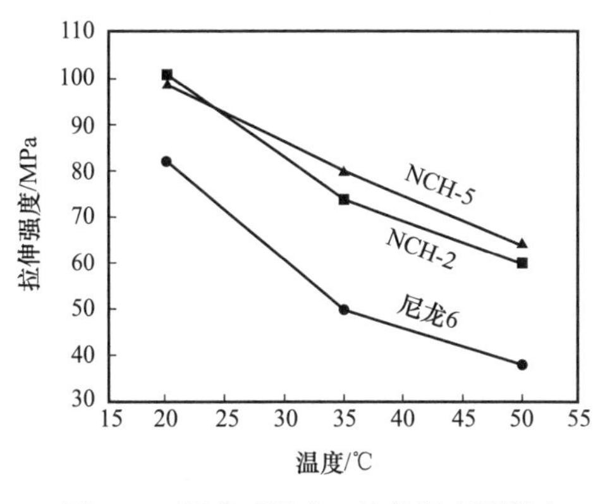

图 6.22　温度对尼龙 6 拉伸强度的影响

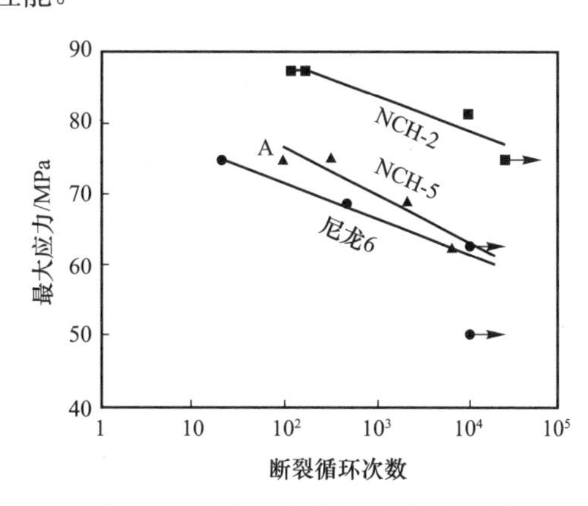

图 6.23　尼龙 6 在常温下的疲劳性能

相同材料在 35℃下的疲劳性能（图 6.24）[2]，未填充黏土的尼龙 6 的疲劳性能显著低。聚合物自身强度随着温度的升高而降低，这改变了聚合物的断裂模式。此外，填充黏土后材料疲劳特性下降会减小，黏土在聚合物中起到结构增强作用，并且有效抑制由于温度上升导致聚合物的强度下降。此外，随着黏土填充量的增加，疲劳性能也发生变化，当添加量为 5% 质量分数时效果最佳。

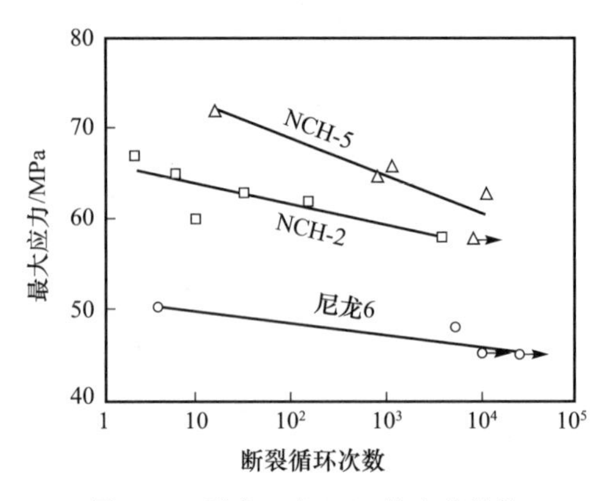

图 6.24　尼龙 6 在 35℃的疲劳性能

在典型的热固性环氧树脂中，在疲劳性能方面纳米复合材料的作用也得到了证实[3]。由于环氧树脂的三维交联结构，其在低于玻璃化转变温度时是脆性的，因此被归类为硬性和脆性材料。与其他热塑性树脂不同，当机械荷载增加时，环氧树脂发生断裂而没有大的形变。因此，人们尝试着在环氧树脂中添加各种颗粒填料，以增加其在荷载下的形变并提高机械强度。例如，已有报道在环氧树脂中添加橡胶（端羧基丁二烯－丁腈橡胶：CTBN）和同时添加纳米二氧化硅与橡胶以改善其疲劳特性[4]，该研究表明，在纯环氧树脂中添加橡胶和纳米二氧化硅可以改善其疲劳特性。在环氧树脂的疲劳试验中，纳米二氧化硅从树脂脱离出来，需要更多的能量才能引起塑性变形，从而提高了树脂的疲劳性能；橡胶通过空化作用引起塑性变形。此外，环氧树脂中同时添加橡胶和纳米二氧化硅具有协同作用而显示出优异的耐疲劳特性。由于环氧树脂广泛应用，例如作为 FRP（纤维增强塑料）的基体树脂，其需要作为结构元素的特性，因此改善疲劳特性也非常重要。

疲劳损伤破坏的方式之一是裂纹扩展。同金属材料一样，聚合物中的裂纹随疲劳反复转化而逐渐扩展，如果裂纹长度达到临界值，则会发生断裂。疲劳裂纹的扩展速度与应力水平之间的关系如图 6.25 所示[5]，竖轴是裂纹的扩展速度，是指施加交变循环应力时，在显微镜下测量每次负载反转时裂纹长度的变化。横轴ΔK是应力强度因子，是以裂纹长度和应力函数的应力强度因子。在恒定应力下的疲劳试验过程中，裂纹逐渐扩展，裂纹长度增加，应力强度因子ΔK和裂纹扩展速度增加。图中分别给出了添加质量分数 1% 的炭黑（CB）、碳纳米管（CNT）和气相外延碳纤维（VGCF）的环氧树脂纳米复合材料的疲劳裂纹扩展特性，相比于纯环氧材料，纳米复合材料的曲线向右侧移动，在相同应力水平下裂纹扩展延迟。特别是，通过加入纳米纤维填料（如 CNT 和 VGCF），使得疲劳裂纹性能得到改善。试验后的断裂表面的扫描电子显微镜（SEM）图如图 6.26 所示[5]，纯环氧树脂的断裂面很平滑，表明裂纹扩展阻力小，而在添加纳米填料的材料中，观察到圆形图案，这是由于填料在裂纹扩展方向上的塑性变形引起的，并且仅在纳米填料附近观察到。因此，如文章中所说，纳米填料的添加引起了环氧树脂的部分性能的转变，这是一个艰难的转变，破坏它需要大量的能量。在圈形部分形成了一个台阶，但 CNT 和 VGCF 的台阶比 CB 更大，能量消耗增加，因为裂纹通过纤维纳米填料的形成分叉，裂纹扩展受到限制。此外，有报道称通过添加纳米二氧化硅可以提高疲劳裂纹扩展特性[6]。

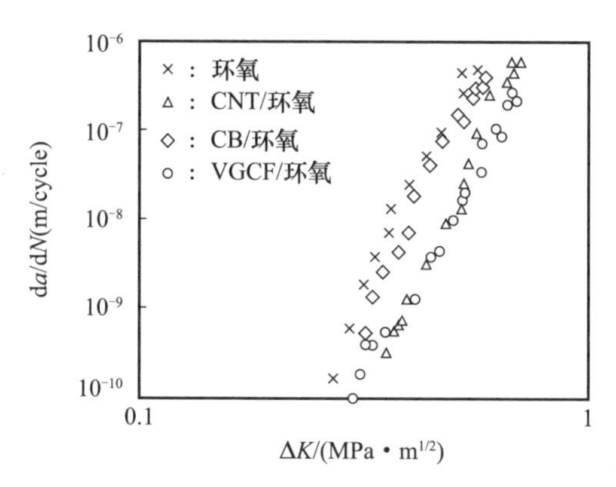

图 6.25　环氧树脂的疲劳裂纹扩展性能

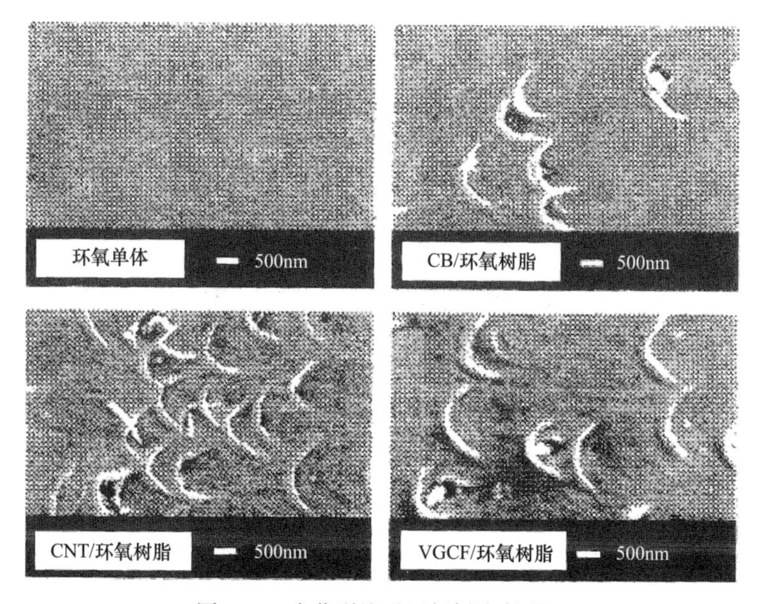

图 6.26　疲劳裂纹后环氧树脂断裂面

综上所述，通过用纳米填料填充聚合物可以改变聚合物的疲劳断裂模式，并且裂纹扩展需要大量的能量。纳米复合材料在改善聚合物的疲劳性能和提高电气设备的长期绝缘可靠性方面发挥着重要作用。

参考文献

[1] Saccani, A., Motori, A., Patuelli, F., et al.（2007）. Thermal Endurance Evaluation of Isotactic Poly（propylene）Based Nanocomposites by Short-term Analytical Methods, *IEEE Trans. Dielectr. Electr. Insul.*, 14（3）, pp. 689-695.

[2] Kichise, M., Shijie, Z., Usuki, A., et al. （2011）. Temperature Influence on Fatigue Fracture of Nylon 6 Clay Hybrid Composite Materials, *J Soc. Mater. Sci. Japan.*, 60（5）, pp. 457-463 （in Japanese）.

[3] Juwono, A., Edward, G. （2006）. Mechanism of Fatigue Failure of Clay-Epoxy Nanocomposites, *J Nanosci. NanotechnoL*, 6, pp. 3943-3946.

[4] Manjunatha, C. M., Taylor, A. C. Kinloch, A. J., et al. （2009）. The Cyclic-Fatigue Behaviour of an Epoxy Polymer Modified with Micron-Rubber and Nano-Silica Particles, *J Mater. Sci.*, 44, pp. 4487-4490.

[5] Utsumi, S., Matsuda, S., Kishi, H. （2008）. Effect of Nanofiller on the Fatigue Property, *Sci. Counc. Japan Proc. 52nd Japan Cong. Mater. Res.*, 42, pp. 287-288 （in Japanese）.

[6] Blackman, B. R. K., Kinloch, A. J., Sohn Lee, J., et al. （2007）. The Fracture and Fatigue Behaviour of Nano-Modified Epoxy Polymer, *J Mater. Sci.*, 42, pp. 7049-7051.

第 7 章　聚合物纳米填料界面结构

7.1　界面有体积

聚合物纳米复合材料与普通材料的不同在于纳米填料与周围聚合物基体间界面的固有特性。对于界面，前人已提出了各种模型。束缚聚合物模型是从胶体化学衍生出来的一个很好的概念，这表明纳米填料被聚合物链包围并被紧密束缚。基于玻璃化转变温度的变化产生了双层模型，基于量子力学提出了多核模型。上述所有模型都支持聚合物和纳米填料的界面具有厚度和体积的观点。

7.1.1　界面是什么

聚合物纳米复合材料是由无机纳米填料和有机聚合物组成的复合材料，其中至少有一种纳米填料的尺寸必须在 1 ～ 100nm 范围。纳米填料的比表面面积比那些长期以来一直用的微米填料表面面积大很多。在这个意义上来说，两种物质间形成的界面对纳米复合材料的整体特性产生了很大的影响[1]。在有机物和无机物之间不可能发生化学键合反应，但是可以借助偶联剂等键合剂的帮助来实现。界面结构复杂而有趣，已有几种物理和化学模型来帮助理解纳米复合材料表现的特征现象，一些示意性界面模型如第 1 章的图 1.1 所示。界面在结构上与聚合物基体和纳米填料都不同，具有厚度的界面是随机结构或者球晶结构如图 1.1（a）或图 1.1（b）所示，具有多层结构的界面模型如图 1.1（c）所示。

7.1.2　无机填料和有机聚合物间界面的特征

1．纳米复合材料中界面占比巨大

界面对于聚合物纳米复合材料至关重要，它的性能取决于许多不同的特征参数，如纳米填料的形状、尺寸和填充比例、填料间距、界面形貌，甚至介观结构，纳米填料通常呈球形、扁球形、片状、层状或针状。在电气绝缘领域中研究的二氧化硅、二氧化钛、氧化铝、氧化镁和层状硅酸盐具有基于晶体特性的特征形状。当尺寸为 40nm 的纳米填料仅填充质量分数 5% 时，填料表面间距为 70nm，在相同条件下，表面面积总和甚至达到 $3.5km^2/m^3$。此外，当直径为 100μm 的微米填料，填充量为质量分数 10% 时，填料表面间距为 122μm，界面的总表面面积为 $0.00289km^2/m^3$。单位体积的总表面面积之比为 1.21×10^3。填料间距（相差 3 个数量级）和界面总表面积（相差 3 个数量级）表现出较大差异，这些结果表明界面非常重要[2]。因此，可以说有机－无机界面的介观特性直接影响聚合物纳米复合材料的宏观特性。

2．硅烷偶联剂使无机和有机物质融合成聚合物纳米复合材料

硅烷偶联是一种将有机聚合物与无机填料相结合的典型键合态。其键合强度在氢键中为中等（键合能：5 ～ 10kcal/mol，1cal ≈ 4.186J），当化学键从氢键转变为共价键时变得更强。有机聚合物和无机填料本互不相容，偶联剂（如硅烷）借助于氢键将它们结合在一起（图 7.1）。强离子键合和弱范德华力键合也能有效地将它们结合在一起。“润湿性”也是一个重要因素，在增强两种物质彼此的亲和力方面起着重要作用。

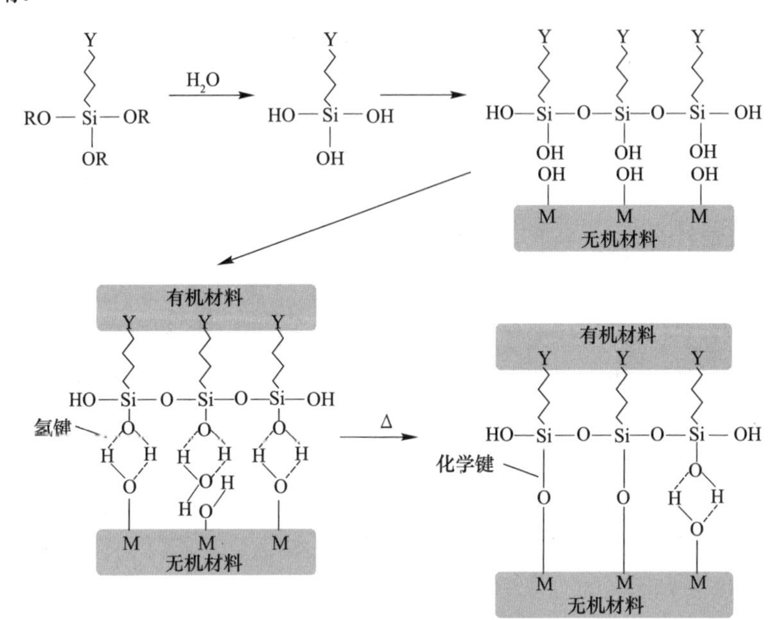

图 7.1　硅烷偶联剂化学结构

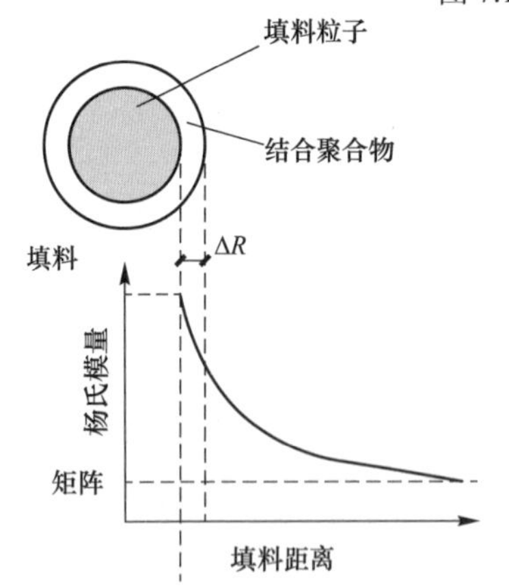

图 7.2　填料表面键合聚合物层示意图

3．界面作用像什么

相互作用力源于化学键（共价键和离子键）、氢键、范德华力、磁力和作为锚固效应的机械力。机械的相互作用强度可用“束缚聚合物”层的概念进行描述，如图 7.2 所示[3]。该图描绘了在纳米填料周围形成了固定层或键合层，导致聚合物基体分子或链段在纳米填料附近的自由移动受到了限制。由于界面厚度随着相互作用强度的增大而增大，既然界面厚度可以通过试验来估计，那么界面强度可能能够被测量。研究表明，

含有无机填料的聚氯乙烯（PVC）复合体系的界面厚度范围为 10 ～ 200nm。当形成相互作用区域时，产生如下物理变化[4]：

（1）聚合物链运动变化。

（2）自由体积变化。

（3）玻璃化转变温度变化。

（4）球晶内外结构变化。

（5）如果邻近纳米填料彼此接触会导致发生逾渗。

7.1.3　多种界面模型的提出

1．一种简单的双层界面模型[4]

玻璃化转变温度（T_g）的降低或升高取决于聚合物纳米填料相互作用的强度。一些实验采用在无机平板上制备的聚合物薄膜，这可模拟纳米填料周围的界面由原始曲面转换成平坦表面的过程。从这个薄膜实验研究得到如下结果：

（1）当界面的内侧为非润湿性，和 / 或外侧形成无任何相互作用的自由表面时，玻璃化转变温度下降。

（2）当薄膜两侧被两个单独的基板夹持时，玻璃化转变温度不会下降。

（3）当界面润湿同时界面相互作用强时，玻璃化转变温度可能提高。

提出了一种双层界面模型（图 7.3）来支持和解释上述结论[4]。界面厚度假设在几个纳米到几百纳米的范围内。该模型由两个具有不同特性的层组成，即与聚合物本体接触的接近层和与纳米填料表面接触的邻近层。众所周知，接近层的玻璃化转变温度低于聚合物基体，并且在其内部是恒定的。然而，最近研究发现玻璃化转变温度表现出从接近层侧到聚合物基体侧的变化梯度。此外，提出一种修正模型，其中接近层由可动液化层构成。在这种情况下，离子的导电率和有机分子的透过率有可能增加，界面和纳米填料与聚合物基体的相互作用问题有待进一步解决。

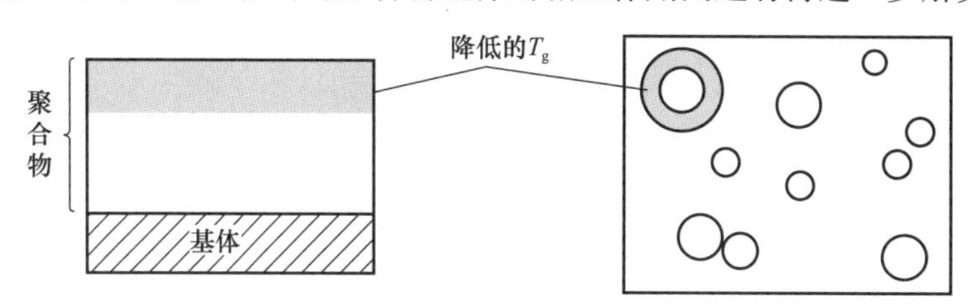

图 7.3　双层界面模型

2．源于量子力学和胶体化学的类似多核模型[5]

基于界面特性在聚合物纳米复合材料宏观性能中表现出的作用，提出了“相互作用区”的概念，这是因为界面在复合材料中所占的比例很大。提出了一种多核模型用于描述界面的细微结构，如图 7.4 所示。在该模型中，直径为几十纳米的球形纳米填料均匀分散，颗粒间距以相似的几何尺度分离。通常填料颗粒的间距一般为颗粒直径的 1 ～ 10 倍，如果颗粒间距接近 1 时，则可能出现填料颗粒间的相互作用。

（1）第一层：强结合层，数纳米；

（2）第二层：深电子陷阱的束缚层，约 10 纳米；

（3）第三层：具有大的局部自由体积，作为离子陷阱和浅的电子陷阱，约数十纳米；

（4）纳米颗粒：直径 20 ～ 40nm；

（5）颗粒间距离（表面与表面间）：40 ～ 100nm；

（6）德拜屏蔽距离：约 100nm；

（7）第三层或电荷尾部重合区域；

（8）电荷尾部方向上的电极；

（9）高电场下基于肖特基发射的电荷载流子注入；

（10）收集电荷尾部效应抑制电荷注入。

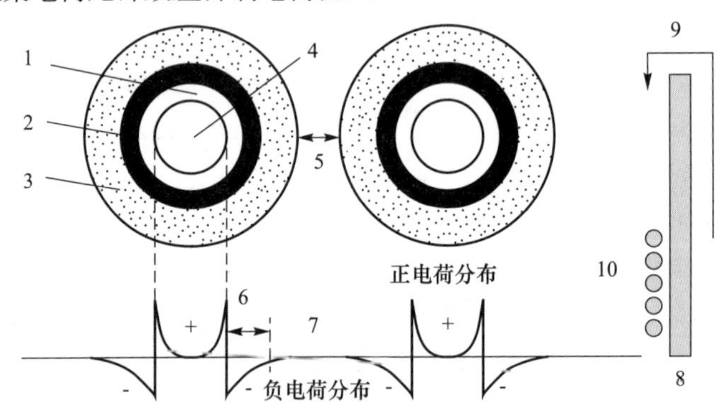

1—第1层：强结合层，*n*nm；2—第2层：深电子陷阱的束缚层，约10nm；
3—第3层：具有大的局部自由体积，作为离子陷阱和浅的电子陷阱，数10nm；
4—纳米颗粒：直径20～40nm；5—颗粒间距离（表面与表面间）：40～100nm；
6—德拜屏蔽距离：约100nm；7—第3层或电荷尾部重合区域；8—电荷尾部方向上的电极；
9—高电场下基于肖特基发射的电荷载流子注入；10—收集电荷尾部效应抑制电荷注入；

图 7.4　多核界面模型

必须牢记的是，界面区域的特性不同于聚合物基体或纳米填料。考虑到界面对于介电特性的各种影响，基于量子力学和胶体化学相关知识，类比地提出了只有三重结构的多核模型(实际上为“三层模型”)，下面简要说明该模型的每一个部分含义。

（1）第一层（键合层）。这一内层属于无机物通过离子键、共价键、氢键或范德华力与有机物化学键合的区域。有机物和无机物通过硅烷偶联剂彼此紧密结合，形成了性能优异的聚合物纳米复合材料。小角 X 射线散射（SAXS）测试数据表明，二氧化硅部分以共价键的方式渗入聚合物基体中，通过氢键与聚合物链相互结合形成网络。

（2）第二层（束缚层）。这一中间层是在第一层形成过程中形成的类似球晶形态有序结构组成的区域，第二层的形成过程与聚合物链的运动（玻璃化转变温度和立体构造）和结晶度（固化过程中固化剂对纳米填料的选择性吸附）密切相关。

（3）第三层（疏松层）。这一外层是在第二层形成过程的影响下形成的。以环氧树脂为例，第三层围绕第二层形成"固化剂耗尽区"，即"化学计量比不足区域"，导致形成较低密度层。

电荷因电化学电位的不同而发生转移，因此，形成了一个像 Gouy-Chapman 扩散层那样的双电层，对材料的介电和绝缘特性产生了特殊的影响。根据摩擦带电的经验法则，聚乙烯（PE）、聚丙烯（PP）、乙烯-乙酸乙烯共聚物（EVA）等相对于金属带负电，而硅橡胶、聚酰胺、环氧树脂等带正电。在这种情况下产生的库仑力是一种远程力，由于填料颗粒间距仅为纳米颗粒直径的 2～3 倍，颗粒间彼此呈现相互电作用，这可能引起静电相互作用的协同现象，如逾渗效应。

聚合物中的纳米填料在宏观上呈电中性，但在德拜长度内是静电带电的，这种效应引起的电场被认为会影响电子的传输。电子在电树枝起始阶段获得高能量，由此产生的高能量电子可能在纳米填料产生电场下引起库仑相互作用，参与电树枝起始和电树枝生长过程。对于该模型的各种解释和新的模型提出以及计算机模拟仍在进行中[6-13]。

3．具有微小间隙界面的水壳模型[14]

当水存在于纳米填料和聚合物基体间的空隙等缺陷中时，水对聚合物纳米复合材料是有害的，这基于吸收水分对介电性能影响的一系列实验结果得出的结论。实验制备了纯环氧材料、微米氧化硅（粒径 40μm）环氧复合材料和纳米氧化硅（粒径 50nm）环氧复合材料。相对湿度使用饱和盐溶液在室温到 353K 范围调节，介电频谱测试范围为 10^{-3} ～ 10^{5}Hz，水汽等温吸附曲线（吸水量）是通过测量做质量与相对湿度的函数关系来确定的。结果表明，纳米复合材料比纯环氧材料和微米复合材料吸水率高 60% 以上。从介电谱可以看出，在频率为 10^{-2}Hz 范围内，纳米复合材料的电导率和准 Davidson-Cole 行为存在一定的差异，也就是说，材料的活化能受水分和温度的影响。基于上述观测结果得出了水壳模型[14]（图 7.5）。

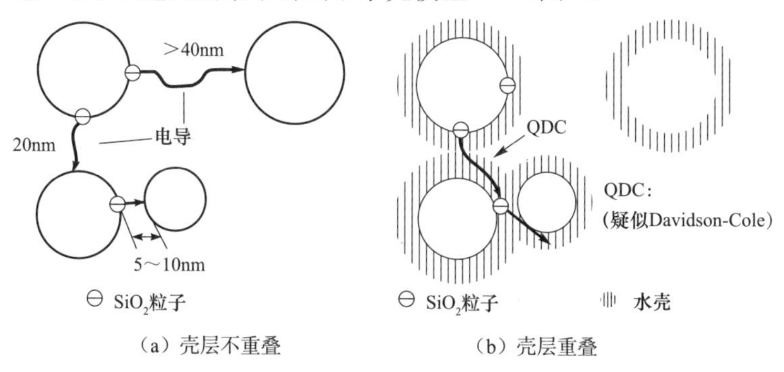

图 7.5　界面的水壳模型

在干燥状态下相邻的壳层从不重叠，如图 7.5（a）所示，在潮湿状态下相邻的壳层可能通过形成的水壳而发生重叠，如图 7.5（b）所示。如果存在过量的水分，界面发生劣化，使纳米颗粒一个与另一个相连在一起，最终引起逾渗或者局部击穿，甚至试样的完全击穿。因此，界面应进行化学修饰以使其具有疏水特性。

参 考 文 献

[1] Lewis, T. J. （2004）. Interfaces Are the Dominant Feature of Dielectrics at the Nanometric Level. *IEEE Trans. Dielectr. Electr. Insul.*, 11（5）, pp. 739-753.

[2] Ajayan, P. M., Schadler, L. S., Braun, P. V.（2003）. *Nanocomposite Science and Technology*（WILEY-VCH Verlag GmbH & Co. KGaA, Weinheim, Germany）.

[3] Filler Research Society, ed. （1994）. *Composite Materials and Fillers*, （CMC Press, in Japan）.

[4] Mays, A. M. （2005）. Nanocomposites: Softer at the Boundary, *Nat. Mater.*, 4, Sept., pp. 651-652.

[5] Tanaka, T., Kozako, M., Fuse, N., et al. （2005）. Proposal of a Multi-core Model for Polymer Nanocomposite Dielectrics. *IEEE Trans. Dieletr. Electr. Insul.*, 12（4）, pp. 669-681.

[6] Tanaka, T. （2006）. Interpretation of Several Key Phenomena Peculiar to Nano Dielectrics in terms of a Multi-core Model, *Annual Rept. IEEE CEIDP*, No. 3B-2, pp. 298-301.

[7] Su, Z., Li, X., Yin, Y. （2011）. The Three-Layered Core Model Permittivity of Polymer Nano-composites in Electrostatic Field, *Proc. IEEJ ISEIM*, No. MVP 1-19, pp. 297-300.

[8] Shi, N., Ramprasad, R. （2008）. Local Properties at Interfaces in Nanodielectrics: An ab initio Computational Study, *IEEE Trans. Dielectr. Electr. Insul.*, 17（1）, pp. 170-177.

[9] Andritsch, T., Kochetov, R., Morshuis, P. H. F., et al. （2011）. Proposal of the Polymer Chain Alignment Model, *Annual Rept. IEEE CEIDP*, 2（6-1）, pp. 624-627.

[10] Kuehn, M., Liem, H. K. （2004）. Simulating Nanodielectric Composites using the Method of Local Fields, *Annual Rept. IEEE CEIDP*, No. 4-1, pp. 310-313.

[11] Sawa, F., Imai, T., Ozaki, T., et al. （2007）. Molecular Dynamics Simulation of Characteristics of Polymer Matrices in Nanocomposites, *Annual Rept. IEEE CEIDP*, No. P3-11, pp. 263-266.

[12] Sawa, F., Imai, T., Ozaki, T., et al. （2009）. Coarse Grained Molecular Dynamics Simulation of Thermosetting Resins in Nanocomposite, *Proc. IEEE ICPADM*, No. H-32, pp. 853-856.

[13] Smith, J. S., Bedrov, D., Smith, G. D. （2003）. A Molecular Dynamics Simulation Study of Nanoparticle Interactions in a Model Polymer- nanoparticle Composite, *Compos. Sci. Technol.*, No. 63, pp. 1599-1605.

[14] Zou, C., Fothergill, J. C., Rowe, S. W. （2008）. The Effect of Water Absorption on the Dielectric Properties of Epoxy Nanocomposites, *IEEE Trans. Dielectr. Electr. Insul*, 15（1）, pp. 106-117.

7.2　界面的物理化学分析方法

聚合物纳米复合材料中存在大量界面。界面的特征取决于纳米填料的形状和尺寸、添加的纳米填料的量（填充量）、纳米填料之间的距离以及有机和无机物质的结合状态，此外纳米填料的团聚抑制界面的形成。如何评价表征三维界面的特性？下面介绍评价界面的物理化学方法。

7.2.1　填料的形状、尺寸和分散性可用 SEM 和 TEM 评价

纳米填料的形状和尺寸可通过在液体中、电子显微镜下光散射或激光衍射来评估，特别是固化后的聚合物中的纳米填料通常通过电子显微镜评价。在电子显微镜中，材料成分的差异可通过在电子束作用下从材料发射出电子信息的图像衬度不同来表征，因此可以评估从几纳米到几微米尺寸的纳米填料形状和尺寸[1]。

扫描电子显微镜（SEM）是一种通过从材料表面发射的二次电子来表征材料近表面成分的电子显微镜。制备待观察表面试样的方法有多种，如通过在液氮中脆断试样和进行表面抛光来获得光滑的断裂表面。此外，绝缘材料表面的导电性通常是通过在试样表面涂覆碳或锇金属层来实现，从而使电子束中的电子不会在表面积聚。在环氧树脂中添加纳米氧化铝填料获得的纳米复合材料的 SEM 图像（图 7.6），材料表面用离子枪抛光、涂覆锇金属，然后通过场发射扫描电镜（FE-SEM）观察[2]，可清晰观测到几十纳米的球形氧化铝纳米填料颗粒和几十微米的纳米填料团聚体。

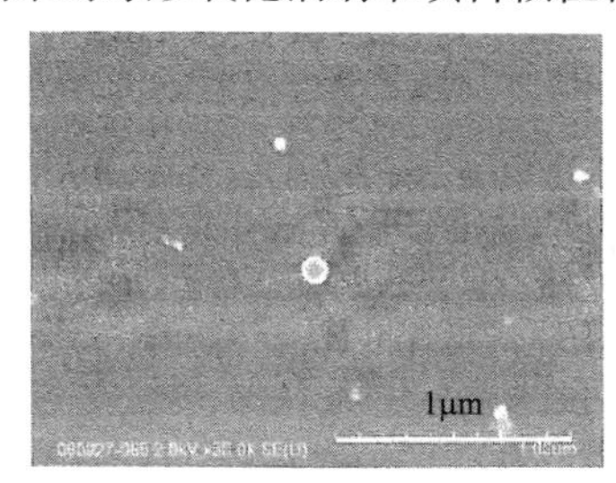

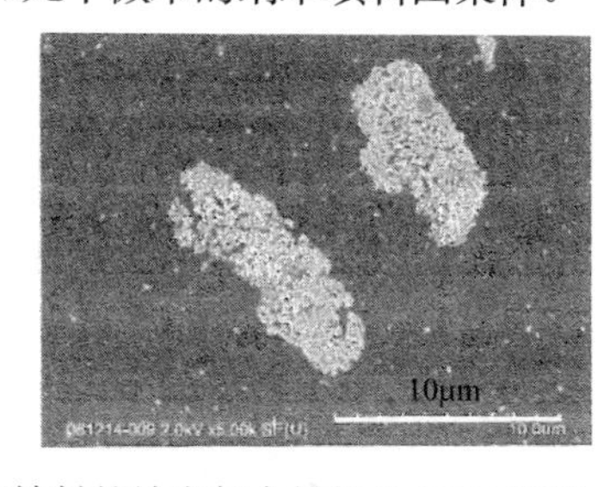

图 7.6　环氧树脂填充纳米氧化铝填料的纳米复合材料的 SEM 图像

透射电子显微镜（TEM）是一种利用透过试样的电子来观察试样中材料的成分的电子显微镜，可观察 20 ~ 100nm 薄片试样的电子透射谱图。在环氧树脂中添加层状硅酸盐（黏土）纳米复合材料的 TEM 图像如图 7.7 所示[3]，该图表明层状硅酸盐的厚度为 2 ~ 3nm。通常，TEM 具有比 SEM 更高的分辨率，能够观察到试样的内部。

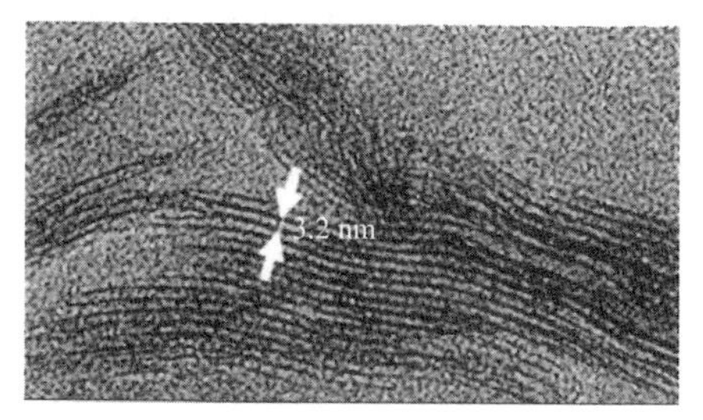

图 7.7　环氧树脂填充层状硅酸盐（黏土）纳米复合材料的 TEM 图像

当样品在电子显微镜中用电子束照射时，样品中的元素将发射出特征 X 射线。能量色散 X 射线能谱（EDX 或 EDS）能够通过检测特征 X 射线来进行区域的元素观测和成分分析，这是电子显微镜的常用功能之一。环氧树脂添加层状硅酸盐和微米氧化硅填料的复合材料的 TEM 图像和 EDS 能谱如图 7.8 所示[4]，其中图 7.8（a）是复合材料的 TEM 图，图 7.8（b）是图 7.8（a）所示的微颗粒的 EDS 能谱图，从其中观测到了 Si 和 O 的特征 X 射线，表明微粒是 SiO_2 颗粒；图 7.8（c）是图 7.8（a）中较低区域的 EDS 能谱，可以看到 Si、O、Al、Fe 和 Mg 的特征 X 射线，表明在该区域观察到层状硅酸盐。

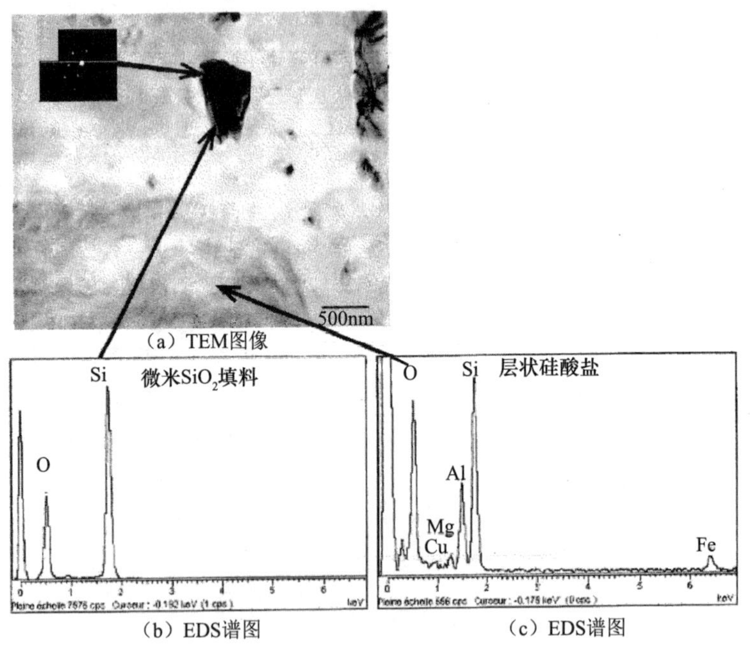

图 7.8　层状硅酸盐和微米氧化硅环氧复合材料的 TEM 图像和 EDS 谱图

研究人员尝试对纳米复合绝缘材料的 SEM 和 TEM 图像进行处理，以分析纳米填料颗粒或团聚体的粒度分布[2, 5, 6]，在分析中应考虑以下几点：

（1）为了分析整个试样的粒度分布，应该通过增加目标区域的数量来增加要观察的颗粒的数量，因为一次测量仅能观察到试样局部区域（取样的问题）。

（2）尽管可以观察到样品内部的颗粒，但 SEM 提供的是样品近表面颗粒的二维信息，而 TEM 提供的是无颗粒深度信息的二维信息（观察维度的问题）。

基于上述原因，SEM 和 TEM 图像的处理结果，不同于三维粒度分布可以通过使用相同的评价标准对材料进行比较来评价粒度分布和颗粒分散状态的相对差异。当选择纳米填料分散装置和适当的工艺时，这些信息是有用的[5]。对从 SEM 图像中获得每个颗粒三维信息进行了基础实验，离心沉降试验结果表明，SEM 图像中观察到的最大颗粒尺寸接近于三维粒度分布[7]。该方法可作为一种简单的评价导致电气绝缘缺陷的填料团聚的方法。

7.2.2　填料的含量可用测量纳米复合材料密度来评估

纳米复合材料中纳米填料填充量用不同的单位表示，典型的单位包括体积分数 V_f（%）、质量分数 D_f（%）和每 100 份树脂添加的份数 P［phr，每 100g 聚合物树脂中所含纳米填料的量（g）］。在 P 的计算中，有些情况下包含固化剂的质量，但有些情况下不包含，注意 P 在这两种情况下有所不同。纳米复合材料中纳米填料的填充量主要由纳米复合材料制备过程中测得的聚合物和纳米填料的量来计算，然而当在制备中有分散团聚体的过程，或当纳米填料颗粒沉淀或散落时，固化纳米复合材料中的实际填充量和测量的填充量不同。

纳米填料的填充量（体积分数 V_f 和质量分数 D_f）可以通过测量纳米复合材料的密度来精确地测定。ρ_c 是纳米复合材料的密度，ρ_e（g/mL）是聚合物基体的密度，ρ_f（g/mL）是纳米填料的密度，这些数值是根据空气中的每种材料的测量质量与从液体中（例如水和乙醇）中每种材料测量质量的比值计算得到。

假设试样中纳米填料和基体聚合物质量总和为 1g：

$$\frac{1\times(1/\rho_c)\times(V_f/100)}{1/\rho_f}+\frac{1\times(1/\rho_e)\times(1-V_f/100)}{1/\rho_e}=1\text{g} \tag{7.1}$$

V_f 可由下式计算：

$$V_f=\frac{\rho_c-\rho_e}{\rho_f-\rho_e}\times100\text{vol\%} \tag{7.2}$$

假设试样中纳米填料和基体聚合物体积总和为 1mL：

$$\frac{1\times\rho_c\times(D_f/100)}{\rho_f}+\frac{1\times\rho_c\times(1-D_f/100)}{\rho_e}=1\text{mL} \tag{7.3}$$

D_f 可由下式计算：

$$D_f=\frac{1/\rho_e-1/\rho_c}{1/\rho_e-1/\rho_f}\times100=V_f\frac{\rho_e}{\rho_f}\ \text{wt\%} \tag{7.4}$$

7.2.3　填料间距在宏观和微观尺度下的评估

利用 TEM 和电子断层成像（ET）相结合的定量评价技术，可定量评价纳米颗粒在固化的纳米复合材料中的三维粒度分布[8]，这种技术的原理与计算机断层扫描（CT）的原理相同。结合从不同观察角度获得的几个 TEM 图像，计算出每个纳米填料的三维位置，以获得纳米填料颗粒的三维分布。

采用 TEM/ET 技术获得的环氧树脂添加质量分数 17.4% 二氧化硅纳米填料的纳米复合材料中纳米颗粒的三维分布，在体积为 594×596×104（nm^3）的目标区域包含

1284 个纳米颗粒的三维位置，如图 7.9（a）所示。纳米颗粒间距由显微观察（从纳米级到亚微米级）确定。环氧树脂中添加 10% ~ 17.4% 质量分数二氧化硅纳米填料得到的纳米复合材料中纳米颗粒之间的最小间距的密度分布如图 7.9（b）所示[8]。随着纳米填料用量的增加，纳米填料颗粒之间的最小距离分布逐渐变小，表明纳米填料颗粒之间的距离随着其个数密度的增加而减小。

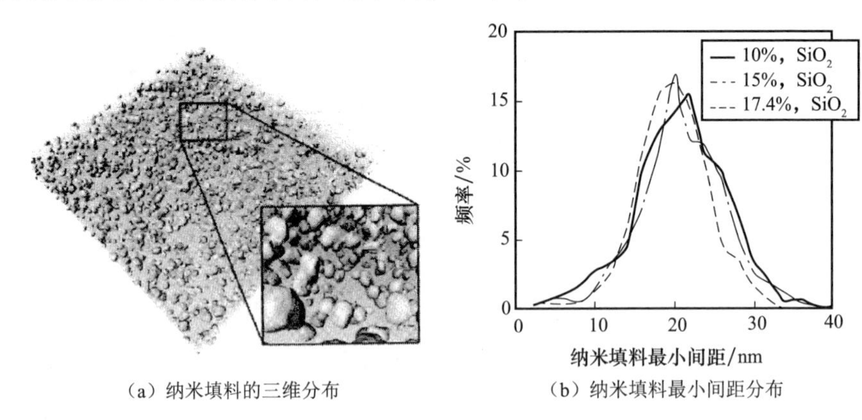

（a）纳米填料的三维分布　　（b）纳米填料最小间距分布

图 7.9　使用 TEM/ET 获得质量分数为 17.4% 纳米氧化硅环氧复合材料的三维分布和纳米填料的颗粒间距

TEM/ET 可用于确定纳米颗粒间距及其在数百 nm 观察区域内的纳米颗粒分布。如何在更宽的宏观目标区域评价纳米填料颗粒间的距离？采用 X 射线的方法在宏观上确定纳米填料颗粒之间的平均距离是可行的。

当用特定波长的 X 射线照射样品时，散射的 X 射线根据原子和分子的排列，显示出每个材料特有的衍射图案。X 射线衍射（XRD）是一种根据衍射图案确定材料晶面间距、应变和表面取向的技术。XRD 也可以用来确定纳米复合材料中纳米颗粒之间的平均距离。

广角 X 射线衍射（WAXD）是一种获得大于 5° 的广角散射 X 射线衍射图像的技术，可用于分析 Å 数量级结构。聚酰胺中添加 5% 质量分数层状硅酸盐的纳米复合材料的 WAXD 谱如图 7.10 所示[9]。与聚酰胺不同，在纳米复合材料的 WAXD 谱中观察到 9.5° 的衍射峰。结果表明，纳米复合材料中层状硅酸盐呈周期性排列，平均间距为 0.93nm。在局部放电或等离子体作用下纳米复合材料表面劣化，其 WAXD 谱在 8.5° 处出

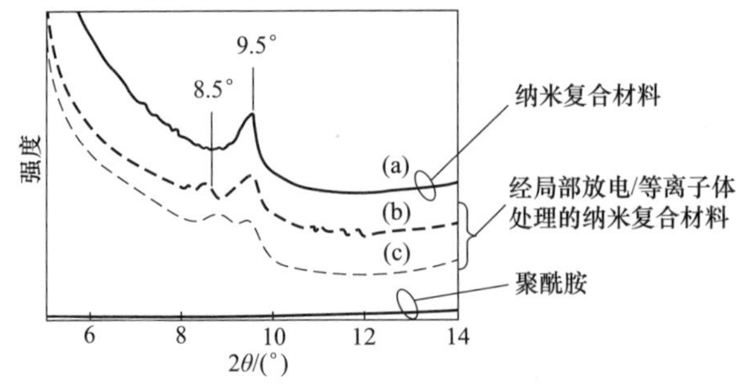

图 7.10　质量分数为 5% 层状硅酸盐 / 聚酰胺纳米复合材料的 X 射线衍射谱

现另一个衍射峰。这一发现表明，可能纳米填料颗粒之间的距离增加或者纳米填料颗粒内部或表面出现新的结构。如前所述，WAXD 谱可被用作检查层状硅酸盐的存在、分散、团聚以及界面状态的一种有效技术。

小角度 X 射线散射（SAXS）是一种测量小于 5° 的小角度散射 X 射线的技术，用于分析尺寸为 1 ～ 100nm 的试样的结构。胶体氧化硅（硅胶）中添加 110nm 颗粒的纳米复合材料的 SAXS 结果如图 7.11（a）所示，利用 Spring-8 [10] 产生的高亮度同步辐射获得这些轮廓图。q 在 0.02 ～ 0.06nm^{-1} 范围内的峰值随纳米填料填充量的增加而向右移动，$q \geqslant 0.08$nm^{-1} 时的峰值在不同填充量之间基本一致，表明纳米填料没有聚集。基于峰值计算的纳米填料颗粒的间距，随着纳米填料填充量的增加，纳米填料颗粒的数量密度增加，纳米填料颗粒间距减小，如图 7.11（b）所示，从中观察到的结果与电子显微镜观察所得的结果相似。

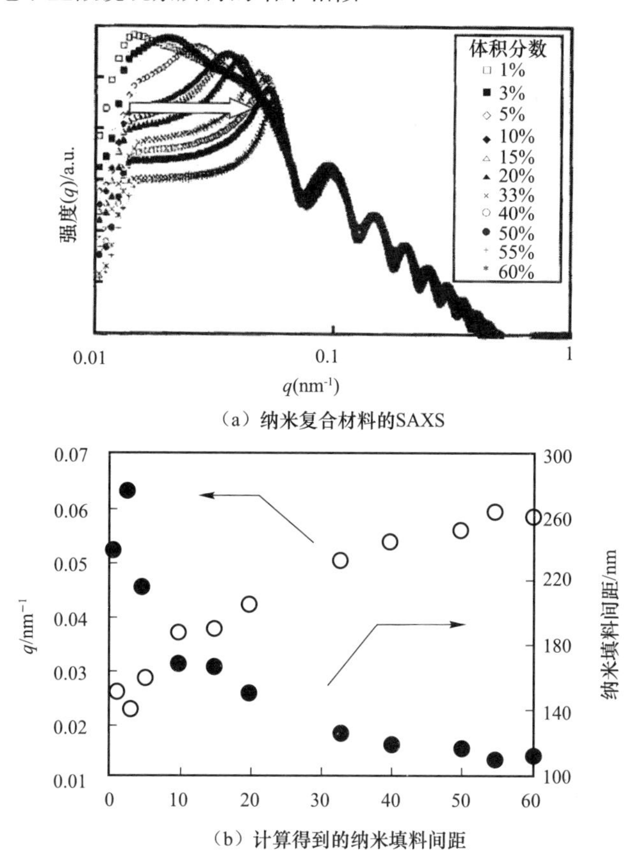

（a）纳米复合材料的SAXS

（b）计算得到的纳米填料间距

图 7.11　含有 110nm 胶体氧化硅和树脂的纳米复合材料的 SAXS 和纳米填料间距

7.2.4　研究有机和无机键合态的一些方法

了解聚合物与纳米填料界面的化学键合状态有助于阐明纳米复合材料的界面

结构。研究人员提出了一种利用傅里叶变换红外光谱（FTIR）对纳米复合材料进行评价的方法，该方法基于红外光照射试样的透射光光谱来揭示界面化学键合状态。

环氧树脂和环氧树脂 /ZnO 纳米复合材料的 FTIR 光谱如图 7.12 所示，其中（a）为环氧树脂的，（b）为环氧树脂 /ZnO 纳米复合材料的。比较这两种光谱，可评价环氧树脂与纳米填料界面处的化学键合状态[11]。纳米填料界面未经过表面处理，仅在纳米复合材料的光谱中观察到对应于 3500cm^{-1} 波数的峰，该峰表示—OH 基团的存在。—OH 基团被认为存在于纳米填料和聚合物之间的界面上，而不是存在于 ZnO 纳米填料颗粒内部（图 7.13）[11]。如前所述，FTIR 是分析界面化学键合状态的有效技术，并有望应用于各种纳米复合材料，如使用硅烷偶联剂处理后纳米填料的纳米复合材料。

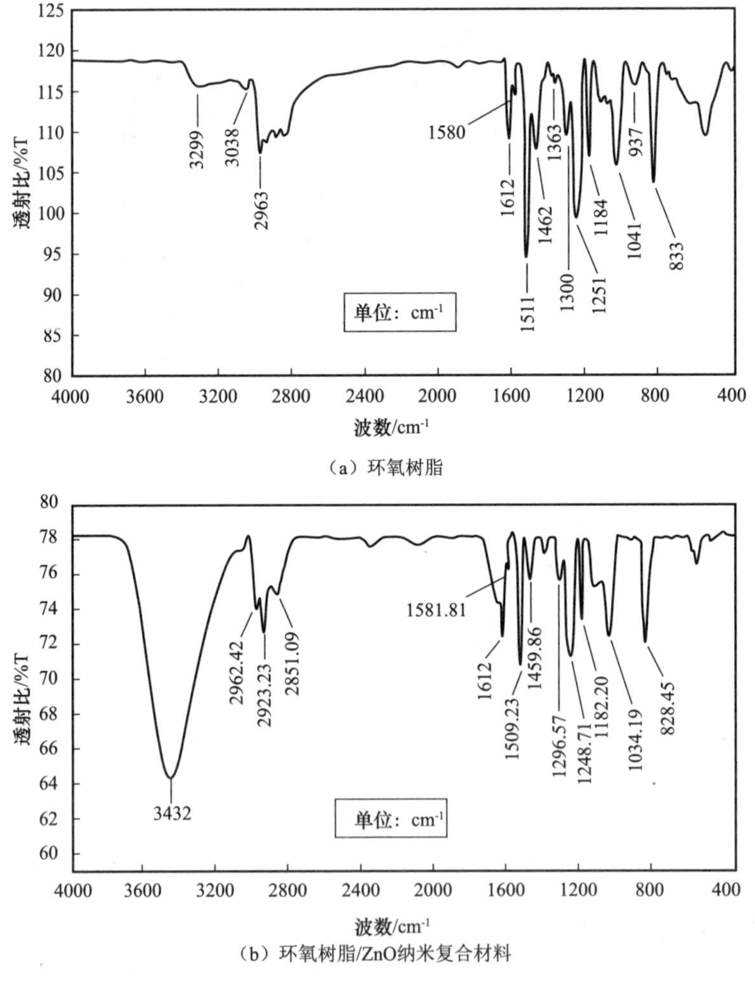

（a）环氧树脂

（b）环氧树脂/ZnO纳米复合材料

图 7.12　环氧树脂和环氧树脂 /ZnO 纳米复合材料 FTIR 谱

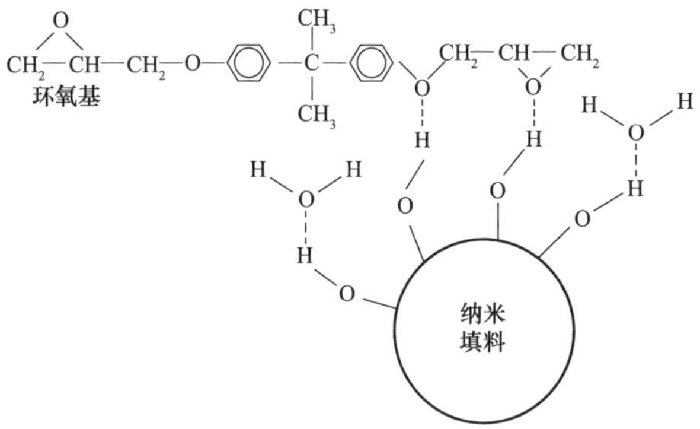

图 7.13　环氧树脂 /ZnO 纳米复合材料界面模型

参 考 文 献

[1] Ray, S. S., Okamoto, M. （2003）. Polymer/Layered Silicate Nanocomposites: A Review from Preparation to Processing, *Prog. Polym. Sci.*, 23, pp. 1539-1641.

[2] Kurimoto, M., Kai, A., Kato, K., et al. （2008）. Quantitative Analysis on the Particle Dispersibility of Epoxy/Alumina Nanocomposites, *Papers Technical Meeting on Dielectrics and Electrical Insulation, 1EE Japan*, No. DEI-08-20, pp. 7-13 （in Japanese）.

[3] Park, J., Lee, C., Lee, J., et al. （2011）. Preparation of Epoxy/Micro- and Nano-Composites by Electric Field Dispersion Process and Its Mechanical and Electrical Properties, *IEEE Trans. Dielectr. Electr. Insul.*, 18（3）, pp. 667-674.

[4] Frechette, M. F., Larocque, R. Y., Trudeau, M., et al. （2008）. Nano-Structured Polymer Microcomposites: A Distinct Class of Insulating Materials, *IEEE Trans. Dielectr. Electr. Insul.*, 15（1）, pp. 90-105.

[5] Higasikoji, M., Tominaga, T., kozako, M., et al. （2010）. Preparation of Silicone Rubber Nanocomposites and Quantitative Evaluation of Dispersion State of Nanofillers, *The Papers of Technical Meeting on Dielectrics and Electrical Insulation, IEE Japan*, No. DEI-10-065, pp. 39-44 （in Japanese）.

[6] Calebrese, C., Hui, L., Schadler, L., et al. （2011）. A Review on the Importance of Nanocomposite Processing to Enhance Electrical Insulation, *IEEE Trans. Dielectr. Electr. Insul.*, 18（4）, pp. 938-945.

[7] Kurimoto, M., Okubo, H., Kato, K., et al. （2010）. Permittivity Characteristics of Epoxy/Alumina Nanocomposite with High Particle Dispersibility by Combining Ultrasonic Wave and Centrifugal Force, *IEEE Trans. Dielectr. Electr. Insul.*, 17（3）, pp. 662-670.

[8] Meichsner, C., Clark, T., Groeppel, P., et al. （2012）. Formation of a Protective Layer During IEC（b） Test of Epoxy Resin Loaded with Silica Nanoparticles, *IEEE Trans. Dielectr. Electr. Insul.*, 19（3）, pp. 786-792.

[9] Tanaka, T., Kozako, M., Fuse, N., et al. （2005） Proposal of a Multi-Core Model for Polymer Nanocomposite Dielectrics, *IEEE Trans. Dielectr. Electr. Insul.*, 12（4）, pp. 669-681.

[10] Senoo, M., Takeuchi, K., Oka, A., et al. （2009）. *Proc. 59th the Network Polymer Symposium Japan*, pp. 29-32 （in Japanese）.

[11] Singha, S., Thomas, M. J. （2009）. Influence of Filler Loading on Dielectric Properties of Epoxy-ZnO Nanocomposites, *IEEE Trans. Dielectr. Electr. Insul.*, 16（2）, pp. 531-542.

第 8 章　聚合物纳米复合材料可视化的计算机模拟方法：阐明提高纳米复合材料性能的机理

8.1　非经验（从头算）分子轨道方法

为了从电子性质方面理论阐明聚合物的化学和物理现象，有必要从量子力学入手来分析其电子态。现阶段已经开发了几种用于计算聚合物中每一个分子和原子电子态的方法。基于从头算法能阐明聚合物纳米复合材料中的哪些物理性质呢？这种技术大约从2000 年起开始应用于聚合物介电材料的计算，通过这种技术可以估算出与电子电导和介电击穿相关的基本参数，包括能带结构、陷阱能级、电子亲和力以及载流子迁移率等。

8.1.1　纳米复合材料的计算机模拟研究刚刚起步

近年来，计算机模拟技术在计算化学领域得到了显著的发展。这些技术被应用于化学以及半导体材料的研究和开发中，在该领域中有用的模拟技术可以根据其处理体系的最小单元，分为以下几类（按汉语拼音升序排列）：

（1）第一性原理（从头算）分子轨道方法。

（2）分子动力学（MD）方法。

（3）蒙特卡罗方法。

现对方法（1）和（2）进行介绍。从头算分子轨道方法包括了从电子能态单电子近似出发的方法和从密度泛函理论（DFT）出发的方法，其中，基于密度泛函理论的从头算分子轨道方法更容易实现，从而得到了广泛的使用。因为分子动力学方法能在使用更少计算资源的前提下处理多分子体系，所以该方法应用于包含了大量分子间相互作用的复杂体系。大约从 2000 年开始，上述方法已广泛用于电介质绝缘材料领域计算[1]。

虽然纳米复合材料模拟技术最近才起步，一些模拟方法刚开始研究，这里包括纳米填料与聚合物界面结构分析和纳米填料分散行为分析的模拟方法，但这些技术在确保聚合物纳米复合材料的热力学性能以及介电绝缘性能得到定性和定量的理解方面，以及在促进新型性能优良纳米复合材料的开发与制造方面，均产生了深远的影响。因此计算机模拟技术有望在今后得到进一步的发展。

8.1.2　什么是从头算方法

人们根据计算体系的大小和时间尺度，对计算机模拟技术进行了分类，如图 8.1

所示。它们包括：①处理电子态的量子力学方法；②处理原子与分子运动的分子动力学方法和蒙特卡罗模拟方法；③处理块体材料的有限元方法和统计热力学方法；④处理介观尺度（介于微观以及宏观尺度之间）的相场模拟方法和元胞自动机法。本文将着重介绍现阶段广泛使用的量子力学分子轨道方法。

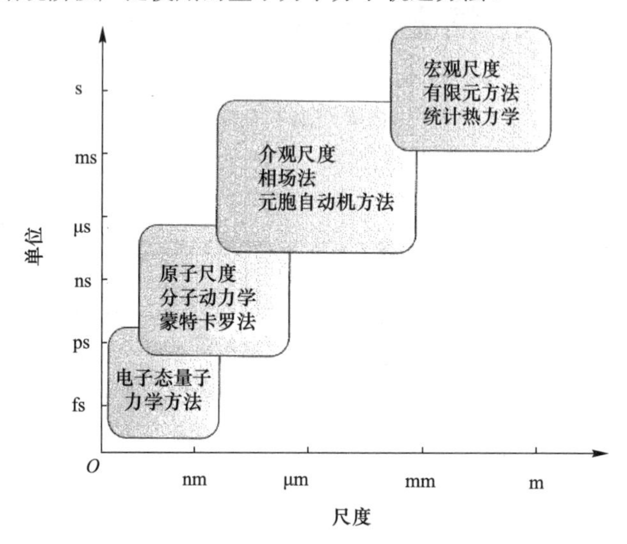

图 8.1　各种计算方法时间与空间尺度的关系

分子轨道理论几乎是所有采用量子力学计算分子电子结构的基础。这种计算方法通常分成两类：半经验分子轨道法和非经验分子轨道法（或从头算分子轨道法）。前者为了简化计算而在计算过程中引入了经验参数，而后者是一种从开始就没有近似值的计算方法。“*ab initio*”源于拉丁语，意思是“从开始”。

这里将介绍从头算分子轨道法。从头算分子轨道法是基于 Hartree-Fock 近似（单电子波函数）或 Post-Hartree-Fock 近似（考虑电子关联效应）的，然而通过将密度泛函理论（DFT）引入电子态的计算中发展出一个更简单的方法。从头算密度泛函法具有在更少的计算时间下得到准确的结果的特点，这是因为通过将电子关联作用表达为电子密度的函数，来考虑一定程度上的电子关联作用。因此，基于密度泛函理论的从头算方法在近些年得到广泛的应用。

8.1.3　用从头算方法能得到什么

1．局部介电常数的变化

本节介绍一个用从头算方法计算局部介电常数的例子，其表明了在聚合物纳米复合物中聚合物和纳米填料间界面介电常数的变化。聚乙烯 /SiO_2 纳米复合材料的静态和光学相对介电常数在垂直于界面方向的变化如图 8.2 所示 [2]，其中静态的和光学的曲线分别表示介电常数的低频和高频分量。由于界面与不同的材料耦合，界面极化现象明显，导致介电常数增高。当使用硅烷偶联剂处理界面键合时，可以进行更符合实际的模拟，模拟结果表明聚合物和纳米填料界面处介电常数的改变与其化学键合态有关。未来有可能将上述计算推广到更大的体系来评价界面处局部的物理性质对块体材料介电常数的影响。

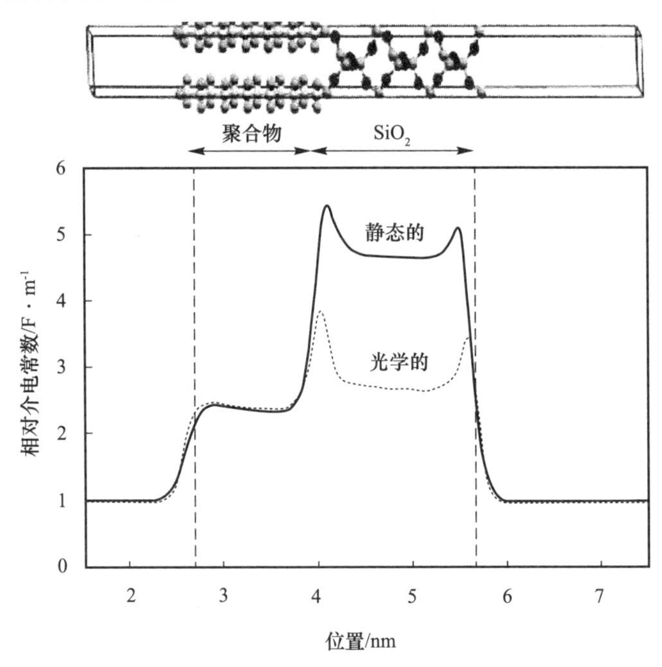

图 8.2　聚合物和纳米填料之间界面处局部相对介电常数的计算结果

2．估算电子陷阱位置

在基于分层态密度的从头算方法的基础上，考虑了聚合物纳米复合材料中纳米填料与聚合物界面处的电子陷阱位置，二氧化硅 / 乙烯基硅烷 / 聚偏氟乙烯的界面原子结构以及每个原子层的态密度图计算结果如图 8.3 所示[2]，其中灰色部分表示导带，而黑色部分表示价带，能量的零点是费米能级，较低的圆圈和较高的圆圈分别表示占据和未占据的界面缺陷态。由于这些缺陷态靠近能带边缘，它们可能成为捕获电子或空穴的浅陷阱或跳跃迁移的“跳跃点”。因此，选择合适的引发剂对确定沿界面或垂直于界面的电荷输运至关重要。

此外，电子陷阱的深度需要基于不同聚合物（如极性和非极性聚合物）的电子亲和力和静电势分布来考虑[3]。实验结果表明，交联聚乙烯中交联剂的分解残留产物对空间电荷的积聚有很大的影响，因此从头算方法被用来证实这一现象。计算结果表明，作为交联剂分解残留产物的乙酰苯可能形成电荷捕获位点[4]。为了验证聚酰亚胺中水分对电荷积聚的影响，文献[5]研究了在高场强下聚酰亚胺中水分子附近电荷的产生以及运动情况。在这些研究中，基于分子轨道的量子化学计算被认为是非常有效的。

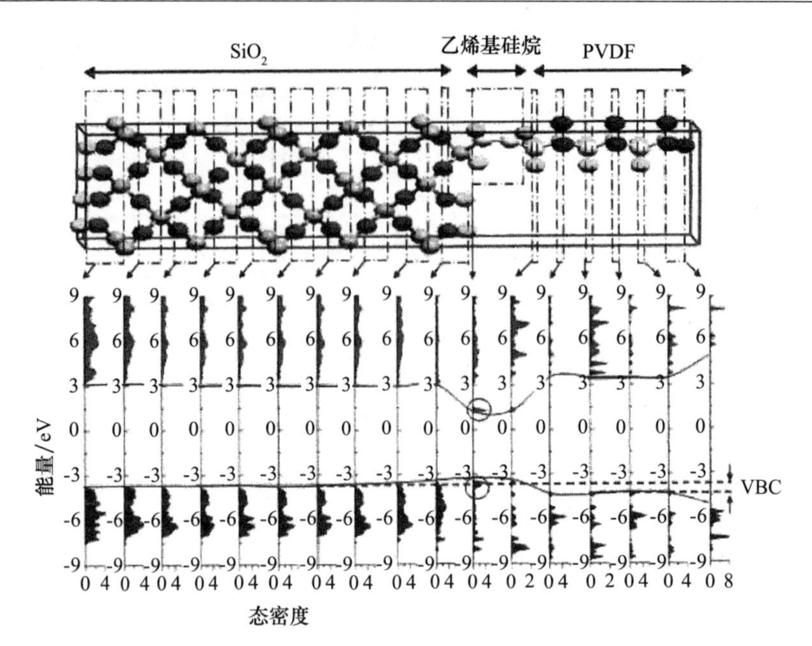

图 8.3　二氧化硅 / 乙烯基硅烷 / 聚偏氟乙烯的界面原子结构和每个原子层的态密度的计算结果

今后有必要将模拟结果与实验数据进行比对，这有助于阐明聚合物纳米复合材料中诸如电子电导和空间电荷形成的机理，促进了新型多功能聚合物纳米复合材料的研发。

8.1.4　从头算方法应用到大尺度体系面临的挑战

分子轨道法通常并不适用于大尺度体系的计算，因为该方法需要对角化每一个积分元，其总的计算量正比于原子或轨道数目的 4 次方，也即随着原子数目的增加，计算量变得巨大，这是超级计算机也无法解决的问题。下一节我们将介绍结合了分子轨道法的分子动力学法，该方法对大尺度体系是有效的并已经得到了应用。同时，对大尺度体系计算方法的探究仍在继续，其中之一便是碎片分子轨道法（FMO）。虽然该方法已经应用于处理有机物大分子间的相互作用，但为了确保该方法的准确性以及可重复性，其计算过程仍在进一步改进中。

参 考 文 献

[1] Sawa, F., Imai, T., Ozaki, T., et al. Molecular dynamics simulation of characteristics of polymer matrices in nanocomposites [C] // Electrical Insulation and Dielectric Phenomena, 2007. CEIDP 2007 Rept. Conference on. IEEE, 2007:263-266.

[2] Shi, N., Ramprasad, R. （2008）. Local Properties at Interfaces in Nanodielectrics: An *ab initio* Computational Study, *IEEE Trans. DielectrElectr. Insul.*, 15, pp. 170-177.

[3] Hayase, Y., Tahara, M., Takada, T., et al. （2009）.Relationship between Electric Potential Distribution and Trap Depth in Polymeric Materials, *IEEJ Trans. Fundamentals Mater.*, 129（7）, pp. 455-462（in Japanese）.

[4] Takada, T., Hayase, Miyake. H., Tanaka, Y., et al. （2012）. Study on Electric Charge Trapping in Cross-linking Polyethylene and Byproducts by Using Molecular Orbital Calculation, *IEEJ Trans. Fundamentals Mater.*,132（2）, pp. 129-135 （in Japanese）.

[5] Takada, T., Ishii, T., Komiyama, Y., et al. （2013）.Discussion on Hetero Charge Accumulation in Polyimide Film Containing Water by Quantum Chemical Calculation, *IEEJ Trans. Fundamentals Mater.*,133（5）, pp. 313-321 （in Japanese）.

8.2 用粗粒化分子动力学方法模拟纳米复合材料的性能

本节将介绍分子动力学模拟法。在各种分子模拟方法中，分子动力学模拟具有计算量小、能处理相对较大体系的特点，特别是相比于传统分子动力学而言，粗粒化分子动力学方法能处理微米尺度的体系，并且这种尺度下模拟的粒子运动行为可以从实验上通过扫描电子显微镜进行观察。

8.2.1 什么是分子动力学

1．分子动力学的基本概念

分子动力学是一种计算化学模拟方法，用于阐明原子与分子群的性质和行为，该方法与分子轨道理论（一种常见的量子化学计算方法）一同发展起来。在分子动力学（包括经典分子动力学，但第一性原理分子动力学除外）中，因为其遵循经典力学来建立运动方程，所以可以在较小的计算资源下计算更大的体系。

分子动力学方法是在20世纪50年代提出的。随着计算机性能的提高，该方法能处理的粒子数量逐渐增加，并且确定粒子间力场参数的方法也得到了改善。力场参数可以由光谱学或热力学测量数据来确定，也可以通过分子轨道理论计算获得。具体来说，通过计算原子与分子在不同排列下的总能量（对应于体系中原子与分子群的稳定能或生成热）来确定以原子坐标为函数的力场参数。计算力场参数的示意图如图8.4，通过原子间距的分子轨道分析，可以得到一个与总能量曲线（势能曲线）相匹配的函数，但没有任何函数可以适合每个目标曲线。因此，选择一个能拟合分子轨道在某一临界区域上势能曲线的函数，这个函数f可以通过非线性最小二乘法拟合获得。在图8.4中，需要拟合获得的参数是两个原子间的力常数和原子间的平衡距离。通常，函数f包括原子间的平衡距离、平衡键角以及原子间的振动和转动力常数等参数。

当原子间距离达到平衡时（形成稳定的键长），函数f的势能曲线具有最小值。

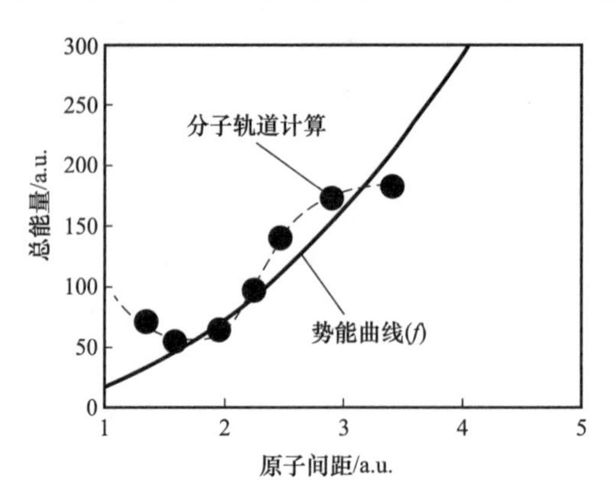

图 8.4　通过分子轨道计算来获得力场 f 的参数

因此，由多个原子组成的整个系统的总能量趋于最小。根据计算设置的时间步长，原子与分子将像小球一样运动，以使整个体系的能量趋于稳定。

分子动力学方法的简要总结见表 8.1。截至 2015 年，已有许多不同特点的分子动力学商业和免费软件包可供使用。模拟对象依赖于不同软件包所使用的力场和模拟方法，模拟对象包括：①生物分子；②有机聚合物；③无机化合物。对于有机聚合物和包含了纳米填料的纳米复合材料，由于原子数目的增多导致模拟过程中追踪原子运动轨迹的计算量激增，使得常规的分子动力学方法无能为力。对于上述问题的一个解决办法是采用粗粒化分子动力学。

表 8.1　分子动力学方法的粗略划分

方法	力场参数的确定	特点
经典分子动力学	实验数据（例如，光谱学和热力学数据）	可模拟的化合物类型有限。但模拟方法简单，耗时少
半经验分子动力学	实验数据，分子轨道计算	当力场参数由高度近似的分子轨道模拟获得时，实现高精度的模拟是可能的
第一性原理分子动力学	通常不需要力场参数	模拟的每一步都要通过量子计算获得原子间的受力情况来决定原子的位置，因此需要很大的计算量

2. 粗粒化分子动力学的优势

采用两种方法可预测固化前树脂内微粒的行为和热固型树脂的应力：①连续介质模型，与流体力学和连续体力学类似，在模型中将液体和固体当作连续体处理；②分子动力学法，模型中需要考虑溶液和树脂中原子间的相互作用。

连续介质模型对优化搅拌器的结构和预测依赖于热固型树脂形状的应力集中位

置是有效的，然而在仿真之前必须知道诸如溶液的黏度与热固型树脂的杨氏模量等物理性质，因此该方法不适用于预测需要反复试验的新型材料的物理性质，相反，分子动力学法被认为适合新型材料的研发，因为模拟对象的物理性质可以由原子和分子间的相互作用来进行评估。然而，要模拟纳米尺度填料的作用，其模型的大小至少需要几十纳米，即至少需要考虑 10^8 个原子。此外，溶液中微粒微动和热固树脂断裂的实际时间需要微秒至数秒以上，使得分子动力学在特定时间步长下需要运行 $10^6 \sim 10^{12}$ 步（时间步长通常在皮秒及其以下，其大小取决于原子的振动频率）。因此，当模型考虑所有原子时，分子动力学法很难模拟溶液中微粒的微动情况和热固型树脂的应力特性。

同时，为了模拟分子在溶液中分子基团的运动行为，开发出粗粒化分子动力学技术，并且该方法已经得到改善并投入使用[1-3]。该方法将一组分子视为单个粒子（“粗粒”），使得其能模拟大尺度体系，如图 8.5 所示[2]。由于粒子间的相互作用可以反映分子的性质，所以该方法也可以用来研发新材料。粒子间的相互作用参数可以通过从头算分子轨道法来获得。

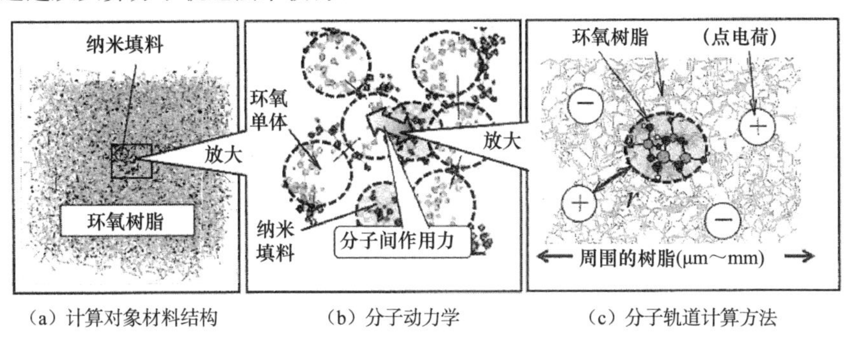

（a）计算对象材料结构　　（b）分子动力学　　（c）分子轨道计算方法

图 8.5　基于分子轨道理论的粗粒化分子动力学概念图

本节将介绍了早先的文献和报告，其利用计算平台 OCTA[4, 5] 模拟纳米复合树脂物理性质以设计高性能材料，以及一套 Nagoya 公司[5] 开发的粗粒化分子动力学程序（OCTA 中的一个模块）。

3．计算方法

在分子动力学法中，可以通过求解经典力学方程获得粒子位置随时间的变化情况。在粗粒化分子动力学法中需要考虑粒子集合，替代单一的原子。其遵循如下基本方程：

$$m_i \frac{\mathrm{d}^2 \vec{r}_1}{\mathrm{d}t^2} = \sum_{j \neq i} \vec{f}_{ji} \tag{8.1}$$

式中，下标 i、j 为粒子集合的编号；m 为粒子的质量；r_i 为粒子集合 i 的坐标；f 为粒子集合 i、j 间的相互作用力（力场）。体系是否适合模拟取决于该体系 f 的表达式。

根据函数确定适合于模拟的分析系统，尽管f可能仅仅只是一个简谐函数，但可以使用合适的f来提高该方法的可重复性。

当一小块纳米填料（一组分子）分散在溶液中时，可使用文献［6，7］中提出的耗散粒子动力学（DPD）进行模拟，如式（8.2）所示：

$$f_{ji}=\sum_{j\neq i}F_{ji}^{D}+F_{ji}^{R}+F_{ji}^{C}+F_{ji}^{S} \tag{8.2}$$

式中，F^{D}和F^{R}分别称作耗散力和随机力，它们是表示由于粗粒化处理而忽略的分子振动的平均效应。F^{C}和F^{S}分别称作排斥力和结合力。当粒子间距为r_{ij}时，F^{D}和F^{R}的表达式为

$$F_{ji}^{D}=-\gamma\omega^{D}(r_{ij})\cdot\left(\vec{r}_{ij}\cdot\vec{v}_{ij}\right)\frac{\vec{r}_{ij}}{r_{ij}} \tag{8.3}$$

$$F_{ji}^{R}=\sigma\omega^{R}(r_{ij})\cdot\theta_{ij}v_{ij} \tag{8.4}$$

式（8.3）中，F^{D}项表示摩擦项，其存在减小了粒子间的相对速度v_{ij}，因而代表耗散能。式（8.4）中，θ_{ij}是一个随时间随机产生的因子（$-1<\theta<1$），其表示粒子集合i、j间传递的热能。由于耗散力的存在使得能量损失，但又由于粒子间分子振动引起能量的交换，使得热能可以从随机的热运动中获得，ω^{D}和ω^{R}两项分别表示和的作用距离。表达式为

$$\omega^{R}(r_{ij})=\begin{cases}1-\dfrac{r_{ij}}{r_{C}} & (r_{ij}<r_{C})\\ 0 & (r_{ij}<r_{C})\end{cases} \tag{8.5}$$

由于和并不是保守力，所以当耗散力损失的能量与随机热运动获得的能量达到热力学平衡时，可得如下表达式：

$$\begin{gathered}\omega^{D}(r_{ij})=\left\{\omega^{R}\left(r_{ij}\right)\right\}\\ \sigma^{2}=2\gamma k_{B}T\end{gathered} \tag{8.6}$$

式（8.2）中，F^{C}表示粒子间的排斥力，引入该项可以防止粒子间彼此靠得太近。其表达式如式（8.7）所示。

$$F_{ij}^{C}=\begin{cases}\left(1-\dfrac{r_{ij}}{r_{C}}\right)r_{ij} & (r_{ij}<r_{C})\\ 0 & (r_{ij}<r_{C})\end{cases} \tag{8.7}$$

式中，r_{C}为F^{C}的作用距离，通常为几纳米，但其优化值要视实际模拟的体系而定。a_{ij}的数值代表了F^{C}的大小。文献［8］中提出$a_{ij}25\times k_{B}T$，其中k_{B}为玻尔兹曼常数，T为温度。

式（8.2）中的F_{ji}^{S}项表示形成聚合物时环氧单体之间的结合力，其采用简谐力形式的表达式为

$$F_{ji}^{S}=-C\cdot\vec{r}_{ij} \tag{8.8}$$

式中，C 为力常数。上述所有公式只是一个粗略模型的例子，实际模拟中所采用的力场应该根据具体体系而定。

4．大尺度体系力场参数的精确确定

粗粒化分子动力学法所采用的力场是一组粒子间相互作用力的函数。如前所述，这种函数可以通过分子轨道理论的计算获得，这一理论的原理来源于量子力学，其用来近似求解时间独立的薛定谔方程。由于该方法需要极大的计算量，在超级计算机出现之前，主流的半经验分子轨道法计算精度低。

直到 20 世纪 80 年代，从头算分子轨道模拟才得到广泛使用，人们开发了许多采用 Hatree-Fock 近似和高斯基组的软件。采用高斯基组的原因如下：通常原子附近电子出现的概率服从 Slater 型函数［$\exp(-a-x)$］分布，由于数值积分面临计算量极大的问题，因而很难解析求解计算过程中出现的积分。当采用高斯型函数与存在概率的线性组合来近似构造 Slater 型函数时，在减小了计算量的同时，解析求解积分变得可能。对于大多数分子，计算精度随着高斯型函数数目的增加而提高，但对于某些分子可能产生较大的计算误差。此外，Hartree-Fock 方法的缺点在于没有考虑电子间的多体相互作用，即电子关联效应。

目前更高精度的分子轨道模拟方法通常是考虑电子关联效应［如多体微扰方法，电子组态（CI）方法］或交换－关联泛函修正的密度泛函理论方法。分子轨道模拟需要消耗较大计算资源，尤其是对于多原子或多电子体系。为了解决这一问题，人们开发了一些快速的解析方法来计算体系的势能，比如远距离原子的近似处理方法。

8.2.2　粗粒化分子动力学的应用实例

本节将介绍粗粒化分子动力学法在研究纳米复合树脂性质方面的应用实例。这种量子化学计算方法仍然有进一步完善的空间，有望在未来纳米复合材料研发中能发挥关键作用。

1．纳米填料在树脂中如何分散

纳米复合树脂的性能往往依赖于纳米填料的分散性，因此模拟纳米填料的分散程度对提高纳米复合树脂的性能有重要意义。在许多案例中，纳米填料越分散，树脂的性能提升越高，然而也存在反例。接下来，将从粗粒化分子动力学模拟和实验两方面检验纳米填料的分散状态对材料性能带来的影响。

文献［3］中所使用的两种二氧化硅纳米填料如图 8.6 所示。一种是普通的表面有硅羟基基团的二氧化硅纳米填料，其具有高度的亲水性，因为 O-H 基团中 O 和 H 分别带负电和正电，所以硅羟基基团对于极性溶剂具有很高的亲和力，亲水性二氧化硅填料与环氧树脂中的电荷相互作用，使得材料具有很高的极性。另一种二氧化硅填料由于其表面几乎所有的 O—H 基团（极性源）被甲基化，使其几乎不与环氧树脂发生相互作用。

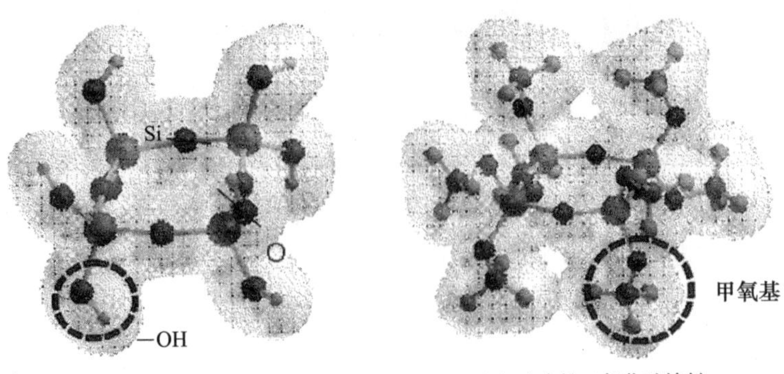

（a）亲水性二氧化硅填料　　（b）疏水性二氧化硅填料

图 8.6　环氧树脂中二氧化硅纳米填料的电子密度分布图

文献［6］采用粗粒化分子动力学方法对环氧树脂中亲水性和疏水性二氧化硅填料的分散状态进行了模拟，并将模拟结果与实验结果进行了比对，如图 8.7 所示。

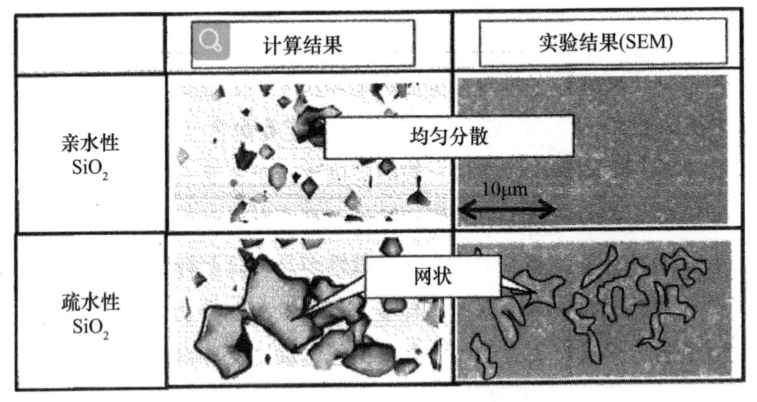

图 8.7　两种二氧化硅纳米分散状态的仿真和实验结果

用粗粒化分子动力学法很好地模拟了两种二氧化硅填料在环氧树脂中的分散状态。模拟结果表明，疏水性二氧化硅填料的分散使得环氧树脂内部形成网状结构，该结构提高了树脂的强度，树脂强度的计算结果见文献［6］。后面将对计算结果的细节进行解释。

2. 纳米填料的类型与树脂的力学性能

两种分散的二氧化硅纳米填料的环氧树脂的强度和应力特性的计算结果如图 8.8 所示[3]。实验和仿真结果一致表明掺杂了疏水性二氧化硅纳米填料的树脂，其强度以及应力特性的改善程度要高于掺杂了亲水性二氧化硅纳米填料的树脂。因此，填料的均匀分散并不总是导致更好的材料性能。

分析纳米填料材料机械强度的方法也应用于弹性体研究中。弹性体应力特性的仿真和实验结果如图 8.9 所示，仿真结果的变化趋势与实验结果吻合，说明了纳米填料的尺寸对环氧树脂韧性的影响。这表明采用基于第一性原理和半定量方法来模拟

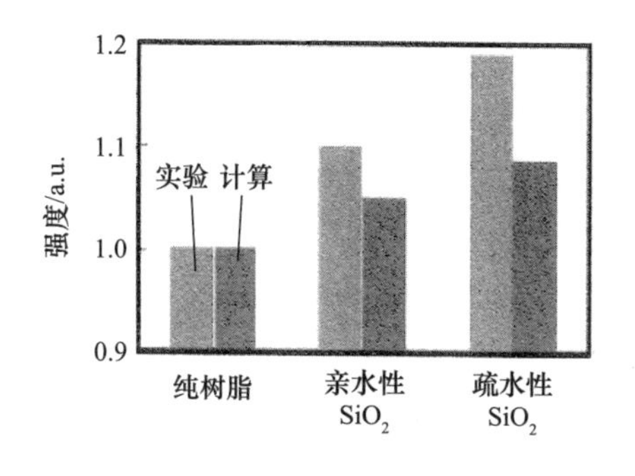

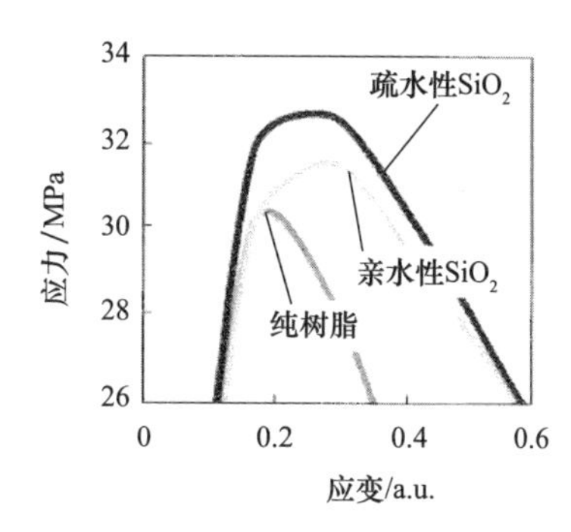

图 8.8　两种二氧化硅纳米填料在改善环氧树脂强度和应力特性方面的效果

纳米填料分散状态与树脂强度之间关系的可能性。

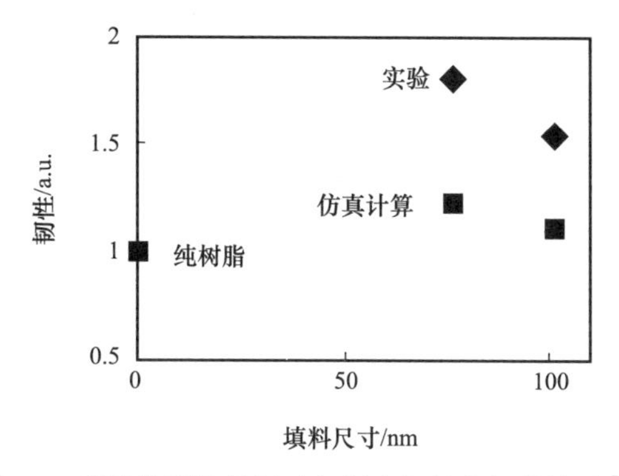

图 8.9　弹性体颗粒的尺寸与树脂韧性之间的关系[9]

3．纳米填料周围发生了什么

文献［11］采用 COGNAC 程序模拟了聚合物和纳米填料之间界面的亲和力。模拟模型如图 8.10 所示，其中线性分子（40 个片段）位于两端壁之间，并假定形成壁的纳米粒子与线性分子间存在很强的吸引力。模拟中计算了不同温度下线性分子的均方位移，结果如图 8.11 所示。

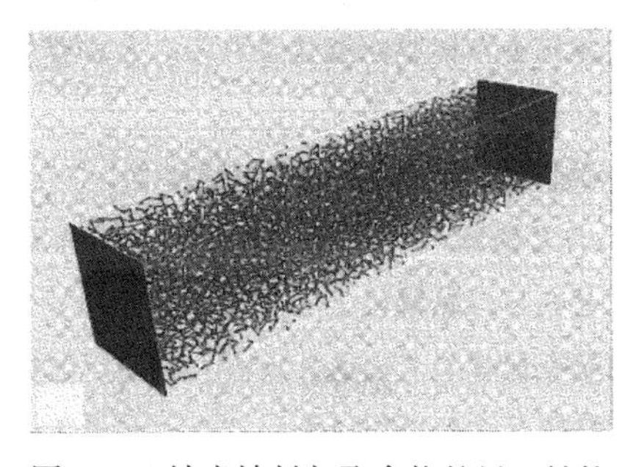

图 8.10　纳米填料与聚合物的界面结构

模拟结果表明，随着温度的增加，线性分子的束缚层缩小，分子的移动距离增加。因此，成功模拟了在不同温度下位于壁附近线性分子的束缚层的位置和宽度变化。

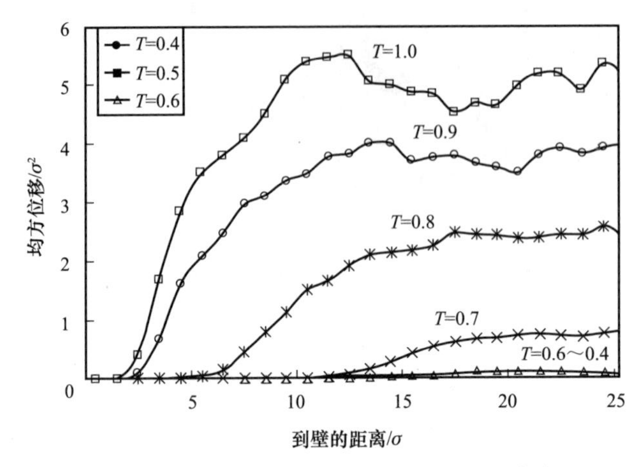

图 8.11　线性分子均方位移与温度的关系[10]

综上所述，采用粗粒化分子动力学法和结合粗粒化分子动力学的其他模拟方法，逐步实现了对纳米填料在树脂中分散和树脂性能的半经验或从头算法分析。虽然粗粒化分子动力学法的研究刚刚起步，但由于当前的研究方法基于猜测，而该方法能高效地预测纳米填料的影响，使其受到广泛的关注。

参考文献

[1] Sawa, F., Imai, T., Ozaki, T., et al. （2007）. Molecular Dynamics Simulation of Characteristics of Polymer Matrices in Nanocomposites, *Annual Rept. IEEE CEIDP*, pp. 264-266.

[2] Sano, A., Ohtake, A., Kobayashi, K., et al. （2011）. Development of Simulation Techniques for Mechanical Strength of Nanocomposite Insulating Materials, *Proc. IEEJ ISEIM*, No. D2, pp. 77-79.

[3] Sano, A., Ohtake, A., Kobayashi, K., et al. （2013）. Development of Simulation Techniques of Mechanical Strength of Nano-Composite InsulatingMaterials, *IEEJ Trans. Fundamentals Mater.*, 133, pp. 81-84.

[4] Website of OCTA, a Platform for Designing High Functional Materials:http://octa.jp/index_Jp.html （in Japanese）.

[5] Aoyagi, T., Savva, F., Shoji, T., et al. （2002）. A General-Purpose Coarse-Grained Molecular Dynamics Program, *Comput. Phys. Commun.*, 145, pp. 267-279.

[6] Groot, R. D., Warren, P. B. （1997）. Dissipative Particle Dynamics: Bridging the Gap between Atomistic and Mesoscopic Simulation, *J. Chem. Phys.*, 107, pp. 4423-4435.

[7] Scocchi, G., Posocco, P., Fermeglia, M., et al. （2007）. Polymer Clay Nanocomposites: A Multiscale Molecular Modeling Approach, *J Phys. Chem.* B, 111, pp. 2143-2151.

[8] Barnes, J., Hut, P. （1986）. A Hierarchical Force Calculation Algorithm, *Nature*, 324, pp. 446-449.

［9］Kato, T., Sano, A., Matsumoto, H., et al.（2012）. Development of Analysis Technique for Mechanical Strength of Nanocomposite Insulating Resin: Application to Silica/Epoxy and Rubber/Epoxy Composites, *Proc. IEEJ Annu. Conf. Fundamentals Mater.*, No. XVI-3, p: 338 （in Japanese）.

［10］Sawa, F., Imai, T., Sato, J. （2010）. Simulation Technique for Development of Insulating Materials, *Proc. 41st IEEJ ISEIM*, No. SS-10, pp. 265-266 （in Japanese）.

第 9 章　结语：关注环境与展望未来

本书描述了纳米复合绝缘材料的基本原理与应用。尽管纳米复合绝缘材料具有优于常规材料的性能，但纳米材料对人体和环境的有害影响不容忽视。

9.1 节给出了纳米填料这种典型纳米材料的风险评估，并给出了纳米填料处理指南。9.2 节展望了基于纳米复合绝缘材料在电力与工业系统中的前景，并展望了纳米复合绝缘材料的作用及其对 21 世纪可持续社会的贡献，同时 9.2 节还提倡电气、材料、化学、物理、生物和计算机模拟仿真等工程领域之间的跨学科交叉合作，以加速工业界和学术界对纳米复合材料的研究。

9.1　关于纳米填料处理的必要认知

9.1.1　纳米填料对人体和环境的影响

如前几章所述，聚合物中包含少量的纳米尺度的无机填料（纳米填料）的纳米复合绝缘材料，其性能比有机聚合物产生了跃升，这是其颇具魅力的特点之一。由于纳米填料的比表面面积比微米填料大很多，因此对于相同的填料含量，纳米填料和聚合物之间的强相互作用似乎比微米填料更能改善复合材料的性能。

然而，由于纳米材料尺度极其微小，因此不能忽视其对人体和环境带来的影响。通常对化学物质的风险评估需要包含以下四个方面：①对于人员造成的影响；②经由环境传播的影响；③经由产品传播的影响；④由于事故造成的影响，如图 9.1 所示[1]。由于大部分纳米复合材料仍然在研发阶段，因此，“对于人员造成的影响”是首先需要被关注的风险。

在研究纳米复合材料的很多过程中，都有可能接触到纳米填料（图 9.2），特别是在制造过程中，人员（研究人员和工程师）吸入或触碰到纳米填料的可能性更大。因此，需要在局部排气通风系统内进行纳米填料的处理并佩戴合适的保护设备，以有效降低危害。

9.1.2　纳米填料风险评估进展

通常化学物质的风险表示为“危险性”和“接触量”的乘积，如图 9.3 所示[2]。实验室动物试验给出了无明显损害作用水平（NOAEL）的估计值，同时实际摄取量可被近似计为接触量。因此可以通过比较 NOAEL 和实际摄入量来进行风险评估。

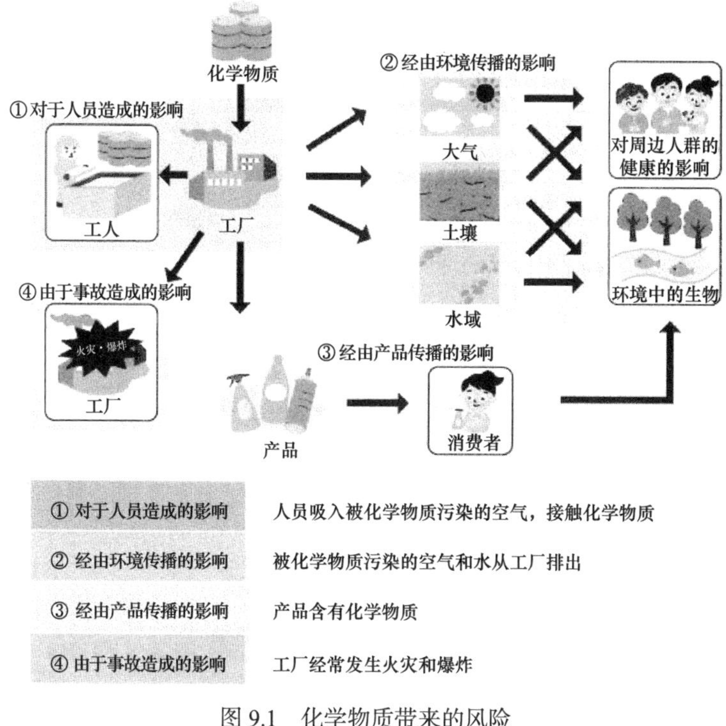

图 9.1　化学物质带来的风险

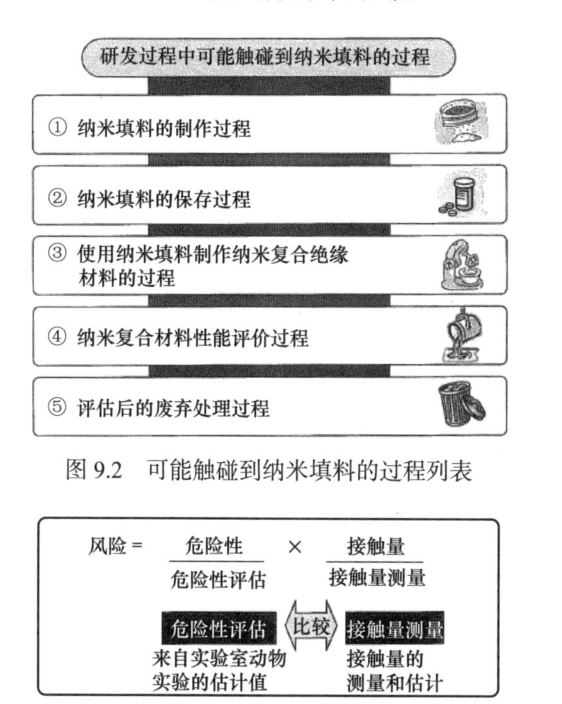

图 9.2　可能触碰到纳米填料的过程列表

图 9.3　化学物质风险评估的概念图

在化学物质风险评估中，当接触量和摄取量小于NOAEL时，产生有害影响的发生率非常低，如图9.4所示[3]。然而，当接触量和摄取量超过NOAEL时，产生有害影响的发生率随着接触量和摄取量的上升而上升。

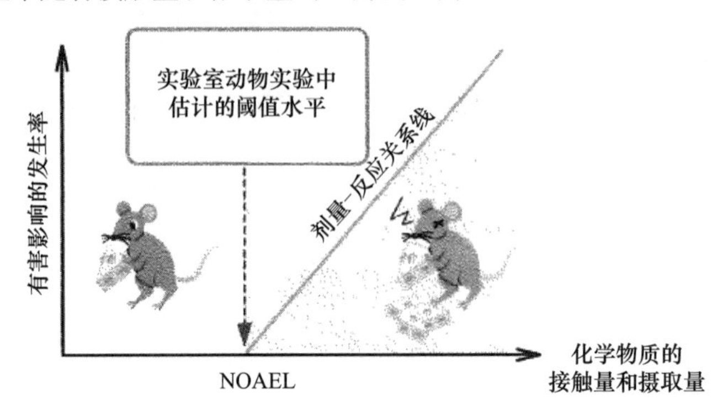

图9.4　风险评估中有害影响的发生率

即使是具有高危险性的化学物质，若其接触量和摄取量低于NOAEL，也不会对人体产生有害影响；相反，即使是低危险性的化学物质，若其接触量和摄取量高于NOAEL，就会对人体产生有害影响。

材料安全性表单（Material Safety Data Sheets，缩写为SDS）记录了现存化学物质的风险评估结果，需要按照SDS显示的接触预防、保护、处理和储存进行适当的风险管理。

与普通化学物质的风险评估不同，纳米材料的风险评估需要先进行样品制备和表征[4]，才能评估其危险性和测量其接触量，这一点很重要也很必要，如图9.5所示。例如，纳米填料会在范德华力的作用下趋于聚集，在制备的试样中，纳米填料是以聚集体和团聚物的形式存在，因此纳米填料的分散状态和危险性取决于试样制备方法，因而要准确进行风险评估需要了解纳米填料的形状、分散状态、粒径和比表面面积等特性。而且，工业用的纳米填料中，由于不纯的物质（污染物）也被当成纳米填料，会对危险性准确判断有所影响。另外，纳米填料经常会通过化学改性来提高其表面对溶剂和聚合物的亲和力，对于相同的纳米填料，其危险性取决于分散状态、表面改性以及是否受到污染。综上所述，样品的制备和表征在风险评估中至关重要。

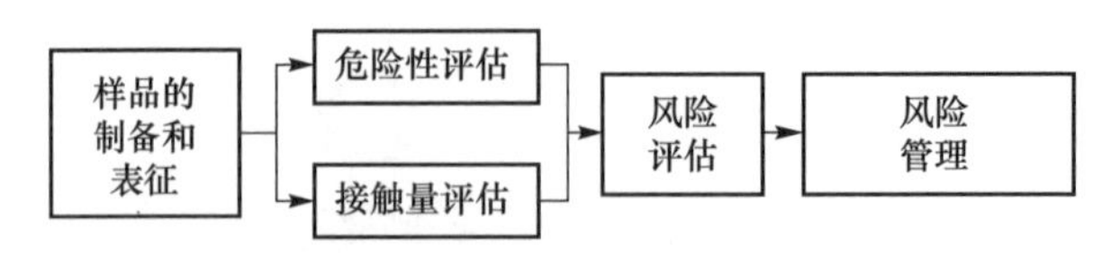

图9.5　工业纳米材料的风险评估与管理的框架[2]

2006年6月至2011年2月，新能源和工业技术开发组织（NEDO）通过纳米填料风险评估示范项目，支持日本国家先进工业科学与技术研究所（AIST）进行了“纳米材料制造风险评估”。项目基于工业纳米材料的风险评估和管理框架，对二氧化钛（TiO_2）、富勒烯（C_{60}）和碳纳米管（CNT）等典型的纳米填料进行了风险评估，如图 9.5 所示[2]，除了给出风险评估结果外，还公布了样品制备方法、危险性评估的测量程序以及排放量与接触量的测量程序[5]。此外，包括美国在内的其他国家也进行了不认同种类的评估[6]。

9.1.3　纳米填料的处理指南

近些年，$PM_{2.5}$ 对中国的空气造成的污染引发了关注。$PM_{2.5}$ 是指直径小于 2.5μm 的颗粒物（PM）。虽然，直径小于 10μm 的悬浮颗粒物（SPM）已经受到环境标准的约束，然而，由于 $PM_{2.5}$ 比 SPM 小很多，人们开始担忧它们对循环系统和呼吸系统的不良影响。

虽然纳米填料所具有的众多优势在各行业和学术界都引起了广泛的关注，纳米复合材料的绝缘性能也通过加入纳米填料而得以改进，这些积极的作用使得纳米填料能够制造出许多具有新功能的创新材料，但毕竟纳米填料比 $PM_{2.5}$ 小得多，人们仍然对纳米填料对人体和环境的不良影响存有疑虑。在以往的风险评估中，人们已经积累了一些与纳米填料有关的信息，但为了确保纳米填料对人体和环境的安全性，仍然需要更多的信息。

在处理纳米填料时，既利用其积极作用又保证其在研究和使用过程中的安全性是十分重要的。日本关于含纳米填料的纳米材料处理的报告和指导原则见表 9.1，其他国家发表的类似的报告和指南见表 9.2。了解如何保护人体和环境对于加速纳米复合材料的研究和扩展应用领域来说是至关重要的。依据报告和指南来创造试验和制造环境对于安全处理纳米填料是十分重要的。

表 9.1　日本国内与纳米材料处理有关的报告与指南

组织 / 研究所	发表时间	报告 / 指南
厚生劳动省 劳工标准局	2008.11.26	审查小组会议报告：工人接触化学物质对人体健康造成未知风险的预防措施
	2009.03.31	关于防止接触纳米材料等的预防措施的通知
环境省	2009.03.10	关于防止生产纳米材料引起环境影响的指导原则
国家先进工业科学与技术研究所（AIST）	2011.08.11	纳米材料生产的风险评估 “方法—方法和结果的概述” “富勒烯（C_{60}）” “碳纳米管（CNT）” “二氧化钛（TiO_2）”

表 9.2　其他国家与纳米材料处理有关的报告与指南

组织 / 研究所	发表年份	报告 / 指南
国际标准化组织（ISO）	2008 （TR 12885）	纳米技术：与纳米技术相关的职业健康与安全实践
欧洲委员会	2008	纳米材料监管
经济合作与发展组织（OECD）	2009	纳米材料生产：关于在工作场所使用皮肤保护装置和呼吸器的选择指南的比较
美国国家职业安全与健康研究所（NIOSH in USA）	2009	纳米技术安全措施：工程纳米材料相关的健康与安全问题的管理
德国联邦职业安全与健康研究所（BAuA in Germany）	2007	关于在工作场所处理和使用纳米材料的指导
德国职业安全与健康局（KOSHA）	2007	纳米材料危害评估与职业健康影响的预防策略

参考文献

[1] Ministry of Economy, Trade and Industry, Japan.（2007）. *Guidebook on Chemical Risk Assessment for Business Operators*（in Japanese）.

[2] Kishitani, M.（2010）. *Polyfile*, October, pp. 50-55（in Japanese）.

[3] Chemical Management Center, National Institute of Technology and Evaluation, Japan.（2014）. *Risk Assessment on Chemicals-For Better Understanding-*, September 2014 revised, p. 2.

[4] Nakanishi, J.（2006）. *Chemistry and Chemical Industry*, 59, April, pp. 454-455（in Japanese）.

[5] National Institute of Advanced Industrial Science and Technology（AIST）, Japan.（2011）. *Risk Assessment of Manufactured Nanomaterials*.

[6] Kobayashi, T.（2007）. *Expected Materials for the Future*, 7（7）, pp. 55-57（in Japanese）.

9.2　未来展望

9.2.1　国际关注度逐年上升

1994年，T. J. Lewis在*IEEE Transactions on Dielectrics and Electrical Insulation*（以下简称*IEEE Trans. DEI*）上发表了一篇题为《纳米尺寸的电介质》的论文[1]，这篇文章提出了纳米复合绝缘材料的概念，并被认为是这一概念的起源。这篇文章发表后，人们对纳米复合绝缘材料进行了大量的研究，过去20多年里有超过500篇的研究论文发表。从1994年到2014年有关论文数量的变化如图9.6所示[2]，该图包含2014年的补充数据。这些论文发表在*IEEE Trans. DEI*以及*CEIDP*、*ISEI*、*ISCD*、*ICPADM*和*ISEIM*等电介质与电绝缘重要国际会议的刊物。

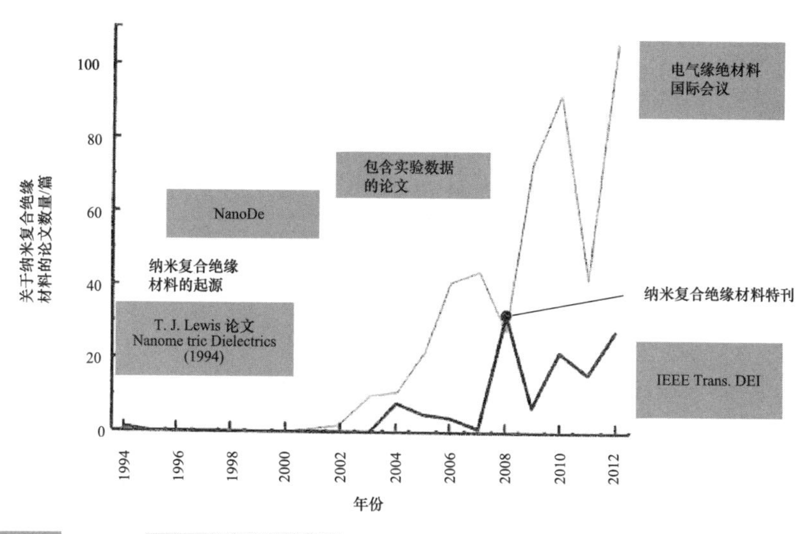

IEEE Trans. on DEI

IEEE Transactions on Dielectrics and Electrical Insulation

电气绝缘材料国际会议

- Conference on Electrical Insulation and Dielectric Phenomena（CEIDP）
- International Symposium on Electrical Insulation（ISEI）
- International Conference on Solid Dielectrics（ICSD）
- International Conference on Properties and Applications of Dielectric Materials（ICPADM）
- International Symposium on High Voltage Engineering（ISH）

有关电气绝缘材料的论文发表

	年份	1994	1995~2000	2001	2002	2003	2004	2005	2006	2007	2008	2009	2010	2011	2012
IEEE Trans. on DEI	每年发行	○	—	—	—	—	○	○	○	○	○	○	○	○	○
IEEE CEIDP	每年举办	—	—	○	○	○	○	○	○	○	○	○	○	○	○
Proc. IEEE ISEI	每两年举办	—	—	—	○	—	○	—	○	—	○	—	○	—	
Proc. IEEE ICSD	每三年举办	—	—	—	—	—	○	—	—	○	—	—	○	—	—
Proc. IEEE ICPADM	每三年举办	—	—	—	—	○	—	—	○	—	—	○	—	—	○
Proc. ISH	每年举办	—	—	—	—	—	—	—	—	—	—	—	—	○	—

图 9.6　关于纳米复合绝缘材料的论文数量的转变

在 1994 年 Lewis 发表论文之后，到 2000 年一直没有新的论文发表。2001 年发表的一篇论文认为纳米复合绝缘材料具有积极作用[3]；2002 年发表的两篇论文给出了有关纳米复合材料绝缘性能的实验数据[4, 5]。从 2002 年到 2005 年发表了大量的有关纳米复合材料的制备和评价的论文，这种趋势促进了纳米复合材料的研究，相关论文在 2006 年后涨速迅猛。此外，*IEEE Trans. on DEI* 还在 2008 年出版了一本关于纳米复合绝缘材料的特刊。

2008 年以后，有关论文的数量持续上升。2011 年在 *IEEE Trans. on DEI* 和重要国际会议上的相关论文数量略有下降；2012 年相关论文数量再次增加，重要的国际会议论文数量增至 106 篇。近期，出现了一些与纳米复合绝缘材料的新型制备方法与性能测量、纳米填料与聚合物界面区域的计算机模拟、工业应用研究等有关的论文。虽然 2000 年的纳米技术潮流已经过去了，然而全球对纳米复合绝缘材料的兴趣仍然颇高。

综上所述，纳米复合绝缘材料吸引了世界各地电介质与绝缘领域的许多研究人员和工程师。然而，“纳米复合绝缘材料的研究是否已经成功”以及“纳米复合绝缘材料技术是否真正有用”这些问题的回答，将取决于纳米复合绝缘材料在工业界的实际应用和贡献。

9.2.2　纳米复合绝缘材料的实用化探索

本书第 2 章（电气与电子领域的潜在应用）介绍了纳米复合绝缘材料在具体设备和产品中的应用研究。XLPE 纳米复合绝缘直流电力电缆和聚酯酰亚胺纳米复合漆包线已经投入使用，而另外一些纳米复合材料仍处于研究阶段，纳米复合绝缘材料在电力和工业部门未来应用前景如图 9.7 所示[6]，尽管这些应用研究尚处于不用研究阶段。纳米复合绝缘材料是使电力设备、电缆和电机具有高电压、大容量、高效率和长寿命运行等优异性能的关键技术。

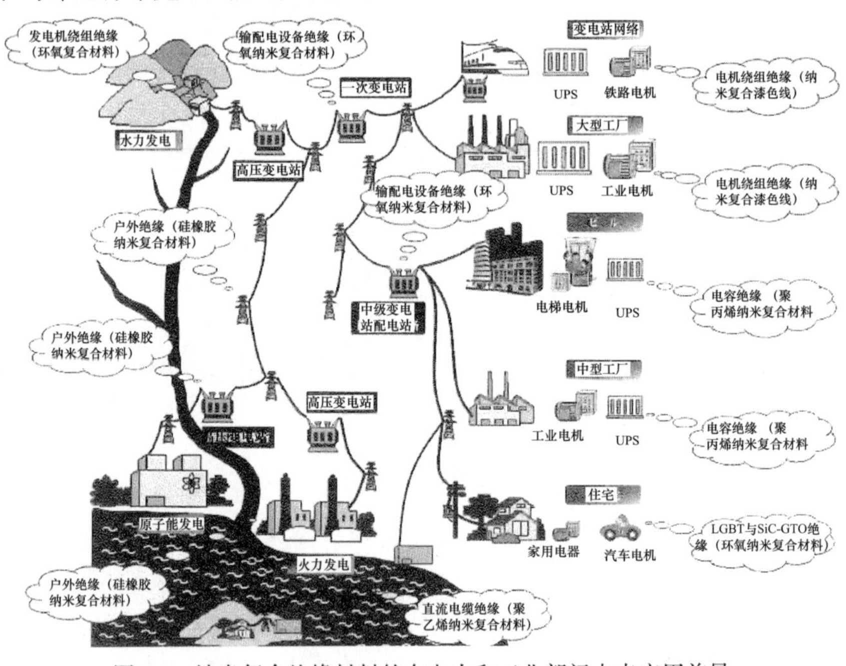

图 9.7　纳米复合绝缘材料的在电力和工业部门未来应用前景

如第 1 章所述，由于人口扩张导致能源消耗和石油需求增加，导致气候变暖这一严重的全球问题。2050 年全球人口将达到 90 亿，能源的消耗将进一步增加，如图 9.8 所示[7]。一般认为，21 世纪将面临三大难题：经济（Economy）、能源（Energy）和环境（Environment），这三个“E”的问题相互影响（图 9.9），被统称为“3E”三元困境（3E Trilemma）。二元困境（Dilemma）是指两件事情之间的矛盾，而三元困境（Trilemma）则意味着三件事情之间的矛盾。让这三个“E”协同发展，是实现可持续社会的关键。

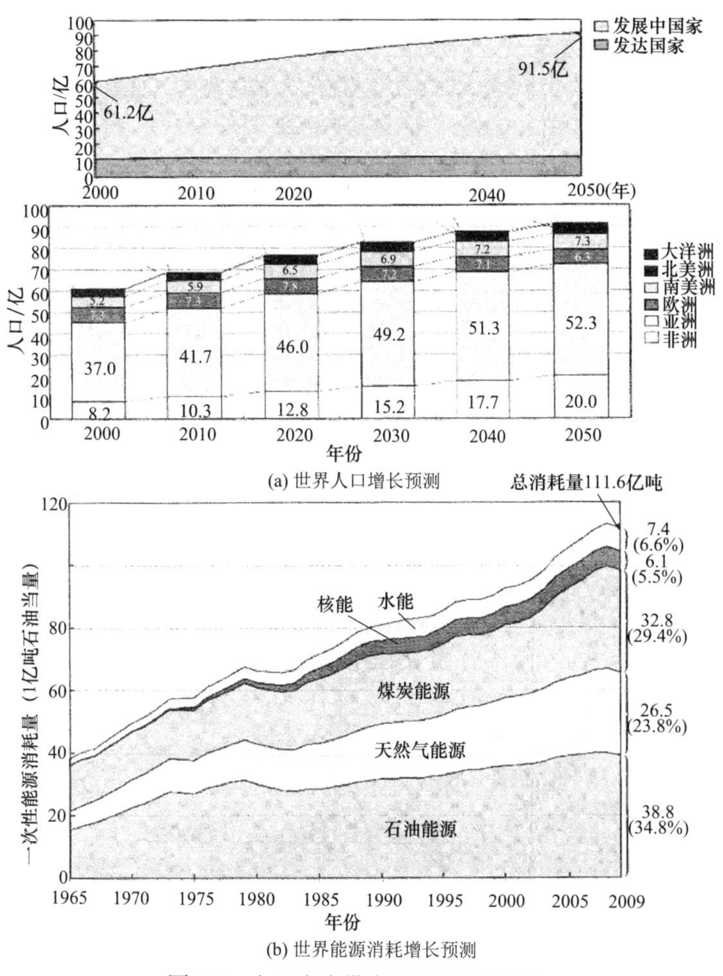

(a) 世界人口增长预测

(b) 世界能源消耗增长预测

图 9.8　人口膨胀带来的能源消耗增加

采用纳米复合绝缘材料的高电压、大容量、高效率、小尺寸、长寿命的电力设备、电缆和电机有助于节能和环保。当“3E”真正在电力和工业部门实现协同发展时，我们一定会有信心回答“纳米复合绝缘材料的研究是否已经成功”以及“纳米复合绝缘材料技术是否真正有用”的问题。

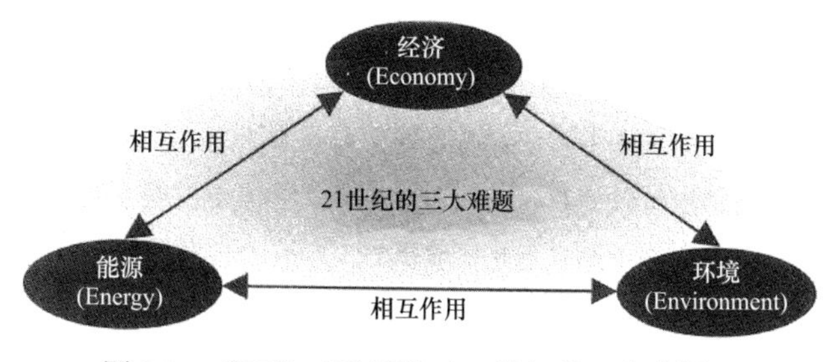

图 9.9　“3E”三元困境（21 世纪的三大难题）

9.2.3　打开未来聚合物纳米复合材料的大门

这本书的目标读者是大学和技术学院的教育工作者、大学和公司的研究人员、研究生院的学生和对科学及工程感兴趣的普通读者。因此，这本介绍性的书籍涵盖了从应用到基本原理的内容（图 9.10）。

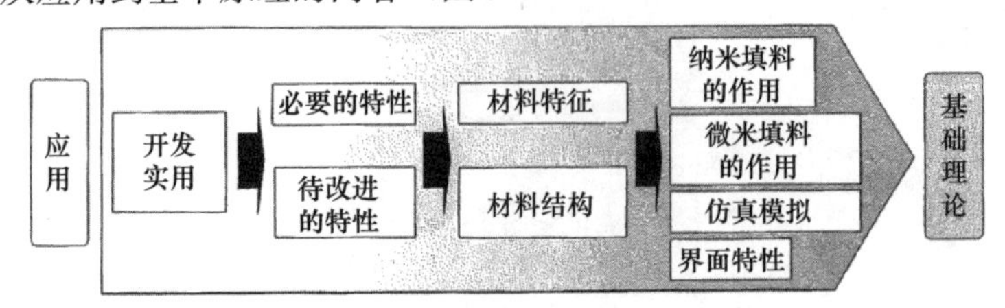

图 9.10　纳米复合绝缘材料的应用到基本原理

我们向对纳米复合绝缘材料感兴趣的读者打开材料研究的大门。研发的动机有两个方面（图 9.11），其一是自发的，是由好奇心和求知欲引发的，好奇心和求知欲推动着科技的进步，创造出当今社会中的许多舒适和便利，好奇心和求知欲是研究的重要引擎；其二是外来的，是由于社会需求而引发的，正如前述，纳米复合绝缘材料将有助于构建节能环保的可持续社会。

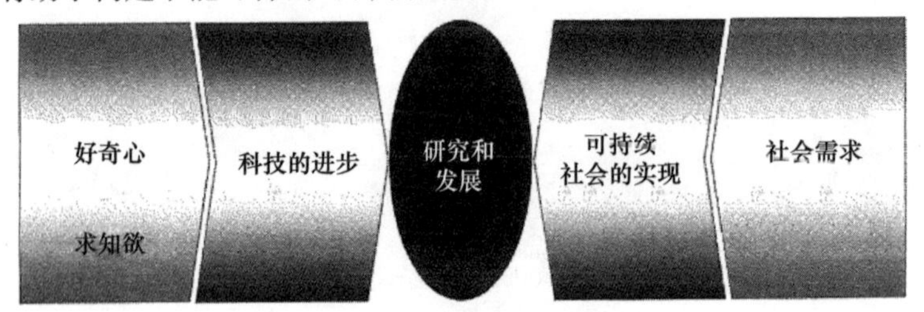

图 9.11　研发动机

这两种动机都持续推动着纳米复合绝缘材料的研发。过去的研发明确了许多优先课题（图 9.12），电气、化学、材料、物理、生物学和计算机模拟的跨学科研究，

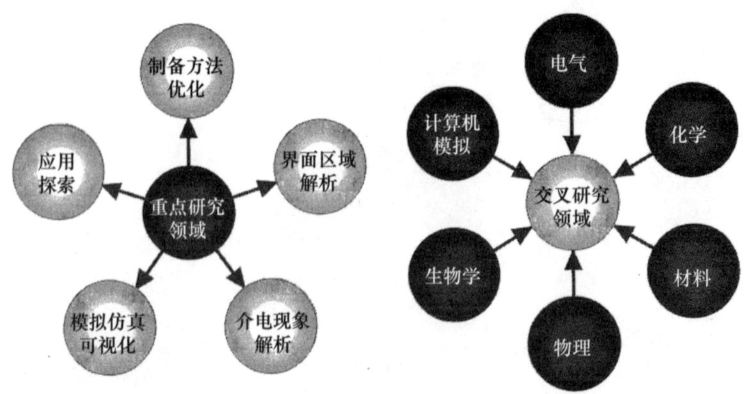

图 9.12　纳米复合绝缘材料研发中的优先课题

以及行业与学术界之间的合作，对于研究这些课题至关重要。另外，本书的第3章介绍了采用纳米填料分散技术制备出具有两种以上功能的新型绝缘材料，这些多功能超复合绝缘材料的研究已经展开，这是一个既有深度也有广度的新兴领域，该领域的研究需要既注重基础又注重应用。第8章有望起到引导作用，年轻的研究人员和工程师在这一领域的长期研究是十分必要的[8]。

从1994年Lewis发表论文以来已经过去20多年了，而从2002年给出了纳米复合绝缘材料实验数据以来也已经有10多年了，纳米复合绝缘材料已经从“摇篮期”过渡到“确立期和发展期”。这项技术的发展值得被时刻关注，我们希望这本书能够成为纳米复合绝缘材料发展的里程碑。

参考文献

[1] Lewis, T. J.（1994）. Nanometric Dielectrics, *IEEE Trans. Dielectr. Electr. Insul.*, 1（5）, pp. 812-825.

[2] Tanaka, T., Imai, T.（2013）. Advances in Nanodielectric Materials Over the Past 50 Years, *IEEE Electrical Insulation Mag.*, 29（1）, pp. 10-23.

[3] Frechette, M. F., Trudeau, M., Alamdari, H. D., et al.（2001）. Introductory Remarks on Nano Dielectrics, *Annual Rept. IEEE CEIDP*, pp. 92-99.

[4] Imai, T., Hirano, Y., Hirai, H., et al.（2002）. Preparation and Properties of Epoxy-organically Modified Layered Silicate Nano Composites, *Proc. IEEE ISEI*, pp. 379-383.

[5] Nelson, J. K., Fothergill, J. C., Dissado, L. A., et al.（2002）. Toward an Understanding of Nanometric Dielectrics, *Annual Rept. IEEE CEIDP*, pp. 295-298.

[6] Kishitani, M.（2010）. *Polyfile*, October, pp. 50-55（in Japanese）.

[7] The Federation of Electric Power Companies of Japan（2011）. Nuclear and energy drawings, *Information Library*, p. 1-1-2, p. 1-1-7（in Japanese）.

[8] Tanaka, T.（2009）. Invitation to the Study of Advanced Polymer Ceramic Composite Dielectrics, Proceedings of the 40th Symposium on Electrical and Electronic Insulating Materials and Application in Systems, pp. 33-38（in Japanese）.